PSYCHIATRISCHE PROBLEMEN VAN DE OUDE DAG

DR. L. A. CAHN

PSYCHIATRISCHE PROBLEMEN VAN DE OUDE DAG

EEN ORIËNTEREND KLINISCH ONDERZOEK

MET EEN VOORWOORD
VAN
PROF. DR. L. VAN DER HORST

MOUTON & CO · DEN HAAG

PSYCHIATRIE EN GEDRAGSWETENSCHAPPEN I

VOORWOORD

Onder de verschillende leeftijdsgroepen van de mens vraagt die der bejaarden in bijzondere mate de belangstelling van artsen, psychologen en sociologen. De 'vergrijzing' van de Westeuropese mens is een sociaal en cultureel verschijnsel, dat in vele landen problemen opwerpt die niet alleen een theoretisch, maar ook een praktisch antwoord vragen. In het hier voor ons liggend werk wordt door Dr. Cahn op grond van een uitgebreid klinisch onderzoek, het gehele gebied van het verouderen in studie genomen. In een verantwoorde bespreking van de ouderdom in het algemeen wijst hij op de sociaaleconomische en anthropologische problematiek. Het specifiek menselijke in de ervaring van de breuk tussen het lichaam en de rest der persoonlijkheid, het probleem van de dood in het senium, het verlies van tussenmenselijk contact, zijn de zeer centrale vragen die hier aan de orde komen.

Getroffen door het lijden van de bejaarden in de kliniek geeft Dr. Cahn een beschrijving van de pathopsychische verschijnselen bij de bejaarden in verleden en heden.

Dit boek is voor de velen die krachtens hun werkkring of ook uit belangstelling voor het verouderen als zodanig een leidraad zoeken betreffende de vele vragen, die hier liggen, een rijke bron van gegevens.

De problemen zijn lang niet altijd het directe gevolg van stoornissen, de complicaties zijn dikwijls inhaerent aan een lang bestaan, waarin vele levenservaringen tot een bepaalde levenshouding leiden.

In zijn beschouwingen over de ziekten van de oude dag, maakt Dr. Cahn terecht onderscheid tussen het senium naturale als een normale levensperiode met een eigen karakteristiek gelijk de voorafgaande levensfasen en het senium ex morbo, de ouderdomsaftakeling met zijn diepgaande alteratie van de menselijke persoonlijkheid.

Zijn onderzoek geeft waardevolle gegevens over die factoren, die de mens op oudere leeftijd geestelijk ziek maken, met name levensomstandigheden, lichamelijke ziekten en gebreken, maar ook wijst de schrijver op de grote betekenis van de oorspronkelijke karakterstructuur.

Dit werk is onder de vele boeken die er thans op dit gebied verschijnen, een zeer grote aanwinst.

Amsterdam, 24 februari 1964 PROF. DR. L. VAN DER HORST

INHOUD

I. EEN INLEIDING TOT DE STUDIE VAN HET SENIUM

1. HET VEROUDEREN

Het senium is het laatste gedeelte van de levensweg. Bij het voortschrijden langs die weg treedt bij ieder levend wezen een verandering op, die men veroudering noemt. Dit verouderen is een actief gebeuren, dat tot het leven zelf behoort en niet aan een bepaalde levensfase is gebonden. Men kan daarom van levenloze voorwerpen niet zeggen, dat zij verouderen, hoewel zij passief met al het kenbare in de onafzienbare tijd veranderen.

De door mensen vervaardigde voorwerpen nemen een tussenpositie in. Al is dan bij deze voorwerpen geen sprake van verouderen als actieve functie, toch spreekt de leeftijd van hun bezitter of vervaardiger zich soms indirect in hen uit. Zo wordt de mens oud samen met de dingen om hem heen.

Daar verouderen een actief gebeuren is, dat aan het leven is gebonden, kan men ook op de grens van leven en dood, b.v. bij een virus, moeilijk van ouderdom spreken.

Overeenkomstig deze zienswijze definiëert Comfort (1956) verouderen als: 'a general title for the group of effects which, in various phyla, lead to a decreasing expectation of life with increasing age', en als: 'a change in the behaviour of the organism with age, which leads to a decreased power of survival and adjustment'.

Een dergelijke definitie geeft ook Lansing (1959): 'Senescence is a process involving progressive loss of the ability to live'.

Deze definities bieden het voordeel, dat het verouderen en de ouderdom zelve losgemaakt worden van ieder waarde-oordeel. Bovendien houden zij in, dat veroudering bij de verschillende diersoorten een geheel verschillend proces kan zijn. Zo merkt Comfort (1956) op, dat waarschijnlijk het verouderen bij zoogdieren een ander proces is dan het verouderen bij insecten. Wellicht is het onmogelijk een verklaring van het verouderingsproces te geven, welke opgaat voor de gehele levende natuur.

'Senescence is not an "inherent" property of the metazoa, but one which they have on several occasions acquired as a potentiality, probably through the operation of evolutionary forces directed to other biological ends.' Men denkt daarbij aan de mogelijkheid, dat iedere diersoort in de phylogenie een soort 'programma' opbouwt voor zijn ontwikkeling en dat de ouderdom gekenmerkt wordt door een uiteindelijk falen van dit 'programma' (id.).

Deze wijze van zien omvat veel meer dan andere 'verklaringen' van het verouderen. Anderson (1958) heeft van deze een opsomming gegeven.

Al die theorieën zijn op één of andere wijze strijdig met de feiten. Zo gaat b.v. de vergelijking met het verslijten van een machine geheel mank, want vernieuwt het leven zich niet tot de dood toe? Dergelijke bezwaren voert Anderson terecht aan tegen alle 'models for aging'.

Men kan inderdaad het verouderingsproces niet 'verklaren'. De ouderdom is dus wellicht op te vatten als een tijdperk, waarin die mechanismen te kort gaan schieten, die daarvóór het leven juist mogelijk maakten. Deze mechanismen zijn bij alle diersoorten en bij alle levende wezens onderling verschillend en dit leidt er toe, dat de ouderdom bij iedere diersoort en bij ieder levend wezen op eigen wijze gekenmerkt is. In de ouderdom wordt zo het individuele kenbaar, meer dan in de levenstijdperken daarvóór. Laten wij ons echter tot de mens bepalen.

Ook dan is het geenszins eenvoudig te zeggen wat ouderdom is, of hoe ouderdom ontstaat. Al heeft de mens ook sinds de vroegste tijden het leven verdeeld in levenstijdperken, het beeld van de laatste fase is steeds vaag gebleven. Men kan zelfs de ouderdom als levenstijdperk ontkennen en stellen dat de virilitas voortduurt tot het tijdstip, dat een dusdanig geestelijk en lichamelijk verval optreedt, dat de dood snel moet volgen. In dat geval is er eigenlijk geen sprake van ouderdom als levenstijdperk. Hoogstens is er dan een niet al te lange periode, waarin het leven afsterft.

Vischer (1949) vraagt zich daarom af: 'Ist das Alter ein Lebensabschnitt dem eine besondere und positive Bedeutung zukommt, und zwar als integralem Teil des ganzen Lebenslaufes?' Volgens Simmons (1960) onderscheiden primitieve volkeren twee stadia in de ouderdom. In het eerste stadium is de oude mens nog bruikbaar, terwijl in het tweede stadium hij dat niet meer is. Bij primitieve volkeren spreekt men dan in het laatste geval van 'the overaged', 'the useless stage', 'the sleeping period', 'the agegrade of the dying' en 'the already dead'.

Legt men echter een criterium aan als 'bruikbaar' of 'onbruikbaar', dan spreekt het vanzelf, dat het begin van 'the useless stage' cultureel (sociologisch) bepaald moet zijn: 'Added to this is the recognized fact that the useless stage is largely socially and culturally determined and that it may be moved up or put off in years' (id.).

In een meer ontwikkelde maatschappij echter overheerst eerder het inzicht, dat de ouderdom los van het criterium 'bruikbaar-onbruikbaar' positieve waarden in zich bergt. Dit inzicht te verdedigen blijft overigens noodzakelijk tot de huidige dag. Zo zegt v. d. Loo (1960): 'Fungeert echter uitsluitend het beeld van de arbeidsproduktieve leeftijd als criterium, dan loopt dit vanzelf uit op een devaluatie van de ouderdom, derhalve op een miskenning'.

De ouderdom moet steeds verdedigd worden als vrucht van een culturele vooruitgang. Men vindt het zo bij Cicero en later b.v. bij Grimm en anderen. Een positieve instelling ten aanzien van de ouderdom, of de oude mens, is geenszins een vanzelfsprekend iets. In culturen, waar lichaamskracht en materiële winsten op de voorgrond treden, dreigt het aanzien van de ouderdom te verdwijnen en krijgen oude mensen als groep de kenmerken van een sociale minderheid.

Uit het voorgaande bleek dus, dat de ouderdom niet alleen een biologisch, maar bovendien voor een belangrijk deel een cultureel verschijnsel is. Geen wonder dan ook, dat gemakkelijk een verwarring van meningen en opvattingen ontstaat. Belangrijke verschillen in opvattingen zijn niet zelden te verklaren, indien men in het oog houdt, of een strikt biologische, of een meer sociaal-culturele instelling t.a.v. de ouderdom prevaleert.

Voor ons onderwerp is het verder van belang, dat uitgaande van bovengenoemde criteria een indeling mogelijk is in een chronologische, biologische, psychologische en sociologische ouderdom (Birren 1959). Deze vormen van oud-zijn lopen niet geheel parallel.

In de praktijk wordt de ouderdom meestal slechts aan de chronologische leeftijd afgemeten. Of deze een goede maatstaf vormt, wordt daarmee echter twijfelachtig. Toch is zij van een niet te onderschatten betekenis. Zo zegt Birren (1961): 'Perhaps the single most useful fact to know about an individual is his chronological age. This one fact can lead to more predictions and generalizations about behavior than probably any other single item of information'.

Chronologische leeftijd is dus zeker niet een willekeurig aangelegde maatstaf, maar uitgaande van de leeftijd kan men vérstrekkende voorspellingen doen aangaande lichamelijke en geestelijke eigenschappen en verrichtingen en aangaande het sociale gedrag.

Verder is de chronologische leeftijd een maatstaf voor de hoeveelheid ervaringen gedurende het leven opgedaan. Van der Horst (1949) drukt dit aldus uit: 'The calendar years are the crystallization of the historical totality'. Scheler (*Nachgelassene Schriften* 1957) spreekt in dit verband van de 'last der jaren', die ook zou blijven drukken, indien verder iemand geheel door het verouderingsproces zou worden gespaard. De ouderdom wordt dus gekenmerkt door een grote hoeveelheid ervaringen tijdens het leven opgedaan, hoewel die hoeveelheid individueel zeer verschillend is.

Wat nu de biologische ouderdom betreft: deze is gekoppeld aan de levensduur (Birren 1959). De biologische levenscurve is daarbij niet alleen in lengte, maar ook in verloop individueel verschillend.

Het is de grote verdienste van Kalmann en zijn medewerkers (1956, 1961), dat zij hebben aangetoond, dat de levensduur mede genetisch is bepaald. Zo bleek, dat de uiteindelijk bereikte leeftijd van een ouderpaar een maatstaf vormt voor de te verwachten levensduur van het nakomelingschap. (vgl. ook Lansing 1959). Verder bleek, dat één-eiige tweelingen niet zelden even lang leven, terwijl twee-eiige tweelingen ten aanzien van de levensduur niet meer overeenkomst vertonen dan broers en zusters.

Levensduur en ouderdom zijn natuurlijk niet alleen genetisch bepaald. Wat genetisch bepaald is, is 'the total development pattern', waarvan de ouderdom een onderdeel is. Er zijn natuurlijk talloze factoren, die de levensduur mede beïnvloeden, b.v. ziekten, waarbij erfelijke factoren weer een zeer verschillende invloed uitoefenen.

Zo is ook de invloed van het geslacht van grote betekenis. Volgens Shettles (1958) geldt voor de gehele dierenwereld, dat het mannelijke dier korter leeft dan het vrouwelijke, een verschil, dat na castratie van het mannelijke dier verdwijnt. Ook bij de mens leeft de vrouw langer en is zij resistenter tegen schadelijke invloeden zoals radioactieve straling.

De biologische ouderdom wordt dus bepaald door erfelijke factoren, door het geslacht en door talrijke uitwendige factoren. Deze laatste maken b.v., dat de gemiddelde levensduur van een primitief mens veel korter is dan van een mens uit de Westerse cultuurkring. Bij primitieven is men boven de veertig al oud (Simmons 1945). Ook in Europa was men in vroeger eeuwen veel eerder 'oud' dan nu.

Dit houdt niet in, dat de *mogelijke* levensduur, de maximale tijd, dat iemand in leven kan blijven, belangrijk veranderd is, in vergelijk met andere culturen en tijden. Honderd jaar is ongeveer het maximum, slechts door enkelen overschreden. Een verlenging van de mogelijke levensduur is ook door de moderne geneeskunde niet bereikt, ondanks de sterke verlenging van de *gemiddelde* levensduur.

Laten wij terugkeren tot Birren's indeling in een chronologische, biologische, psychologische en sociologische ouderdom. Terwijl de biologische levenscurve nog sterk bepaald wordt door de verstreken tijd, wordt de psychologische levenscurve dat veel minder. Psychische groei en verdere ontwikkeling blijft mogelijk tot op gevorderde leeftijd. Toch lopen ook psychische functies, voor een groot deel althans, met de biologische levenscurve parallel. Dit blijkt vooral uit de resultaten van het psychologisch testonderzoek (Wechsler 1961).

Maar ook hier zijn de resultaten onafhankelijker dan de lichamelijke prestaties van de chronologische leeftijd. Bovendien vallen individuele verschillen duidelijker op. Geheel los van het prestatievermogen staan dan nog eigenschappen als 'wijsheid' en 'rijpheid', welke nauw met 'de ouderdom' zijn verbonden. Men verstaat er meestal een tijdens het leven verworven levenshouding onder. Het blijkt echter niet eenvoudig nauwkeurig te omschrijven, wat het begrip 'rijpheid' (Reife, maturity) inhoudt.

Men ziet het meestal als een positieve instelling ten aanzien van mensen en gebeurtenissen, waarin zowel actieve als passieve elementen schuilen (Vischer 1949, Linden, Courtney 1953). Het passieve vindt men terug in de berusting, waarmee tenslotte het leven genomen wordt voor wat het is. Ook de eigen sterfelijkheid wordt eerder aanvaard. 'Rijpheid' veronderstelt duidelijk een gemoedsstemming van vrede en tevredenheid, van berusten en aanvaarden. Er is 'a profound concern for system, order, and meaning in human existence' (Linden, Courtney 1953).

Waar de nadruk gelegd wordt op activiteit en strijdlust zal voor de bovenbeschreven gemoedsstemmingen weinig waardering zijn. Dat rijpheid ook een levenshouding is, die gekoppeld is aan bepaalde situaties wordt beklemtoond door Birren (1959): 'Although the concept of "psychological maturity" is supposed to refer to a general characteristic of individuals, there may not be a general trait, and maturity may be specific to situations'.

Birren doelt hiermee op het feit, dat een ouder mens binnen een bepaalde situatie 'wijs' kan handelen zonder wijs te zijn. 'Wijze' en 'rijpe' beslissingen worden niet zelden ingegeven door conservatisme. Dan kan men op zijn best spreken van de vrucht der ervaring. De 'wijsheid' der bejaarden wordt zo meer een sociologisch verschijnsel, behorende tot een rol in familie en maatschappij.

Wij vinden dit terug in de theorie van Linden en Courtney (1953). Daarin wordt de rol der jongeren ('family creative') gesteld tegenover de rol der ouderen ('state creative'). De menselijke samenleving wordt gezien als een wisselwerking tussen de zelfzuchtige strevingen der jongeren en de meer op het algemeen gerichte, 'wijze', strevingen der ouderen. Aan deze ouderen valt de opgave ten deel de samenleving, de cultuur, in stand te houden en aan volgende generaties over te dragen. Zonder oude mensen zou de samenleving uitéén vallen. Daarin onderscheidt de mens zich van het dier, waarbij de maatschappelijke organisatie hoofdzakelijk een kwestie is van aangeboren instincten, van genen.

Wij zijn nu op de sociale rol van de bejaarde gekomen en daarmee op de zgn. *'sociologische leeftijd'*.

Men is dan eerst bejaard, indien men de rol van bejaarde toebedeeld heeft gekregen. Dit kan plotseling geschieden. Een mijlpaal is voor de man het verlies van de werkkring, voor de vrouw telt vooral het wegtrekken van de kinderen uit het ouderlijk huis. (de zgn. 'family life-cycle' van Lansing en Kish 1957).

Het spreekt vanzelf, dat de sociologische leeftijd weinig te doen heeft met de chronologische of de biologische leeftijd. Met de psychologische bestaan ongetwijfeld wel nauwe betrekkingen.

De veranderingen in de sociale rol tijdens het leven voert tot een indeling in *levenstijdperken.* Deze zijn in verschillende culturen verschillend bepaald. 'Typically cultures are characterized by age roles defined in terms of particular sets of limitations, privileges, and expectations regarding behavior of people in that age group. These expectations tend to become "interiorized" and a part of one's personal need system' (Kuhlen 1959). 'Age as reckoned by society, is a statement of behavioral expectations at given points in the live-span. For the individual the awareness of age expectations becomes an important basis for his own self-perception, for the society age-group expectations form a basis for the allocation of social roles. Participation in an age-group affects a whole range of role behaviors for the individuals (Friedmann 1960).

Op de overgangen tussen de verschillende levenstijdperken ontstaat *'uncertainty of role'* (Kuhlen 1959). Men heeft dus in ieder levenstijdperk naast de specifieke opgaven, die het tijdperk stelt, bovendien te maken met een innerlijk aanvaarden van de rol, die aan dat tijdperk inherent is. Welke is nu die opgave, die aan het senium verbonden is? Ongetwijfeld is dit in de eerste plaats de zinvolle verwerking van het voorafgaande.

Wij spreken van een 'gelukt leven', indien aan het einde dat leven als zinvol wordt ervaren. Deze ervaring hangt samen met de stemming, hierboven bij het begrip 'wijsheid' beschreven. Dit heeft dus niets met 'trots' of 'voldoening' over het bereikte te doen, want juist in het senium wordt de mens geconfronteerd met de broosheid van al het tastbare. Daarom kunnen 'gelukte levens', in de zin van materieel of sociaal geslaagd, wel degelijk mislukt blijken. Bovendien staat het senium eerder in het teken van geven en dienen dan van eisen en heersen.

Dit alles te beleven en te aanvaarden is natuurlijk niet een ieder gegeven. De drempel, die men bij het bereiken van het senium moet overschrijden, is een zeer hoge. Daarom blijven velen tot op hoge leeftijd voor die drempel steken. Dan blijft 'involutieproblematiek' tot in het senium bestaan. Zoals wij nog zullen zien, is veel in de ouderdomspsychiatrie hierop terug te leiden.

Voor het overwinnen van die laatste barrière is onder meer noodzakelijk, dat de voorafgaande levensperioden redelijk zijn doorlopen en afgesloten. Men bedenke, dat de overgang tot de eerdere levensfasen over het algemeen gemakkelijker is. Wel werd steeds een beroep gedaan op activiteit en creativiteit, maar zelden op zinvolle verwerking van het voorafgaande, op het vermogen te berusten en te laten varen, op de beperking, op de onthouding.

Omdat dus het senium zijn zin verliest ontdaan van de geschiedenis der voorgaande fasen, houdt de studie van het senium een studie van de *levensloop* in. 'Ein Verstehen des Alters ist nicht möglich ohne dass wir den ganzen Lebensweg berücksichtigen' (Vischer 1949).

De levensgeschiedenis als totaliteit wordt zo ons studie-objekt. Hieraan is vooral de naam van Charlotte Bühler (1933) verbonden. Zij heeft nog vrij recent haar opvattingen samengevat (1957).

Centraal staat bij Ch. Bühler de 'Lebensaufgabe'. Ieder mens dient datgene te verwezenlijken, dat hem of haar in aanleg meegegeven is. Of dit gelukt, blijkt eerst aan het einde van het leven. 'Es erschien der Autorin von Anbeginn ihrer Lebenslaufforschung klar, dass die einzelne Lebensperiode nicht nur im Hinblick auf den Lebensaufgang, sondern im Hinblick auf das Lebensganze, insbesondere das Lebensende gesehen werden muss.'

De 'Lebensaufgabe' is nauw verbonden met het werk, waartoe men is geroepen. Er is dus steeds sprake van een zekere roeping, die gevolgd en verwerkelijkt moet worden. Ch. Bühler stelt zich tegenover diegenen, die de opgave van de mens eerder zien in de bevrijding der eigen persoonlijkheid van de belasting der vroegste levenservaringen, de 'deneurotisering', maar bij wie het ideële doel ontbreekt.

Zelfs wanneer de mens zijn 'Lebensaufgabe' niet bewust is, moet men, volgens Ch. Bühler, aannemen, dat deze er toch wel degelijk is: 'Es muss daher angenommen werden, dass die Lebensaufgabe eine unbewusst determinierende Tendenz ist'. Het gaat om 'Selbsterfüllung', om 'Selbstverwirklichung in Ehe, Elternschaft, Beziehungen zu anderen Menschen, Wirken und Werken'.

De levensloop van de mens is volgens Ch. Bühler gebaseerd op de biologische levenscurve en op het streven naar verwerkelijking der 'Lebensaufgabe'.

Daar de 'Lebensaufgabe' los staat van de levenstijdperken, helpt zij de mens zich in iedere nieuwe levensfase aan te passen.

Ch. Bühler ziet echter onvoldoende in, dat een werkelijke 'Lebensaufgabe' slechts het bezit van weinigen kan zijn. De biologische levenscurve verklaart evenmin de levensgang van de mens. De theorie is gefundeerd op twee uitersten. Te veel nadruk kwam te liggen op 'het werk', op 'Funktions- und Schaffenslust', veel te weinig op de directe noden van het bestaan. Kuhlen (1959) zegt daarvan: 'More basic needs must be relatively adequately satisfied before the higher level needs come into play. In general, biological needs have priority over derived needs'.

Men mag overigens ook weer niet ontkennen, dat creatieve activiteit de levensloop voor een belangrijk deel kan bepalen. Zij maakt de mens onafhankelijker van het verouderingsproces. Men is daarom zeer bevoorrecht met werk, dat tot op hoge leeftijd kan worden voortgezet.

Giese (1928) schrijft (met het oog op de involutiecrisis): 'Das gilt insbesondere für alle Menschen, denen eine hervorragende Begabung auf ureigenstem Gebiet eins für alle Male eine Lebensbahn vorgeschrieben hat, die sie gleichsam altersunabhängig werden lässt'.

De crisis, die in het menselijke bestaan optreedt bij het bereiken van de ouderdom, is zeer moeilijk te overwinnen. Zij kan op zeer verschillende (chronologische) leeftijden optreden. Het is onjuist de involutie-crisis te nauw te verbinden met het climacterium, een gebeuren, dat bij de man trouwens te vaag is omschreven.

De crisis breekt eerst uit, indien men zich de eigen involutie min of meer bewust wordt. Hoe komt deze bewustwording tot stand?

Waarschijnlijk hangt zij samen met *het leeftijdsgevoel* (de subjectieve leeftijd). Ieder mens is zich ten allen tijde bewust van de eigen leeftijd. Deze subjectieve leeftijd komt meestal niet geheel overeen met de werkelijke, chronologische leeftijd. Zij heeft de neiging langere tijd constant te blijven om dan plotseling te veranderen (Kafka 1949). Men rekent zich dus langere tijd tot een jongere leeftijdsklasse dan tot die, waartoe men feitelijk behoort.

Kafka stelt zich dit proces als volgt voor: Het leeftijdsgevoel is gebonden aan 'das Erlebnis der Gleichaltrigkeit' en hangt dus af van de maatschappij, waarin men leeft. '... dass das Erlebnis des Lebensalters überhaupt nicht so sehr auf ein zeitliches als vielmehr auf ein soziales Erlebnis begründet, nämlich auf das Erlebnis der Gleichaltrigkeit.' In een cultuur ontstaan leeftijdsgroepen door een vergelijken van de eigen mogelijkheden met die van anderen. Bovendien zijn na de puberteit de sexuele driften in hoofdzaak gericht op personen van dezelfde leeftijdsklasse. Verder rekent men hen, die op eenzelfde sport van de sociale ladder staan, gemakkelijk tot eenzelfde leeftijdsklasse, terwijl bazen en superieuren tot een (subjectief) oudere leeftijdsgroep worden gerekend.

Na het 25e jaar blijft de subjectieve leeftijd lange tijd constant. Men onderschat dan de eigen leeftijd. Het 50e jaar nu, is het jaar van de grote crisis, waarin het 'zich 25 voelen' niet langer mogelijk blijft. Dan ontstaat een jongere generatie, 'die irgendwie mitzählt'. Bovendien wordt het de mens door allerlei, meest kleine, gebeurtenissen duidelijk, dat zijn jeugd voorgoed voorbij is. Is de 50-jarige leeftijd bereikt, dan neigt men er toe de tot dat tijdstip vage leeftijdsklassen van boven de 50 jaar weer te verdelen in een leeftijdsklasse van 'ouderen' en in een leeftijdsklasse van 'zeer veel ouderen'. Deze laatste leeftijdsklasse bereikt men met het 70e jaar. Tot dat tijdstip voelt men zich weer jonger dan men in werkelijkheid is. Twee maal moet dus de mens hardhandig wakker geschud worden om te beseffen, dat hij ouder werd. Blijkbaar bestaat tegen deze bewustwording een onbewust verzet. Kafka wijst daarvan de oorzaak niet aan. Wij geloven, dat dit verzet wortelt in de angst voor ouderdom, ziekte en dood. Deze angst zal des te groter zijn naar mate men meer waarde hecht aan de jeugd en wat daarmee samen hangt. Kafka, in tegenstelling met v. d. Horst en Scheler, kent geen invloed toe aan de levenservaring bij het tot stand komen van het leeftijdsgevoel. Zij speelt echter zonder twijfel een belangrijke rol.

De hardnekkige identificatie met hen, die men als van dezelfde leeftijd ziet, wordt verder in de hand gewerkt door een maatschappij, waarin men aan verschillende leeftijdsgroepen zeer verschillende taken toekent. Daardoor kan een pensionering, maar ook een bevordering in rang iemand het gevoel geven plotseling ouder te zijn geworden. Ook wordt hij dan door anderen wel ouder geschat dan hij in werkelijkheid is. Over de subjectieve leeftijd is na Kafka (1949) vooral in Amerika verder gepubliceerd.

Eén van de belangrijkste publicaties op dit terrein is afkomstig van Breen (1960). Hij merkt op: 'Each person does have self-conceptions developed through the machinery of patterned social intercourse . . . In this sense, then, one's life-stages are perceived in response to the clues assembled in social situations.' Het leeftijdsgevoel wordt de mens dus opgedrongen in het maatschappelijk verkeer. Indien nu de subjectieve leeftijd sterk verschilt van de chronologische, kan men zich afvragen, of de persoon in kwestie maatschappelijk wel goed aangepast is. Hij heeft blijkbaar niet volledig deel aan die gemeenschap, waartoe hij in feite behoort. 'Felt age was more closely related to measured adjustment than was actual age' (Havighurst, Albrecht 1953).

Oud wordt men dus in betrekking tot anderen en niet door grijze haren e.d. Uiterlijke verschijnselen kan men lange tijd negeren, vooral ook, omdat zij zo langzaam optreden. 'It seems that neither the knowledge of their years, nor even their white hair and wrinkles, induce older people to perceive that they have changed' (Blau 1956). Dit is eerst mogelijk, wanneer een 'shift in age identification' is opgetreden (id.). Zo vond Blau bij zijn onderzoek, dat mensen eerst dan geloven, dat anderen hen oud vinden, indien zij dat van zichzelf ook geloven.

Bij al deze later onderzoekingen zijn de uiterlijke kentekenen van de ouderdom meer op de achtergrond gekomen. Dit in tegenstelling met eerdere publicaties (Giese 1928, Stanley Hall 1922).

De enquête van Giese is evenwel nog steeds een belangrijk onderzoek, dat men in deze bespreking niet kan missen. Op de vraag: 'Wanneer bemerkte u, dat u ouder werd en waaraan bemerkte u dat?' kwamen vele antwoorden binnen van personen van zeer verschillende leeftijdsklassen. Al kan men het ouder worden veel eerder en veel later ervaren, toch is het 49e jaar de gemiddelde leeftijd, waarbij deze problematiek vooral wordt ervaren.

Giese gelooft, dat deze ervaring van buiten af kan worden opgedrongen b.v. door pensionering, maar een andere mogelijkheid is, dat de betrokkene zelf door verandering van lichamelijke of geestelijke eigenschappen tot deze ervaring komt. Hoe groot het verzet tegen het ouder worden soms wel is, bleek uit die antwoorden, waarin beledigd iedere gedachte aan het ouder worden werd afgewezen!

Verder bleek nog, dat het ouder worden speciaal bespeurd werd aan een verandering in de lichamelijke functies, zeer zelden echter aan veranderingen in de geestelijke functies. De geest wordt veel eerder als onveranderlijk ervaren en ontsnapt ook gemakkelijk aan de zelf-waarneming. Het lichamelijke is het voor een ieder zichtbare instrument, waaraan de mate van veroudering is af te lezen en waarvan wij instinctief weten, dat het kwetsbaarder wordt naarmate het ouder wordt. Daardoor neemt het vertrouwen van de oudere mens in zijn lichaam steeds af. Het wordt door hem 'argwöhnig kontrolliert' (Giese 1928).

Ook volgens Diethelm en Rockwell (1943) wijzigt zich de subjectieve leeftijd onder invloed van lichamelijke en geestelijke veranderingen, die zich steeds sterker aan de mens opdringen. Daarnaast, menen zij, verandert de subjectieve leeftijd ook onder invloed van een veranderde 'social setting'.

Crisis-perioden in de levensloop ontstaan door het verzet tegen het ouder worden. Daarbij zijn lichamelijke en geestelijke veranderingen dan eerst belangrijk, indien zij ook dreigen een verandering in de sociale rol met zich mee te brengen. Daarom verbaast het niet, dat uit de enquête van Giese blijkt, dat vooral achteruitgang van de zintuigen en het motorische apparaat voor de ervaring van het ouder worden van de grootste betekenis is. Wij zullen later zien, dat het juist deze achteruitgang is, die van belang is in de psychogenese der psychische ouderdomsziekten.

Zoals wij reeds eerder opmerkten, geloven wij met Scheler (*Nachgelassene Schriften* 1957), dat de hoeveelheid ervaringen en herinneringen mede de subjectieve leeftijd bepaalt. Leeftijdsklassen ontstaan voor een deel door een gezamenlijk bezitten van bepaalde ervaringen en herinneringen. Wij voelen ons minder verwant met hen, die wegens hun leeftijd bepaalde ervaringen niet hebben kunnen opdoen. Daarom is de 'last der jaren' van Scheler dus wel degelijk ook een sociologisch verschijnsel en is het door hem gegeven voorbeeld onjuist: de geheel geïsoleerde ervaart de ouderdom ook aan de last der jaren niet, omdat de mogelijkheid om tot vergelijking te komen met anderen in dit theoretische geval ontbreekt.

Daarom ook is de subjectieve leeftijd dikwijls gestoord bij hen, die in een absoluut isolement leven, zoals sommige defectschizofrenen. Deze patiënten geven hun leeftijd niet zelden geheel onjuist op. Hun ontbreekt het tussenmenselijke contact, waarin een contrôle schuilt op de eigen ervaringen. Bovendien is bij deze patiënten veel van de sociale rol weggevallen, die zo belangrijk is voor het leeftijdsgevoel.

Het is in dit verband goed nog eens terug te komen op de verschillende moderne enquêtes, waarbij men proefpersonen vraagt, of zij zich 'jong', 'van middelbare leeftijd', of 'oud' voelen (Tuckman, Lorge 1954, Tuckman, Lavell 1957). Natuurlijk houdt dit voor een groot deel verband met de subjectieve leeftijd, maar woorden als 'oud' en 'jong' hebben een uitgebreider betekenis. Men kan zich op oude leeftijd nog zeer wel 'jong' voelen d.w.z.: krachtig, actief, gezond etc. en omgekeerd kan een jong mens zich zeer wel 'oud' voelen d.w.z.: gedeprimeerd, angstig, vermoeid. Het is wel duidelijk dat 'jong' en 'oud' in dit verband waarde-oordelen inhouden. 'Oud' of 'jong' is daarbij tevens een maatstaf voor het welbevinden. Het komt mij voor, dat men het leeftijdsgevoel moet onderscheiden van dit gevoel van welbevinden, hoewel tussen beide een zekere verwantschap bestaat.

Involutieproblematiek ontstaat dus, zoals wij reeds opmerkten, daar, waar de subjectieve leeftijd dreigt te veranderen. Hoewel een bepaalde leeftijd daarvoor niet is aan te wijzen, gaat vooral omstreeks het 50e jaar de gedachte aan het oud worden kwellen. Zij kan dan nog lange tijd worden verdrongen. Velen ervaren haar nimmer bewust. Dan bestaat slechts een voorbewuste dreiging, een dreigende bewustheid. Binnen de eigen leeftijdsgroep immers blijft men zich nog lang jong voelen. Dan, plotseling, kan, veelal onder druk van allerlei traumatische gebeurtenissen, de mens uit zijn rol worden geworpen (de 'Kontinuitätsbruch' van Vischer 1949). Dikwijls gaat hij dan klagen over allerlei storende uitwendige factoren. Een zekere introspectie is vereist om te doorzien, waar het eigenlijk aan schort.

Zinvolle verwerking van bewustgeworden problematiek wordt in de psychiatrie wel als ideaal gesteld, maar slechts weinigen blijken daartoe in staat. Zij behoren tot de bevoorrechten. Zij kunnen wellicht de involutie zien als een begin (Linden, Courtney 1953).

Veeleer gaan echter velen gebukt onder de dreiging van 'Unvollständigkeit' en 'Endgültigkeit' (Vischer 1949). Diethelm en Rockwell (1943) spreken in dit verband van 'insecurity, with confidence shaken in one's physical and personality fitness and in one's ability to deal successfully with socio-economic changes... The successful solution is reorientation to oneself and to life resulting in the development of renewed and stable security'.

Cahen-Salabelle (1950) ziet (in navolging van C. G. Jung) de tweede levenshelft staan in het teken van de persoonlijkheid, niet in die van het maatschappelijk succes ('utilité'). De problematiek op oudere leeftijd ontstaat door de botsing van deze twee tegengestelde strevingen.

Stanley Hall (1922) beschrijft het optreden van de involutieproblematiek als volgt: 'Seventy is, on the whole, the most dangerous milestone, and the morning of that birthday is probably the saddest of all that those who attain it have known or will even know. It brings a new consciousness that now indeed we are old . . . Yet at no stage of life do we want more to be of service then we are deprived of our most wanted opportunities to be so'.

In de moderne opvattingen schuilt dikwijls de verborgen wens het senium zo lang mogelijk uit te stellen om zo de involutieproblematiek te ontgaan. Men vergeet dan, dat de dreiging niet minder wordt naar mate men iets uitstelt, integendeel zelfs. Natuurlijk is deze tendens zeer begrijpelijk, want de opgaven, die het senium stelt, zijn zeer groot. 'Aged populations must adjust to conditions that are not generally characteristic of other stages of the life-cycle, namely, the increased probability of illness and impending death . . . acceptance of a subordinate position to adult offspring or to social workers, loss of interest in distant goals . . .' (Philips 1957).

Volgens von Mering en Weniger (1959) kan men dit alles tot het 75e jaar nog grotendeels ontgaan, daarna nauwelijks meer. Involutieproblematiek is dus niet alleen de last der 50-jarigen. En deze last kan te zwaar blijken.

'Generally, under these changed and difficult inner and outer conditions, too great demands may be made on the ego. It may no longer be able to cope with instinctual urges of the id . . .' (Watters 1948).

2. VERLEDEN EN TOEKOMST IN HET SENIUM

In de voorgaande paragraaf zagen wij, dat het senium de levensperiode is, waarin het verouderingsproces een maximum bereikt. Dit proces wordt niet voortdurend beleefd, maar dringt zich zo nu en dan plotseling aan de verouderende mens op. Het totaal van het beleefde, de 'last der jaren' (Scheler 1957) neemt daarbij geleidelijk toe.

Deze schat van herinneringen en ervaringen groeit ongemerkt, maar met het resultaat, dat de persoonlijkheid in de tijd geleidelijk wordt gevormd. 'Jeder alte Mensch ist irgendwie das Ergebnis seiner eigenen Vergangenheit' (Vischer 1954). Haase (1959) merkt (in een ander verband) op: 'Die Reproduzierbarkeit persönlicher Erinnerungen und die Möglichkeit des Rückblicks trägt und förmt ständig die Persönlichkeit'. Men wordt steeds meer het produkt van zijn ervaringen, van de eigen levensgeschiedenis. 'Au fur et à mesure que les pages de la vie tournent, le passé 's allonge et nous portons une page d'histoire vécue en nous' (Minkowski 1950).

Naarmate de mens ouder wordt, wordt zijn verleden een steeds grotere, onontkoombare macht. Het kan zelfs zijn, dat het verleden zo'n greep krijgt op de mens, dat deze zich er aan moet ontworstelen. Tegen het eind van het leven kunnen vroegere misstappen de mens buitensporig kwellen. 'Nichts verhaftet die Menschen so sehr in der Vergangenheit, wie das Bedauern und der Gewissensbiss' (Vischer 1949).

In dit verband moet men ook het begrip 'reactivation' van Pearson zien (K. Stern, Menzer 1946). Dit houdt in, dat een depressie in het senium kan ontstaan door het weer actief worden ('reactivation') van herinneringen aan een vroegere misstap. Zo'n corpus alienum in de levensgeschiedenis kan dan niet langer worden genegeerd. De depressie wijkt, indien men dit probleem voor de patiënt uit de weg ruimt, hetzij door de misstap alsnog in het reine te brengen, hetzij door een betere verwerking (integratie) van het probleem (id.). Men dient dit alles wel te onderscheiden van de zelfbeschuldigingen, die vele patiënten tijdens een ernstige depressie uiten, maar die geen rol spelen in de genese van de depressie zelf.

Natuurlijk zou het verleden minder macht uitoefenen, indien aan de andere kant de toekomstverwachting niet steeds afnam. Terwijl dus de hoeveelheid gegevenheden toeneemt, vermindert het aantal mogelijkheden. De fantasie (Linden 1953) en daarmee ook de hoop (Vischer 1949) verliezen hun mogelijke verwerkelijking. Zij hechten zich tenslotte niet meer aan het eigen leven, maar soms aan meer onvergankelijke waarden, waarbij een wat onwerkelijk optimisme wel valt op te merken (Vischer 1949).

De wijdere blik, die de bejaarde op het wereldgebeuren soms heeft, de neiging de toekomst in meer algemene perspectieven te aanschouwen, zal niet in de laatste plaats het gevolg zijn van de verminderde persoonlijke verwachtingen. Men zou haar als een aanpassing aan een gegeven situatie kunnen zien. 'Es geziemt dem Greis nicht in die Nähe sondern in die Ferne zu hoffen' (Goethe, cit: Vischer 1949).

Waar dit ontbreekt, komt het leven steeds meer in het teken van *het nu* te staan. De doelstellingen liggen daarbij minder ver in de toekomst en zijn over het algemeen realistischer. De fantasie, als creatief en bindend element, treedt op de achtergrond, waardoor een vaste lijn in de toekomst ontbreekt. Zo kan het latere leven verbrokkelen. Bovendien zal, door de vernauwing van het standpunt, het contact met anderen lijden. De oude mens is dan met recht 'kleingeestig', terwijl juist eerder een ruimer, veelomvattender houding wordt verwacht. Naarmate de mens bij het ouder worden aan toekomst inboet, verliest hij tevens de mogelijkheid die toekomst creatief om te vormen. Een gevoel van machteloosheid gaat dan overheersen, 'a resigned apathy' (Kuhlen 1959). Daardoor buit de bejaarde de mogelijkheden soms niet uit, die toch nog binnen zijn bereik bleven. Sociaalpsychiatrisch kan men in dat geval zeggen, dat de bejaarde minder aangepast is.

Ook ziet men daarbij de situatie ontstaan, dat terwijl de gedachte aan de toekomst wordt weggeschoven, de bezorgdheid voor het dagelijks bestaan juist toeneemt. De benarde sociale situatie noodt daar tevens toe, want hoe onzekerder de eerste levensbehoeften worden, des te minder plaats is er voor grote plannen. Zo schijnt alles zich toe te spitsen de bejaarde aan het 'nu', aan het leven van alledag, te binden. Wordt het tenslotte zo, dat ook de dagelijkse situatie de bejaarde gaat ontglippen, dan ontstaat de 'unübersehbare Situation' van Keller (1932), waarin de mens ten onder gaat. Er ontstaat een rusteloos drijven, waarin iedere vaste lijn ontbreekt. Deze ongeordendheid vindt men duidelijk terug in de *dementie*, waarbij de mens bijna geheel in het nu leeft. Wij kunnen daarbij teruggaan tot een studie van Minkowski uit het jaar 1928.

Naar aanleiding van een geval van presbyophrenie wees Minkowski op het momentane karakter van het beleven, op het ontbreken van iedere toekomstverwachting, op de tendens het verleden te actualiseren. De patiënten zien nimmer een onbekende, zij ontmoeten steeds bekenden van vroeger. Ook het verleden wordt dus in het nu beleefd.

Bij de dementie op oudere leeftijd bestaat de neiging ervaringen uit het verleden uit het tijdelijk verband los te maken en te actualiseren. Bij de normale bejaarde bestaat deze neiging eveneens, maar het verband der gebeurtenissen in de tijd, de oriëntatie in de tijd, blijft daarbij behouden. In de periode van de involutie ziet de mens voor het eerst als onontkomelijk de beperkte toekomst voor zich. Dan kunnen echter nog vele jaren voor hem zijn weggelegd. Dit 'Endgültigkeitsproblem' (Schulz 1939) berust op een discrepantie tussen strevingen en de mogelijkheid tot verwerkelijking dier strevingen. Men ziet dan ook velen zich haasten de verloren tijd in te halen (Wayne 1953). Lukt dit niet, dan zijn apathie en interesseverlies wel het gevolg (Repond 1954). De natuurlijke gang van zaken in het senium veronderstelt juist een vermindering van strevingen. Uit de studie van Obrecht (1951) blijkt, dat de harmonische stemming der hoogbejaarden hierop berust. Ondanks een nog geheel functioneren van het wilsleven hebben de strevingen hun macht grotendeels verloren. Van deze mensen gaat een grote invloed uit op hun omgeving, omdat zij voorbeelden zijn van een geslaagde aanpassing. In die rol kunnen zij zelfs domineren, hetgeen het gevaar van een te narcistische geesteshouding meebrengt. Men moet echter niet uitgaan van de veronderstelling, dat de kracht van het driftleven in het senium als vanzelf zou verdwijnen. Het gaat hier voor een groot deel om actieve aanpassing, waarbij de oude mens veel laat varen, wat vroeger onmisbaar leek. Het senium is het tijdperk der berusting.

Ten aanzien van het verleden kan men een analoge beschouwingswijze volgen als ten aanzien van de toekomst. Niet alleen leeft de mens in de involutie onder de druk van het 'te laat', het verleden maakt hem bovendien verwijten. Allerlei gebeurtenissen uit het verleden blijken niet te stroken met het beeld, dat de oudere mens van zichzelf ontwerpt. Daardoor ontstaat de neiging veel uit het verleden te verdoezelen. Zo komt hij tot een soort vervalsing van de levensgeschiedenis, waarbij de storende elementen soms ontkend, soms als afgedaan ter zijde worden geschoven. Iedere bejaarde streeft ernaar zijn verleden zo om te vormen, dat het maximaal bijdraagt tot zijn vitale zekerheid. Het spreekt overigens vanzelf, dat niet iedereen daar volledig in zal slagen. Een fraai voorbeeld van vervalsing van de eigen levensgeschiedenis vinden we bij Rosenthal (1955). Een patiënte beweerde, dat zij slechts één dochter had. De arts echter wist wel beter: zij had er twee. Daarop gewezen, antwoordt patiënte: 'She's no daughter of mine, if she's no good to me'.

Naast de misstappen, die toch meestal wel te vergoelijken zijn, kwellen de gemiste kansen het meest (Curtner 1950). Dit kan leiden tot gevoelens van wrok. Ook in dat geval wordt een goede aanpassing in het senium niet bereikt. Gaat men ervan uit, dat in het senium de levensgeschiedenis noodzakelijk vervormd *moet* worden, of wellicht beter: creatief omgewerkt, dan wordt veel duidelijk, wat voordien wellicht bevreemdde.

Het verwerken van de herinneringen uit de levensgeschiedenis is iets, wat op oudere leeftijd van groot belang wordt. Dat wil echter allerminst zeggen, dat op jongere leeftijd een dergelijke verwerking niet zou bestaan. Iedere nieuwe situatie wordt steeds gezien in het licht van oude ervaringen. Iedere ervaring vormt mede het beeld, dat de mens van zichzelf ontwerpt. Daarbij zal aan de objectieve werkelijkheid dikwijls geweld worden aangedaan. Wordt de levensgeschiedenis te veel vervormd door verdringingen en vervalsingen dan vormt zij geen basis voor een verdere ontplooiing. Het wordt dan zelfs zo, dat terwille van dit fictieve verleden de realiteit vervormd wordt. Daardoor wordt ook het toekomstontwerp scheef getrokken. Zo iemand komt in botsing met de bestaande verhoudingen.

In de involutie blijkt nu de toekomst beperkt te zijn, de levensgeschiedenis nadert haar voltooiing. Zij is dan echter meestal niet zo als de betrokkene het zich had gewenst. Daarmee raakt ook het beeld, dat een ieder van zichzelf ontwerpt, aan het wankelen. De mens moet in dat geval zichzelf tenslotte aanvaarden zoals hij is, of het geheel nog meer verwringen, zodat alles toch aanvaardbaar blijft. In de psychiatrie ziet men gewoonlijk het laatste. Onze patiënten geven veelal zeer vertekende auto-anamnesen, die soms een caricatuur zijn van de werkelijkheid. Dikwijls gelukt het niet eens de werkelijkheid te reconstrueren. Wij doen hierbij goed te beseffen, dat dit geen 'leugenachtigheid' is, maar voortkomt uit de noodzaak het eigen beeld in de levensgeschiedenis te handhaven.

De levensgeschiedenis is geen verzameling feiten, maar een zinvol, waarde-betrokken geheel (Chorus 1959), dat steeds een actieve 'bewerking' vereist. Daarom ziet Meerloo (1955) het doel der psychotherapie bij bejaarden als een: 'to give them back their past', en legt Grotjahn (1955) de nadruk op de samenhang tussen intro- en retrospectie: 'The essential task of the aging person is the integration of his past life experience'.

Indien het beeld van zichzelve, dat de oude mens ontwierp door allerlei gebeurtenissen wordt bedreigd, dan neigt hij er toe deze gebeurtenissen te ontkennen. Hierop berust (voor een deel) het sthenische ontkennen van oude mensen, die wegens een vergrijp in beschuldiging worden gesteld (Bürger-Prinz, Lewrenz 1961). Dit ontkennen vindt men ook bij alcoholmisbruik en bij sommige gevallen van mislukte suicides.

Wellicht is het nu mogelijk een beter inzicht te verkrijgen ten aanzien van de geheugenfunctie der bejaarden. Met Wechsler (1961) mogen wij aannemen, dat de geheugenfunctie met het ouder worden aan vermogen inboet, maar afgezien daarvan is er ook sprake van een anders functioneren. Dit anders functioneren vindt men (voor een deel) terug in de zgn. *wet van Ribot* (1882): het geheugen neemt voor het nabije verleden af, maar blijft ten aanzien van het verre verleden intact (vgl. Kral, Durost 1953).

Waardoor wordt het geheugen voor recente gebeurtenissen minder? N. Cameron (1956) wijst erop, dat recente gebeurtenissen bij bejaarden veel 'leger' zijn. Zij zijn a.h.w. minder de moeite waard om te onthouden. Dit komt niet voort uit de aard van die gebeurtennissen: deze kunnen belangrijk genoeg zijn. De bejaarde leeft echter meer in het nu dan een jongere, d.w.z.: een gebeurtenis wordt minder op het verleden betrokken, omdat dit verleden afgesloten is. Een gebeurtenis wordt evenmin op een toekomst betrokken, die ontbreekt. Daardoor wordt alles slechts ervaren, maar niet beleefd. De bejaarde is toeschouwer, geen medespeler. Ook al leeft hij met anderen mee, het deert hem minder. Vele gebeurtenissen spelen zich buiten hem af en raken hem eerst, indien zij in zijn dagelijks leven ingrijpen. Geen wonder, dat de bejaarde veelal beschuldigd wordt van egoisme en egocentrie. Hieruit volgt, dat zijn verhouding tot de medemens zal veranderen. Het contact zal losser worden. Het steeds weer herhalen van dezelfde geschiedenissen is slechts oppervlakkig gezien een geheugenstoornis, of een narcistisch, compensatoir streven (Betzendahl 1939). Veel eerder bewijst het een minder goed afgestemd zijn op de ander, een contactverlies.

Het goede geheugen van vele bejaarden is dikwijls slechts schijn. Het is veelal slechts een bezig-zijn met gebeurtenissen uit het verleden. Het geheugen voor nieuwe ervaringen zal in dat geval wel gering zijn. De herinneringen uit het verleden kunnen zeer boeiend zijn voor jongeren. Dat wil niet zeggen, dat zij geheel zullen overeenkomen met de werkelijkheid.

Over het algemeen schrijft men het geheugenverlies voor recente gebeurtenissen toe aan interesseverlies (Weissfeld 1932, Repond 1954). De gebeurtenissen raken de bejaarde minder en worden daarom slechter onthouden (N. Cameron 1956).

Een ander aspect werd door Haase (1959) naar voren gebracht. Hij gaat uit van de stelling van Bergson: 'Wahrnehmung und Gedächtnis sind auf die Tat gerichtet'. Het geheugen voor recente gebeurtenissen lijdt dus mede door het onvermogen met die belevingen iets uit te richten. Met allerlei nieuwe indrukken kan de oude mens niets meer doen. Hem ontbreekt immers het op de toekomst gerichte plan. De oude herinneringen vormen daarentegen de basis van zijn persoonlijkheid. Ontvallen ook die, dan stort de betrokkene in het niets. De ervaringen van vroeger vormen de basis van zijn handelen. Vele bejaarden hebben daarom de neiging nieuwe indrukken slechts te zien in het licht van het verleden. Dit gebeurt des te eerder naarmate deze nieuwe indrukken affect-beladen zijn (Haase 1959).

Het argument van Weissfeld (1932) tegen de wet van Ribot, dat het geheugen op lange termijn dikwijls evenmin 'goed' is, is juist. Wij hebben de neiging het verleden om te vormen reeds eerder besproken. In het herinneren schuilt een element van actief kiezen, zegt Roenau (1938). Er bestaat volgens deze schrijver een 'Willen zum nicht-Behalten'! Vergeten en verdringen zijn verwante verschijnselen (id.). Daarom zijn niet zelden de herinneringen van oude mensen van aangename aard. Indien zij een gelukkige jeugd hadden, verplaatsen zij zich daarin gaarne terug. Oude mensen met slechte jeugdervaringen doen dat niet. Hoff en Seitelberger (1953) merkten dit op bij lijders aan presbyophrenie. Bovendien zijn oude mensen, meer dan jongere, geneigd hun jeugd te idealiseren, terwijl zij hun latere jaren eerder zwart afschilderen (Tuckman, Lorge 1954, 1956).

'Memory turns backward to periods of highest capacity and greatest security . . . And memory is aided by confabulation' (Gitelson 1948).

Tenslotte heeft ook het verleden de neiging op den duur te verbrokkelen. Belangrijke schakels gaan verloren en er ontstaan vele leemten (lacunes) in de herinneringen. Wordt dit bewust ervaren als een tekort schieten, dan veroorzaakt het angst (Meerloo 1953).

Het is echter ook mogelijk veel van wat 'vergeten' was, weer te doen herinneren, indien men helpt met een hernieuwde ordening van die herinneringen (id.).

Tenslotte willen wij nog bespreken, hoe de snelheid van de tijdstroom in het senium verandert. Wij bedoelen daarmee de subjectieve snelheid, waarmee de tijd in die levensperiode verloopt. Men doet goed daarbij in het oog te houden, dat het hier om twee soorten van tijdsbeleven gaat. De eerste heeft betrekking op de snelheid van de tijd zoals deze op het moment zelve wordt beleefd. De tijd kan 'kort of lang vallen'. De tweede vorm van tijdsbeleven is het gevoel van duur betreffende een afgelopen tijdsperiode.

Of de tijd ons lang of kort valt, hangt af van activiteit en stemming. Gebrek aan bezigheden doet de tijd lang duren. Angst en depressie doen dat evenzeer. De tijdstroom komt bijna tot stilstand in ziekelijke toestanden als de melancholische stupor (Straus 1928).

Bij de bejaarde zal de tijd daarom dikwijls langzaam verlopen. De verveling doet zijn intrede. Werkloosheid en lusteloosheid gaan hand in hand.

Daarnaast staat het beleven van de 'duur'. Naarmate men ouder wordt, lijkt het of de tijd, terugblikkend, steeds sneller verloopt. Deze ervaring is zo algemeen, dat Mitchell (1957) het heeft aangedurfd dit verschijnsel grafisch uit te beelden. Dat is ongetwijfeld een ongeoorloofde vereenvoudiging. Ook nu hangt weer veel af van de activiteit in een tijdsbestek ontplooid. Bij gebrek aan gebeurtenissen en actie, lijkt de tijd snel voorbijgegaan. Nieuwe belevingen en emoties geven aan een tijdsbestek meer duur.

Een leven zonder emoties en belevingen vindt men terug in de sleur, waarin vele bejaarden leven. Slaagt men er in die sleur te doorbreken dan gaat voor hen de tijd weer langer duren. Zo vond Gschwind (cit: Vischer 1949), dat na plaatsing in een tehuis de tijd voor de bejaarden in duur toenam.

3. DE OUDERDOM EN HET PROBLEEM VAN DE DOOD

De vraag naar de dood is onafscheidelijk aan het bewuste leven gebonden. De dood oefent een voortdurende invloed uit op het menselijke leven, omdat de mens dit begrensd weet. Scheler (*Nachgelassene Schriften* 1957) zegt: 'Der Tod ist ein notwendiger und evidenter Bestandteil in jeder möglichen inneren Erfahrung des Lebensprozesses. Der Tod begleitet das ganze Lebens als ein Bestandteil aller seiner Momente'.

Indien dit zo is, dan lijkt het verwonderlijk, dat doodsproblematiek geen grotere rol speelt in het bewuste leven van de mens. Blijkbaar wordt de gedachte aan de dood steeds verdrongen. Dit is noodzakelijk, daar de dood geen basis voor het handelen kan zijn. Waar de dood als niet-zijn overheerst, verstart iedere beweging. De gedachte aan de dood moet wel verdrongen worden, wil de mens leven. In hoeverre hij in deze verdringing slaagt hangt af van de mate waarin iedere dag gevuld is met handelingen, die op een toekomst zijn betrokken.

Verder moet de doodsdreiging daarbij niet al te groot worden. Treedt ondanks dit alles de dood bij verrassing toch deze wereld binnen, dan wordt zij ervaren als 'Katastrophe' (Scheler). Dit is de 'mort transitive' van Hönigswald (Minkowski 1951), die van buiten af het leven verstoort. De dood kan echter ook aanvaard worden ('la mort immanente, id.). Zij vormt dan een integrerend bestanddeel van het bewuste leven. Dan geldt ook: 'Elle (la mort) est davantage un achèvement naturel qu'une interruption ou une fin insolites' (id.).

Vischer (1949) citeert hier La Fontaine: 'Il (le sage) est toujours prêt à partir'.

Wellicht is dit niet velen gegeven. Een aanvaardbare verwerking van doodsproblematiek is echter toch een vereiste voor een 'bien vieilli' (Wallon cit. Minkowski 1951). De berusting, die het senium brengt, houdt tevens een vrede hebben met de dood in. Grotjahn (1955) zegt in dit verband: 'The task of integrating one's life as it has been lived and the final acceptance of one's own death are problems of existence'. Bij de door Obrecht (1951) bezochte 100-jarigen viel op, dat zij wel aan het leven gehecht waren, maar zich toch zeker niet aan het leven vastklampten.

Natuurlijk betekent integratie van doodsproblematiek niet, dat alle doodsangst overwonnen kan worden. Voor de dood deinst ieder leven terug. Integratie van doodsproblematiek betekent echter wel, dat aan de dreigende dood zijn juiste plaats gegeven wordt, dat hij aanvaard, niet ontkend en op het eigen leven betrokken wordt. De meeste mensen kennen de dood slechts als een objectieve gegevenheid, die niet op het eigen leven wordt betrokken.

Zo'n houding is echter slechts mogelijk zo lang de toekomstverwachting nog redelijk uitgebreid is. In het senium verandert dit echter. 'De ouderdom is wellicht het natuurlijk equivalent van de voortdurend stervende mens' (v. d. Horst 1961). De ouderdom is de levensperiode, waarin de toekomstverwachting sterk afneemt en waarin het op de toekomst betrokken handelen meer en meer aan belang inboet. Daardoor ontvalt de oudere mens de mogelijkheid de gedachte aan de dood blijvend te verdringen en zal doodsangst optreden. Volgens de enquêtes van Feifel (1955, 1956) komen twee leeftijdsgroepen in het bijzonder in aanmerking voor het optreden van doodsangst n.l. de leeftijd omstreeks 50 jaar en de leeftijd na 70 jaar. Toch bleek ook uit deze enquêtes, dat het senium niet gekenmerkt wordt door deze doodsangst, omdat velen zich op oudere leeftijd daarvan konden losmaken.

Kotsovsky (1951) beschrijft doodsangst als: 'Die sich relativ bewusst entwickelnde Furcht, die sich im Zusammenhang mit der Alterspsychologie steigert, wenn wir uns immer häufiger über den Sinn des Lebens und Unvermeidlichkeit des Todes für alles Lebende befragen'. Zeer juist onderscheidt hij deze angst van 'die Furcht vor dem akzidentalen Tode', de vrees voor de dood als plotseling optredend geweld. In het eerste geval betekent de dood het deficit van de levensbalans. In het tweede geval is de dood een toestand van extreem 'Lust'-verlies, gekenmerkt door pijn, beweginglöosheid en in het algemeen: een verlies aan mogelijkheid om aan de meest primaire levensbehoeften te voldoen. In ieder geval zal de oude mens trachten zo lang mogelijk de gedachte aan de dood te ontgaan, zo hij deze niet als integrerend bestanddeel van zijn leven kan aanvaarden. Dat dit hem steeds moeilijker zal vallen, spreek vanzelf. Hij kan iedere dag vernemen, dat veel jongeren hem reeds in de dood vooraf gingen. Er is geen generatie meer tussen hem en de dood (Vischer 1949). De zeer actieven onder de bejaarden kunnen de doodsgedachte lange tijd ontgaan door actief te blijven. Zo lang zij dit zijn, is hun dag met allerlei taken gevuld en komt de gedachte aan de dood bij hen niet snel op. Zulke mensen doen dus eigenlijk niet anders dan de meeste jongeren, met dit verschil echter, dat zij nog meer de ogen moeten sluiten voor de onzekerheid van het bestaan. Zij loochenen hun ouderdom en stellen zich hardnekkig op één lijn met jongeren. Velen kunnen zelfs toespelingen op hun leeftijd niet verdragen. Soms komt hun instelling overeen met het geloof van sommige primitieve volkeren, dat een natuurlijke dood niet bestaat, maar dat ieder sterfgeval te wijten is aan vijandige krachten buiten de mens (Simmons 1945).

Ook in de moderne geriatrische literatuur wordt de dood wel als probleem ontkend. Zo meent Flanders Dunbar (1959), dat de dood geen probleem vormt voor geestelijk gezonde bejaarden. Volgens deze schrijfster zouden deze bejaarden nimmer aan de dood denken, omdat zij actief in het leven staan. Ongetwijfeld zijn de door haar onderzochte personen alle zeer vitaal, maar dit wil toch allerminst zeggen, dat een 90-jarige geen gedachte aan de dood zou mogen wijden, terwijl deze toch zo nabij is! Dit kan niet de houding zijn van de gerijpte mens.

Naast het niet willen nadenken over ouderdom en dood, bestaan nog vele andere wegen voor de bejaarde om de doodsdreiging te ontgaan.

Eén dezer mogelijkheden is het heimelijke geloof aan de eigen onsterfelijkheid, 'the pact with death' (Meerloo 1955). De eigen sterfelijkheid wordt ontkend. Mensen, die dit doen, zijn bijzonder geschokt, wanneer iemand in hun omgeving overlijdt. Zij haten niet zelden de overledene vanwege dit 'verraad'. Bij deze mensen vinden wij soms allerlei neurotische klachten, waarbij de verkeerd verwerkte doodsproblematiek een rol speelt, zoals claustrofobie en slapeloosheid (id.). In de neurosen van bejaarden vindt men ook volgens Grotjahn (1955) slecht verwerkte doodsproblematiek regelmatig terug. Hij wijst vooral op de verwantschap van dit probleem met het castratiecomplex. Het dood-zijn zelf immers is onvoorstelbaar en boezemt daarom geen vrees in (Shrut 1958). De mens vreest eerder het passief overweldigd worden en het onvermogen 'Lust' te ervaren. Het sterven kan zo ook opgevat worden als een narcistisch trauma.

Meerloo (1955) vond dit laatste dikwijls terug in de dromen van zijn patiënten. De dood wordt hierin niet zelden gesymboliseerd als een woestijn, als een dreigende verhongering en als opsluiting. Het is vooral de toestand van beweginglоosheid, als uitdrukking van extreme passiviteit, die grote vrees inboezemt.

Ook veel dwangmatig gedrag is volgens Meerloo (1953) niets anders als een poging de dood op een afstand te houden. Het verzamelen van soms waardeloze voorwerpen is eveneens als zodanig op te vatten (id.).

Volgens Sheps (1957) betekent de dood voor velen een toestand van absolute vereenzaming. Zo gezien is de ouderdom een langzaam voortschrijdend proces van vereenzaming, eindigend in een toestand van absoluut alleen-zijn.

Waar grote existentiële nood heerst, betekent de dood juist wel een verlossing, waarbij men echter niet zelden onbewust hoopt op een nieuw leven onder betere omstandigheden. Zo vond Linden (1953), dat achter doodsverlangens wel de hoop schuil gaat verjongd herboren te worden. Ook het geloof in een hiernamaals is dan heimelijk het geloof zo een verloren jeugd te herwinnen. Dit zelfde werd reeds door Stanley Hall (1922) opgemerkt. Deze auteur meende nog, dat het geloof in de onsterfelijkheid in de ouderdom afnam. Tegenwoordig neemt men over het algemeen het tegenovergestelde aan. Geloof in een hiernamaals betekent voor sommige bejaarden ook de hoop verlost te worden uit een benauwende eenzaamheid. Dit kan de achtergrond zijn van zelfmoordpogingen (Batchelor, Napier 1953).

Tenslotte nog iets over doodsproblematiek bij geestelijk gestoorde bejaarden. Zoals wij reeds zagen, speelt de doodsgedachte een belangrijke rol bij de neurosen op oudere leeftijd. Wij vinden haar echter evenzeer terug in allerlei psychotische, vooral delirante, toestanden (Rosenthal 1955). Wij zullen nog in de gelegenheid zijn daarop terug te komen bij de bespreking van de eigen gegevens.

In de dementie verdwijnen doodsangst en doodsproblematiek. Bij dit ziektebeeld vervaagt iedere verwachting. Stanley Hall (1922) merkte reeds op: 'Death is less fearful as the mind weakens, there is less concern for the future and life is more in the present.'

Daarom zegt H. C. Jelgersma (1931) ook, dat demente grijsaards ideale grijsaards zijn, die 'des Lebens müde' overlijden. Deze onderzoeker is de eerste, die bejaarden naar hun gedachten over de dood heeft ondervraagd. Hij vond toen tot zijn verbazing, dat demente patiënten zich geen zorgen over de dood maken. Voor deze mensen bestaat het probleem niet of nauwelijks meer. Natuurlijk is dit geen gave, maar een tekort. Overigens is de dementie waarschijnlijk de zachtste wijze van sterven. Daarom veronderstelt men tegenwoordig wel, dat de dementie een wijze van vluchten is om ouderdom en dood te ontgaan (II, 2).

De hoeveelheid gegevens betreffende de doodsproblematiek der bejaarden is nog zeer gering, hoewel dit onderwerp de laatste jaren meer in de belangstelling is gekomen. Deze late belangstelling wijt Butler (1960) aan de onderzoekers zelve, die volgens hem geen raad weten met de eigen problematiek op dit terrein. Ongetwijfeld bestaat er ook een sterke schroom om over de dood te spreken, vooral met oudere mensen.

4. LICHAAM EN GEEST IN HET SENIUM

In het eerste gedeelte van dit hoofdstuk zagen wij reeds hoe belangrijk uiterlijke kenmerken zijn voor de verouderende mens. Van iedereen buiten de meer intieme kring wordt bewust of onbewust de ouderdom aan deze kenmerken afgelezen. Dat men dit bij zichzelf zo weinig doet, bewijst eens te meer hoe weinig de mens geneigd is zichzelf te objectiveren. Er bestaat een sterke drang de eigen kentekenen van de ouderdom te negeren tot een punt bereikt is, waarop dit niet verder mogelijk is. Al te weinig vindt men in de geriatrische literatuur het belang terug, dat de uiterlijke verschijningsvorm voor de mens heeft. Wel wijst Podolsky (1958) in dit verband op de huid als een belangrijk orgaan voor het schatten van leeftijden (zie ook: Tuckman, Lorge 1958).

Wanneer de oudere mens tot de erkenning is gekomen, dat zijn lichaam duidelijk oud is geworden, dan treedt een breuk op tussen het lichaam en de rest der persoonlijkheid, die zeer verschillend wordt ervaren en verwerkt. Deze breuk kan niet anders ontstaan dan door een discrepantie tussen allerlei strevingen aan de ene zijde en het geobjectiveerde lichamelijke verval aan de andere zijde. De bewuste en vooral de onbewuste strevingen verouderen immers niet in de gebruikelijke zin, zij boeten wel aan kracht in, maar dikwijls slechts in geringe mate. Wel bestaat de mogelijkheid tot een aanpassing van de strevingen aan de veranderde werkelijkheid. Op dit laatste berust voor een groot deel het 'aangepast-zijn' in het senium.

Er zijn hier vele individuele verschillen. In ieder geval wordt eens het punt bereikt, waarop de lichamelijke functies (en meestal meer ongemerkt) de geestelijke functies de verwerkelijking van de strevingen in de weg staan. De mens wordt zich dan meer bewust van het instrumentale karakter van zijn lichaam. De ouderdom wordt zo een traumatisch gebeuren, dat vooral diegenen treft, die het meest afhankelijk waren van hun lichamelijke prestaties of van hun uiterlijk (N. Cameron 1956). Daarom wordt de ouderdom wel in de eerste plaats een narcistisch trauma genoemd.

Het best is de breuk met het lichaam beschreven door Phelps in zijn roman 'The Centenarians' (1958). De hoofdpersoon in deze roman drukt het als volgt uit: 'I shall never forget the shock when for the first time I found myself standing outside my body, looking at it as if it were a suit of clothes hung on a peg, somewhat shabby and somewhat out of date as regards style and cut and saying: "You and the I that inhabits you are no longer one ! From now on you are merely a vehicle, and I the driver who fumes and frets because your performance is not what it used to be!..." The discovery that there is no longer a direct relationship between the mind that reaches after new life as ardently as ever, and the body that should apprehend it, is the bitterest of all...'

Ook in de geriatrische literatuur komt de breuk met het lichaam ter sprake. Zo zegt Vischer (1949): 'Zwischen Geist und Körper tritt eine gewisse Unabhängigkeit zu Tage'. Bij Minowski (1950) vinden we het zelfde terug als hij spreekt over 'détachement de sa propre personne.'

Inderdaad komen enkelen tot een meer objectiverende houding ten aanzien van de gehele persoonlijkheid. Doorgaans vinden we dit niet. Eerder stuiten wij op gevoelens van rancune ten aanzien aan het eigen lichaam. Men voelt zich door dat lichaam min of meer verraden. Het vertrouwen in het eigen lichaam is geschokt. Daardoor krijgen het lichaam en de lichamelijke functies meer aandacht dan voorheen. Dit treedt des te eerder op, naar mate het lichaam minder goed functioneert. Daarom kan een optredende ziekte of invaliditeit de oudere mens meer uit het evenwicht brengen dan men redelijkerwijs zou mogen verwachten. Wij zullen nog zien, dat de lichamelijke teruggang een rol speelt in de psychogenese der geestelijke afwijkingen.

Aan de andere kant echter verschaft het ziek-zijn soms een belangrijke 'winst' ook in de ouderdom. Dan ontstaat het type van de 'complainer', die steeds weer het medelijden van zijn omgeving tracht op te wekken. Het voortdurend klagen verschaft hun de belangstelling, die zij in het senium missen (Meerloo 1955). Bovendien is het klagen een middel om de werkelijke levensproblemen te ontgaan (Gitelson 1948).

Men vindt dit terug in de interessante observaties betreffende het zich-gezond-voelen bij bejaarden. Hierbij bleken dikwijls de meest zieken zich juist het gezondst te voelen. De 'klagers' echter waren omgekeerd dikwijls de objectief nog meest gezonden! 'Somatic complaining is independent of actual medical status' (Kahn, Zeman e.a. 1958). De zelfde schrijvers vonden bij een ander onderzoek: 'No somatic responses are found in those who are more resourceful in their adaptation.' Dit hoeft ons niet te verwonderen, daar het klagen immers ook de functie heeft werkelijke problemen (vereenzaming, doodsproblematiek, afhankelijkheid etc.) te ontgaan. Wordt het lichaam een ernstige bedreiging voor het leven, dan verdwijnt het klagen en vindt men eerder 'denial of illness' in de zin van Weinstein en Kahn (1955). Het onvermogen de grote problemen van het senium onder ogen te zien kan ook leiden tot allerlei psychosomatische reacties (Meerloo 1955). Verder kan men het voortdurend bezig zijn met het eigen lichaam ook opvatten als een dwangmatig ritueel, waarmee de dood op een afstand wordt gehouden. Het klagen is dus een afweer-mechanisme met een zeer ingewikkelde achtergrond.

Het klagen heeft volgens Alvarez (1952) verder te maken met depressie. Inderdaad heeft de seniele depressie voor een deel dezelfde achtergronden als de neurotische somatische klachten.

Door de vermindering in de lichamelijke functies worden vooral zij getroffen, die minder mogelijkheden hebben voor geestelijke ontplooiing. De lichamelijke aftakeling treft eenvoudige mensen daarom dikwijls harder dan b.v. intellectuelen. Zo vond Williams (1960), dat ziekte de 'morale' meer aantast in de zgn. 'low-status group'.

Bij dit alles wordt men getroffen door het feit, dat klachten zelden geestelijke functies betreffen. Het klagen over lichamelijke gebreken is op te vatten als een vorm van regressie tot infantiel-erotische stadia (Cameron 1956). Dit is vooral duidelijk indien de klachten de darmfunctie betreffen. Dit terugkeren tot auto-erotiek sluit klagen over geestelijke functies wel uit, daar het objectiveren van deze een meer volwassen instelling veronderstelt.

Toch bestaat bij bejaarden wel degelijk de angst voor dementie (zie bv. Kubie, Landau 1953). Dementie immers brengt grotere afhankelijkheid mee en schrikt als toestandsbeeld een ieder af. Het gevaar, dat men loopt in de ouderdom dement te worden, vormt zeker een dreiging, al wordt deze minder ervaren.

Van het klagen en 'zeuren' naar de 'echte' hypochondrie is slechts een stap. Over dit syndroom zijn wij na het werk van Ladee (1961) goed ingelicht. Linden (1955) stelt terecht, dat hypochondrie in engeren zin geen ziektebeeld is, dat bij voorkeur op hoge leeftijd optreedt. Wel ontstaat deze afwijking dikwijls in de involutie. In ons materiaal, dat slechts personen boven de 65 jaar betreft, vindt men de hypochondrie slechts zelden. Wel vindt men, vooral bij de seniele depressies, dikwijls hypochondere belevingen. Deze nemen dan de vorm aan van alle mogelijke klachten, die op het lichamelijke betrekking hebben. Voor een deel zijn deze angsten goed invoelbaar, daar de lichamelijke functies in de ouderdom de mens maar al te dikwijls in de steek laten.

Ook wat Busse (1954) en Busse en Dovenmuehle (1960) als hypochondrie bij bejaarden beschrijven, is veel eerder het probleem van het op de voorgrond stellen van lichamelijke klachten met op de achtergrond de problematiek van het senium. Daarom kan Busse hypochondrie definiëren als: 'A defense against loss of self-esteem and prestige, an excuse for failure, and a guilt-reducing masochistic phenomenon'.

Het komt dus, zoals wij reeds zagen, de bejaarde voor, alsof er een breuk bestaat tussen de eigen persoonlijkheid en het eigen lichaam, dat nu als 'vreemd', 'hinderlijk', of 'vijandig' wordt ervaren. Natuurlijk zal niet iedereen dit op dezelfde leeftijd, of op dezelfde wijze, ondervinden. Natuurlijk ook, berust de 'breuk' niet op een werkelijk grotere scheiding tussen psyche en soma. In alle levensfasen blijft de mens een somatopsychische eenheid. Juist in de geriatrische psychiatrie zijn lichaam en geest zeer moeilijk te scheiden. Het verouderende lichaam heeft grote invloed op de gehele persoonlijkheid. Het omgekeerde is ongetwijfeld eveneens het geval.

Al te zeer is men geneigd psychische afwijkingen, psychische veroudering zelfs, alleen toe te schrijven een cerebrale anatomische veranderingen. De ouderdom is echter allerminst het gevolg van cerebrale veroudering alleen. De ouderdom berust op een verandering in alle lichamelijke en geestelijke functies. Wel echter is het ene orgaanstelsel in dit opzicht van meer betekenis dan het andere. Men kan drie orgaansystemen hier voorop stellen en wel: het motorisch apparaat, de zintuigen en het zenuwstelsel. De veranderingen in de motorische en zintuigelijke functies komen neer op een vermindering van inkomende stimuli en uitgaande impulsen. Er dringt minder door en er gaat minder uit. De werkingssfeer van de mens wordt daardoor kleiner, het aantal raakpunten met de wereld neemt af. De wereld wordt steeds 'kleiner' (Obrecht 1952, Ruffin 1960). Ook ontstaat een isolement (N. Cameron 1956, Busse 1961). Deze vereenzaming nu typeert de ouderdom, een levensfase, waarin, meer dan voordien, de mens op zichzelf wordt teruggeworpen.

Veel hangt overigens daarbij af van de individuele mogelijkheden. Zo vertelt Obrecht (1951) van een 100-jarige man, die reeds 50 jaar geheel doof was, maar die toch niet vroegtijdig verouderd bleek en ook steeds volledig aan zijn omgeving aangepast bleef.

Toch zal niemand kunnen ontkennen, dat het intact zijn der zintuigelijke functies van het grootste belang is voor een goed functioneren van de geest.

Dit blijkt onder meer bij experimenten als 'sensory deprivation'. Op één lijn daarmee mag men het beruchte blinddoeken bij cataractoperaties stellen (Knox 1961). Dit kan bij geestelijk gezonde bejaarden een delirante toestand ten gevolge hebben. Volgens Kennedy (1959) ontstaat deze door het wegvallen van de mogelijkheid tot oriëntatie in ruimte en tijd. 's Nachts valt dan bovendien de mogelijkheid weg zich op het gehoor te oriënteren.

Daarnaast zijn echter nog andere factoren aan te wijzen, die hier van belang zijn. Naar onze mening is de angst voor blindheid, de angst voor ziekte en dood bij deze patiënten mede een oorzaak van het ontstaan van het delier. Men moet ermee rekening houden, dat het blinddoeken waarschijnlijk veel slechter wordt verdragen in een toestand van angst en spanning. De waarnemingen van Azima en Kral (1960) wijzen in die richting. Zij gingen de testresultaten na gedurende een half uur voor en na het blinddoeken. Jongere mensen bleken het blinddoeken goed te kunnen verdragen. Oudere mensen verdroegen het over het algemeen slechter. Demente oude mensen bleken daarbij *minder* gevoelig dan nog geestelijk vitale. De dementie beschermt de oude mens tegen verontrustende prikkels van buiten.

Naast de angst en spanning is ook het *plotselinge* uitvallen van de visuele prikkels van belang. Blindheid, die langzaam ontstaat heeft een geheel ander effect op de psyche. Men ziet daarbij eerder reactieve en neurotische toestanden, minder een plotselinge psychose of deterioratie.

Doofheid ontstaat zelden plotseling, zodat een vergelijking met blinddoeken slecht opgaat. Doofheid echter, meer dan blindheid, vervreemdt de mens van de wereld. Volgens een onderzoek van Eisdorfer (1960) geeft matige vermindering van de visus geen duidelijke veranderingen in de Rorschachtest, vermindering van het gehoor heeft dat effect echter wel. De gehoorscherpte is daarbij soms niet eens zodanig verminderd, dat een gesprek niet goed kan worden gevolgd.

Busse (1960) verklaart dit met behulp van de theorie van Ramsdell, waarin op het belang van de achtergrondsgeluiden wordt gewezen, die wel niet bewust worden waargenomen, maar die toch bijdragen tot het gevoel van vertrouwd-zijn met de omgeving. Absolute stilte heeft daarom voor de mens iets angst-aanjagends. Men hoort altijd wel iets. De lichtdoven echter missen deze vertrouwde geluiden. De achtergrond bij hen is stiller. Daar het proces echter langzaam voortschrijdt, beseft de betrokkene dit niet. 'He only knows that he has a feeling of loss and a sensation that the world is dead' (Busse 1960).

Het is dus in de geriatrische psychiatrie van belang te letten op de gehoorscherpte vooral van paranoide patiënten, ook in die gevallen, waar het gehoor redelijk intact lijkt. Plaatsing van bejaarden in een 'rustige omgeving' is wellicht niet juist (id.).

In al deze beschouwingen staat het 'organische' of het 'cerebrale' niet op de voorgrond. Wie te veel nadruk legt op de somatische afwijkingen in de ouderdom, vergeet ook licht de bijzondere betekenis van ziekte en invaliditeit in dat levenstijdperk. Iedere ziekte, hoe onbelangrijk ook, geeft angst en spanning. Ook kleine kwaaltjes kunnen bij oude mensen het begin van het einde betekenen. Iedere lichamelijke handicap, hoe klein ook, betekent in het senium voor de betrokkene een inperking van zijn wereld, reductie van prikkels en onvermogen tot handelen. Iedere ziekte, hoe onbelangrijk ook, levert de bejaarde in zijn hulpeloosheid over aan de zorg van anderen, zo die er tenminste zijn. De kans op ziekte en invaliditeit wordt, hoe ouder men is, steeds groter. Enkele cijfers ontleend aan het onderzoek van Sheldon (cit. v. Zonneveld 1961) bevestigen dit. Van de door hem bezochte bejaarden bleek 2,5% bedlegerig, 8,5% aan huis gebonden, 22,5% aan hun directe omgeving gebonden. Doofheid vond hij bij 53% van de mannen en bij 31% van de vrouwen. Interessant zijn ook de cijfers van Confrey en Goldstein (1960) betreffende de kans binnen vijf jaar chronisch ziek of invalide te worden. Bedroeg deze kans op het 45e jaar reeds 10%, op 80-jarige leeftijd bedraagt zij 57%! Volgens Williams (1960) is de kans op inperking van de actieradius groter bij vrouwen dan bij mannen, hoewel vrouwen toch gemiddeld ouder worden. Dit langer leven is nog geen gelukkiger leven!

Ondanks dikwijls treurige levensomstandigheden blijven bejaarden doorgaans psychisch zo gezond, dat zij nog deel kunnen uitmaken van de hun vertrouwde omgeving. Deze krimpt gestadig in, want o.a. lichamelijke beperkingen maken, dat het aantal contacten met anderen sterk afneemt (Williams 1960).

Bij de motoriek neemt de spraak een bijzondere plaats in. Spraakafwijkingen plaatsen de oude mens wel in een uiterst geïsoleerde positie. Omgekeerd vindt men in de dementie, een toestand, waarbij de communicatie met de ander grotendeels is opgeheven, een opvallende vermindering van het spontane spreken (Allison 1955).

Tenslotte nog enkele opmerkingen over het verouderende zenuwstelsel. De mens functioneert niet door het opnemen van prikkels van buiten en door het ontplooien van motorische activiteit. De mens wordt eerst mens door een zinvolle verwerking van prikkels met daarop afgestemd adaequaat gedrag. Meer dan ieder ander levend wezen is de mens in staat te kiezen, omdat hij af kan gaan op reeds gevormde voorstellingen, omdat hij in staat is zijn wereld te ontwerpen. Naarmate de mens ouder wordt, gaat een bepaald patroon overheersen en vermindert zijn vrijheid. Hij beschermt zich, deels actief, tegen een te veel aan impulsen, door veel af te weren, waarvoor hij zich vroeger openstelde. Men zegt dan, dat de oude mens 'rigide' is geworden, het gehele gedrag is afgestemd op reeds bestaande gedragspatronen, terwijl de mogelijkheid hiervan af te wijken steeds kleiner wordt.

Iedere nieuwe situatie wordt als het ware vergeleken met het oude model. Daarom komt het bejaarden gemakkelijk voor alsof 'alles bij het oude bleef', alsof in wezen alles hetzelfde is gebleven. Dit ontstaat vooral ook door een zich afsluiten voor het onbekende en door het tot iets bekends omvormen van dat onbekende (Watson 1956). Door dit alles leeft de oude mens in een andere wereld dan de jongere. Bij cultuurvormen, waarbij slechts geringe veranderingen in de loop van de tijd optreden, kan de bejaarde daardoor een groot prestige verwerven. In onze maatschappij echter, waarin binnen tien jaar alles geheel verandert, zijn uitzonderlijke eigenschappen nodig om deze veranderingen werkelijk te kunnen meemaken.

Dit alles vormt één van de vele factoren, welke psychologische onderzoekingen in de ouderdom zo bijzonder moeilijk maken. Men vergeet maar al te gemakkelijk, dat men te doen heeft met een geheel 'ander mens', die niet zonder meer met een jongere is te vergelijken. Ook onderlinge vergelijking wordt bemoeilijkt, omdat de chronologische leeftijd, zoals wij reeds zagen, een gebrekkige maatstaf is voor de psychologische ouderdom. Het is daarom vrijwel onmogelijk normen voor hogere leeftijdsklassen op te stellen. Het is noodzakelijk bij het begin van ieder onderzoek zich duidelijk voor ogen te stellen wat men weten wil. Ook moet men steeds beseffen, dat de betekenis der onderzochte détails slechts betrekkelijk zal zijn en niet mag leiden tot een onverantwoord generaliseren. Dan heeft men ook minder behoefte om tegen allerlei 'ongunstige' testresultaten bij ouderen in het geweer te komen, hetgeen een algemene objectieve instelling t.a.v. de bejaarden ten goede komt.

Wechsler (1961) geeft de volgende opsomming van de argumenten, die men tegen de testmethoden en -resultaten kan aanvoeren:

1. Intelligentie-tests geven bij bejaarden te ongunstige resultaten, omdat zij te veel gewicht hechten aan de snelheid, waarmee de opgaven worden volbracht.

2. De tests zijn te sterk afhankelijk van de graad van ontwikkeling, die de bejaarde bezit.

3. De normen zijn opgesteld naar aanleiding van onderzoek bij personen van de zelfde leeftijdsgroep, terwijl het onderzoek van de ontwikkeling der intelligentie tijdens de loop van het leven achter is gebleven.

4. Er bestaan geen intelligentietests, die de intelligentie juist meten in de ouderdom. De tests houden immers geen rekening met de specifieke eigenschappen van de oude mens. Zij zijn eigenlijk voor jongeren opgesteld.

In al deze argumenten schuilt zonder twijfel waarheid. Men moet echter, zoals reeds gezegd, zich steeds voor ogen houden, wat men nu eigenlijk wil onderzoeken. Intelligentie-tests zijn geen tests afgestemd op begrippen als wijsheid en rijping. 'Wisdom is necessary to make the world go round, intelligence, to make it go forward' (Wechsler 1961). Men moet ieder testresultaat als een op zichzelf staand gegeven beschouwen, dat wel licht werpt op een bepaalde kant van de geestelijke prestaties, maar waarvan geen waarde-oordeel voor de gehele persoonlijkheid mag worden afgeleid. Al te zeer is men nog geneigd te interpreteren volgens het schema goed-slecht, of in de geriatrie: volgens het schema dement — niet dement. Dementie is een bruikbaar begrip, maar niet indien het als waardemeter wordt gebruikt. Testresultaten, ook bij normale bejaarden, vallen tegen. In dit verband willen wij in de eerste plaats wijzen op het onderzoek door van Zonneveld (1958″) in ons land verricht. Hierbij bleek, dat meer dan 1/3 der onderzochte personen boven de 80 jaar niet meer in staat was het alfabet op te zeggen. Ook het navertellen van een zeer eenvoudige vertelling stuitte al spoedig op moeilijkheden. Het bleek, dat veel afhing van de vooropleiding van de betrokkenen en wat daarmee samenhing: hun maatschappelijke klasse. Bij vrouwen werden over het algemeen slechtere resultaten verkregen dan bij mannen.

Kral (1958) vond bij oude vrouwen een slechtere geheugenfunctie dan bij oude mannen. Geheugenstoornissen zijn volgens hem boven een bepaalde leeftijd regel (boven de 90 jaar bij 91,7%). Tussen 60 en 70 jaar vindt men deze stoornissen reeds bij 30,8% der onderzochte personen. De kans op geheugenstoornissen neemt dus met de leeftijd toe (id.). Deze stoornissen bestaan niet alleen uit die, welke beschreven worden in de 'wet' van Ribot. Kral (1958) onderscheidt een maligne van een benigne groep stoornissen. De benigne stoornissen vindt men bij normale bejaarden. Daaronder valt het onvermogen namen en data te noemen, terwijl men bij andere gelegenheden deze nog zeer goed te berde kan brengen. Verder zijn veel gegevens vergeten, die *niet* in nauwe betrekking stonden tot de persoonlijke levensgeschiedenis. Onder dit laatste valt b.v. het opzeggen van het alfabet, dat van Zonneveld in zijn onderzoek gebruikt. Kral gelooft, dat de maligne geheugenstoornissen, waarbij de 'wet' van Ribot duidelijk aan de dag treedt en waarbij ook persoonlijke ervaringen verloren gaan, *niet* tot het normale senium behoren. Maar dit neemt niet weg, dat zij veel voorkomen. Men vindt de maligne stoornissen meer bij vrouwen, de benigne stoornissen bij mannen en vrouwen even frequent. Men vergete niet, dat een normaal geheugen ook na het 90e jaar voorkomt, zij het zelden.

Volgens Kubo (1938) wordt het geheugen bij vrouwen tegen de leeftijd van 80 jaar slechter. Bij mannen zou het geheugen eerst na het 80e jaar belangrijk afnemen.

De verdeling van Kral (1958, 1958') van de geheugenstoornissen in 'maligne' en 'benigne' houdt in, dat het deze schrijver gemakkelijk valt het door hem geciteerde standpunt van Critchley te delen, waarbij een 'senium naturale' van een 'senium ex morbo' wordt onderscheiden. Met enige zekerheid kan men tot nu toe hier echter niets stellen. Wel wordt over het algemeen tegenwoordig wel aangenomen, dat lichte geheugenstoornissen in het senium niet als ziekelijk moeten worden opgevat (Busse, Dovenmuehle 1960). Veel hangt ook hier af van erfelijke factoren (Kallmann, Jarvik 1959). Niet alleen is voor een deel genetisch bepaald hoe oud men wordt, maar bovendien is mede genetisch bepaald hóe men oud wordt. Men dient te beseffen, dat het geheugen voor de mens meer is dan het zich herinneren van feiten. Neurotische factoren (verdringing) spelen bij de tot stand koming van een amnesie mede een rol (Kassell 1957).

Bij de studie van het geheugen voor recente gebeurtenissen (short-term memory) stuit men evenzeer als bij de studie van het geheugen voor lang voorbije gebeurtenissen (long-term memory) op grote moeilijkheden bij de interpretatie. Gillie (1960) noemt het voorbeeld van de bejaarde, die een ketel water op het gas zet, het gas open draait, lucifers gaat zoeken en het gas vergeet aan te steken. In de meest gewone handelingen speelt 'short-term memory' een rol. In het voorbeeld komt naar voren, hoe deze vorm van geheugen een rol speelt bij samengestelde handelingen. Deze nu hebben de neiging te verbrokkelen, vooral wanneer andere handelingen de oorspronkelijke handeling kruisen (interfereren). Wij zagen reeds, hoe oude, vroeger aangeleerde, patronen soms storend werken. Deze stoornis treedt bovendien des te eerder op naar mate de geïntendeerde handeling langzamer wordt uitgevoerd. De kans, dat er 'iets tussen komt', wordt dan des te groter. Dit laatste is zonder twijfel van het grootste gewicht.

Dezelfde factoren, die het geheugen op korte termijn belemmeren, spelen ook een rol bij het afnemend vermogen te leren. Dan komt bovendien nog een factor in het spel: de motivatie.

Kubie en Landau (1953) merkten op, dat wanneer men met een groep bejaarden een toneelstuk instudeert, het vermogen hiervoor een rol te leren als regel meevalt. Zij schrijven dit toe aan de interesse, die de deelnemers voor het geheel aan de dag leggen.

Verder geldt voor het leren de opvatting van Welford (Kay 1959): 'Much of the apparent difficulty of older people is not due to any true incapacity of learning or recall as such but to inability to comprehend the material or to deal with the condition under which it is presented.' Leren stuit bovendien bij de meeste oudere mensen op grote weerstanden (Kuhlen 1945, Repond 1954). Leren doet men over het algemeen slechts gedwongen. De dwang ertoe neemt met het ouder worden gestadig af. Reeds jong is de mens geneigd terug te grijpen op voor hem vaststaande opvattingen, begrippen en gedragspatronen. Hij wijzigt deze slechts onder druk van buiten. Zelden wordt hij gedreven door een streven de eigen wereld te wijzigen of te vergroten.

Terwijl het waarschijnlijk, en de mening van Welford wijst daarop, nog gemakkelijker blijft allerlei willekeurig genomen test-materiaal te leren, zal het de bejaarde vooral moeilijk vallen iets te leren, wat ingrijpt in de structuur van de eigen persoonlijkheid. Dit is natuurlijk niet met psychologische tests na te gaan. Hetgeen wat dáármee onderzocht wordt, is het leren van korte handelingen en opgaven. Dit leervermogen is in de ouderdom zonder twijfel verminderd. Maar niet alleen in de ouderdom vermindert dit leervermogen! Na het 24e jaar neemt het reeds af (Jones, Kaplan 1956). Er is aanleiding te geloven, dat het leervermogen der bejaarden minder achteruitgaat bij eenvoudige tests. Het verlies aan leervermogen is waarschijnlijk het grootst, wanneer het nieuw-geleerde in strijd is met reeds gevestigde patronen (id.). Dit 'interfereren' is dus van de allergrootste betekenis (Paulus 1952).

Men mag aannemen, dat dit verschijnsel zich vooral zal voordoen bij die ouderen, bij wie een sterk ontwikkeld, rigide, patroon het leven beheerst. Men mag dus aannemen, dat de *karakterstructuur* mede een factor is bij de ontwikkeling van psychologische verschijnselen in de ouderdom. Dit is eens te meer een aanknopingspunt voor de theorie der psychiatrische ouderdomsziekten, bij welke, naar onze mening, de praemorbide karakterstructuur een zeer belangrijke factor vormt in de pathogenese.

Verder is in de psychologie van de ouderdom de *snelheid* van het grootste belang. Ook hier stuiten wij op het feit, dat de snelheid van handelen reeds op vrij jonge leeftijd afneemt. Volgens Repond (1954) neemt zij na het 30e jaar reeds af. Ook zijn er weer belangrijke individuele verschillen, waardoor oude mensen soms betere testresultaten te zien geven dan vele jongeren. Gecompliceerde opgaven vereisen een zekere snelheid. 'In many complex tasks the level of performance is affected if speed falls below a certain critical level. A person may fail in this task if his perceptions are too slow to keep up with a changing situation' (Jones, Kaplan 1956).

Daarom zijn oude mensen dikwijls het beste, indien geen grote snelheid van hen wordt verlangd. Dit komt dan veelal de nauwkeurigheid ten goede. Let men daarom bij tests niet op de snelheidsfactor, dan zijn de resultaten bij ouderen dikwijls beter dan bij jongeren. Maar verlies aan tempo is natuurlijk niet het enige, wat de resultaten bij bejaarden drukt.

Volgens Birren (1956) is het feit van de verminderde snelheid van denken bij bejaarden het vruchtbaarste uitgangspunt om de psychologie van de ouderdom te benaderen. Men kan deze verminderde snelheid terugvoeren op een vertraging van processen binnen het centrale zenuwstelsel. Deze vertraging is zeker geen schijnbare, die terug te voeren zou zijn op een vertraging in de prikkeloverdracht perifeer in het zintuig of motorische eindplaat. Verschijnselen, zoals de kniepeesreflex of de pupilreactie worden slechts in onbetekenende mate langer van duur.

Gillie (1960) schrijft het verlies aan tempo bovendien toe aan een grotere rustperiode tussen twee afzonderlijke handelingen. 'The switch-over involves a bigger lag in time.' Het kost ook meer moeite om een begin te maken. En daarnaast staat het verschijnsel, dat Birren (1956) 'the difficulty in timing sequential events' noemt. Hij verstaat hieronder de neiging iedere beweging in kleine gedeelten uit te voeren, zoals men dat b.v. kan waarnemen bij tekenen en schrijven. Ongetwijfeld berust dit fenomeen weer voor een deel op de verminderde snelheid, waarmee een handeling wordt uitgevoerd. De ongeoefende, die uit de vrije hand een grote cirkel wil tekenen, zal dit langzaam doen. Het resultaat is veelal een cirkel, opgebouwd uit vele kleine boogjes. De geoefende echter trekt dezelfde cirkel snel, vloeiend en uit één lijn. Birren (1956) zegt daarom, dat het lijkt alsof ouderen een handeling nog moeten leren. In dit proces speelt de snelheid weer een rol naast onzekerheid en involutie van het motorisch apparaat.

Wellicht is echter het verschijnsel ook centraal van oorsprong (Pomrinse 1958). Deze verbrokkeling van het handelen past in het beeld van de oude mens. Het grote en veelomvattende, dat bliksemsnelle actie van denken en handelen eist, komt steeds meer buiten het vermogen te liggen. Daarvoor komt in de plaats een langzaam bezig-zijn met de studie en uitvoering van détails. Beslissingen missen wel vaart, maar zijn wel-overwogen en fijner afgestemd. Daarom zijn vele ouderen uitstekende diplomaten: langzaam, voorzichtig en niet zelden sluw. Het idealisme der verreikende verbeeldingskracht ontbreekt. Het is deze voorzichtigheid, die Busse (1960') mede verantwoordelijk stelt voor vele slechte test-resultaten. Zij beïnvloedt de snelheid, waarmee de opgaven worden beantwoord. Er ontstaat een sfeer van onzekerheid en angst. Het is de bejaarde onmogelijk de opgaven met een zeker 'flair' af te doen. Door al dat piekeren en treuzelen raakt hij bovendien spoedig vermoeid en een grotere vermoeibaarheid is een eigenschap van het verouderende zenuwstelsel (Himler 1951).

Zo grijpt in de psychologie van de ouderdom alles ineén. Eén eigenschap, één verschijnsel verklaart het gehele beeld niet, maar hangt steeds weer met andere verschijnselen en eigenschappen samen. Dit geldt dus zeker ook voor de intelligentie, die wij met Wechsler (1961) vooral willen zien als 'the capacity to perceive relevant relations'. Intelligentie, zoals deze gemeten wordt d.m.v. testmethoden, vermindert reeds tussen de 20 en 30 jaar, om bij het ouder worden steeds verder te verminderen. De snelheid van dit verval is afhankelijk van de test, die wordt gebruikt (Jones, Kaplan 1956). Het verval is sneller naarmate de tests meer zijn gebaseerd op eigenschappen als snelheid. Het verval is langzamer, indien de tests de nadruk leggen op ervaring en kennis. Ook bij de studie van de veroudering t.a.v. de intelligentie valt op, dat binnen een leeftijdsgroep grotere verschillen bestaan dan tussen twee leeftijdsgroepen onderling. Zelfs al zijn de prestaties achteruit gegaan, dan nog is menige grijsaard intelligenter dan menig jeugdig proefpersoon.

Ondanks het verlies aan psychisch vermogen is volgens Emerson (Repond 1954) de ouderdom de leeftijd van het intellect. Het geestelijk verval is immers doorgaans minder uitgesproken dan de lichamelijke achteruitgang, die de ouderdom meebrengt. Meer dan in één der voorgaande levensfasen steunt de mens in het senium op zijn geestelijke vermogens en belangrijk moet dus ook zijn, hoe hij deze in de voorafgaande fasen tot ontwikkeling bracht. De intelligentie is voor een goed deel het resultaat van training en interesse. Daarom daalt de gemeten intelligentie minder in de ouderdom naarmate zij in de jeugd beter was. Volgens Eisdorfer (1960) is er een zeer groot verschil in verval aan te tonen tussen 60-jarigen met een I.Q. van meer dan 116 en 60-jarigen met een I.Q. van minder dan 85: bij de laatsten is het verval véél groter.

Een analoge redenering gaat ook op bij de dementie. Een laag I.Q. is een dementie-bevorderende factor, hoewel toegegeven moet worden, dat dit alles niet zo vast staat als men wel zou wensen. Men mag echter toch aannemen, dat er een relatie bestaat tussen intelligentie-niveau en intelligentie-verval.

Waardoor ontstaat nu dit intelligentie-verval? Jones en Kaplan (1956) geven in de eerste plaats deze verklaring: ouderen zijn het beste, indien het aankomt op ervaring en verworven kennis, jongeren zijn het beste, indien het aankomt op aanpassing in nieuwe, onbekende situaties. Dit laatste echter is het, waar het bij de intelligentie-meting vooral om gaat.

Wechsler (1961) stelt in overeenstemming hiermee, dat men dus bij het ouder-worden steeds afhankelijker wordt van het geheugen, omdat men nieuwe opgaven zo veel moeilijker kan doorzien. Indien het geheugen de oude mens in de steek laat, dan ontstaat dus een leegte, die niet te vullen is. Deze leegte vormt de achtergrond der dementie.

5. TUSSENMENSELIJKE VERHOUDINGEN IN HET SENIUM

Het lijdt geen twijfel, of de bindingen met de medemens worden in de ouderdom steeds losser en minder veelvuldig. Dit proces, in de Amerikaanse literatuur 'disengagement' genoemd (Cummings, Mc. Caffrey 1961), houdt niet alleen een zich, min of meer actief, afwenden, maar zeker ook een passief uitgesloten worden in. Daarom lijkt het soms, of de maatschappij de bejaarde uitstoot, maar soms ook, alsof de bejaarde de maatschappij afwijst. Dit leidt dan weer, in zo verre dit gebeuren betreurd wordt, tot verwijten aan de maatschappij, of aan de bejaarden zelf gericht. Daarbij zullen beide 'partijen' verontschuldigingen aanvoeren, die het eigen gedrag verklaren uit de gedragingen van de ander. Zo beschuldigen de bejaarden en diegenen, die voor hen opkomen, gaarne 'de jongeren' en 'de maatschappij' van verwaarlozing, gebrek aan liefde en respect. Zij zijn geneigd te stellen, dat het vroeger anders, voor hen beter, was.

Nu zijn zeker in de laatste jaren de bejaarden aan de winnende hand. Zo vindt men veel minder dan vroeger wetenschappelijke publicaties, waarin een ongunstig oordeel over oudere mensen in het algemeen wordt geveld. Men heeft over het algemeen meer begrip voor de uitzonderlijke positie, die de bejaarde inneemt. Zo laat Phelps (1958) een honderjarige zeggen: 'Aren't we the outcasts of mankind?' De vermeerderde belangstelling voor de ouderdom is een belangwekkend cultuur-historisch fenomeen, dat slechts voor een deel is te verklaren uit de numerieke toename der ouderen.

Dat men eerst zo laat aandacht aan de bejaarden wijdt, blijft verwonderlijk, maar wordt wel begrijpelijk, indien men bedenkt, dat het zich buiten de gemeenschap stellen en gesteld worden de ouderdom zelve kenmerkt.

Belangrijke krachten beletten de jongere zich te verdiepen in het wezen van de oudere mens. Wayne (1953) en Meerloo (1955) menen, dat de bindingen aan de eigen ouders belemmerend werken in de overdrachtssituatie bij psychotherapie van bejaarden. Goldfarb (1953) zag eenzelfde moeilijkheid bij verplegend personeel.

Ebaugh (1956) meent, dat wij bejaarden afwijzen 'because they remind us of death'. Men zou dit laatste nog ruimer kunnen stellen. Niet alleen herinneren zij ons aan de eigen sterfelijkheid, de gehele ouderdom is een narcistische krenking, waarvan wij de dreiging steeds ervaren. De ouderdom stoot ons fysiek af en als levenstijdperk lijkt zij ons uitermate troosteloos. 'All of us have an instinctive fear of physical and mental decline' (Busse 1960').

Bovendien betekent de bejaarde voor de jongere een overlast. Veel van onze huidige bemoeiingen zijn zonder twijfel door een zeker egoïsme ingegeven. Men tracht de last af te wentelen en hoopt daarbij zélf later op zijn beurt niet tot last te worden. Rudd (1960) merkt op: 'It is at least possible that the prevalent over-concern with pensions is an expression of the hope that someone else's money will be an effective substitute for a personal duty to the old people in one's own family and community.'

Ballast betekent de bejaarde ook in ons streven naar toekomstverwerkelijking, waarbij de scepsis der ouderen onze onzekerheid vergroot.

Tenslotte speelt in de bejaardenzorg schuldgevoel een rol. De familiebanden mogen over het algemeen losser zijn geworden, toch is de band tussen ouders en kinderen eerder toe- als afgenomen. Tussen ouders en kinderen bestaat veelal een neurotische binding. Het schuldgevoel, dat kenmerkend is voor die binding, vindt men terug in de bejaardenzorg. Deze neemt daarom soms het karakter aan van 'zorg om de bejaarde ouder' met alle facetten van dien. Vandaar ook, dat het zo moeilijk is objectief tegenover oudere mensen te blijven staan en niet te vervallen in wat men in Amerika 'stereotypes' noemt: algemeen verbreide misvattingen o.a. ten aanzien van de bejaarde mens. Deze 'stereotypes' leven binnen een cultuurkring bij een ieder, óók bij de betrokkenen zelf. Onze opgave is het deze 'stereotypes' te veranderen door vergroting van het te kleine feitenmateriaal.

Overigens zijn niet alle stereotypes geheel onjuist. Ook zijn zij voor een deel niet al te ongunstig van inhoud. Een bemoeilijking van het onderzoek der stereotypes schuilt daar in, dat zij niet constant, maar afhankelijk zijn van de leeftijd der ondervraagden. Het beeld van de ouderdom *wijzigt* zich gedurende de levensloop. Duidelijk komt dit naar voren bij een uitgebreid onderzoek van Tuckman en Lorge (1958).

Zij vonden, dat het aantal stereotypes, dat aanvaard werd met de leeftijd toenam. Het oordeel betreffende de ouderdom wordt minder genuanceerd, globaler en daarbij ook ongunstiger. Tuckman en Lorge legden eenzelfde lijst van stereotypes voor aan personen, die veel met bejaarden te doen hadden. Deze groep bleek 'somewhat less negative in their attitudes' en bleef ook meer antwoorden schuldig. Deze mensen twijfelden dus eerder aan de door anderen zonder meer aanvaarde stereotypes.

Het ligt niet in de bedoeling het onderzoek hier in zijn geheel te refereren, maar ter oriëntatie geven wij hieronder een kleine opsomming van stereotypes, waarover de meningen zeer verdeeld bleken.

1. Oude mensen zijn knorrig en slecht gehumeurd.
2. Zij zijn beter af in bejaardentehuizen.
3. Zij geloven in een leven na de dood.
4. Zij kunnen hun eigen zaken niet behartigen.
5. Zij zijn prikkelbaar.
6. Een huwelijk op deze leeftijd is niet gewenst.
7. Oude mensen willen graag bediend en verzorgd worden.
8. Zij verstoppen hun geld.
9. Zij voelen zich meestal vermoeid.
10. Zij geven de voorkeur aan oude vrienden boven het maken van nieuwe.

11. Zij houden van het leven.
12. Zij zijn egoïstisch.
13. Zij hebben geen interesse in het andere geslacht.
14. Zij kunnen niet luisteren naar moeilijkheden van een ander zonder ongeduldig te worden.

Allerlei ongunstige stereotypes belemmeren het werk van verpleegsters, maatschappelijke werksters en artsen (Atkinson, Fjeld 1955, Stern, Smith 1953).

De belangrijkste is wel de opvatting, waarbij de seniele 'aftakeling' gezien wordt als een onbeïnvloedbaar proces. Hierdoor wordt iedere therapeutische bemoeiing onmogelijk. Atkinson en Fjeld (1955) noemen in dit verband ook de mening van sommige verpleegsters, dat alle oude patiënten lief en aardig ('sweet or cute') zijn. Bij dit laatste komt weer naar voren hoe stereotypes ons gedrag ten aanzien van de bejaarden bepalen.

Onze houding wordt over het algemeen bepaald door drie factoren. In de eerste plaats zijn daar onze ideeën over bejaarden in het algemeen, de stereotypes. Ook zijn van invloed onze opvattingen betreffende de eisen, waaraan een goed-aangepaste bejaarde moet voldoen, de ideaalbeelden. Tenslotte wordt onze houding bepaald door de situatie, zoals deze op een gegeven tijdstip bestaat. Het merkwaardigste is hierbij de grote discrepantie, die bestaat tussen stereotypes en ideaal-beeld. Hoe dit laatste gevormd wordt, is onduidelijk. Ongetwijfeld heeft het iets te maken met vroeg-kinderlijke opvattingen over het wezen van ouders en grootouders.

Stereotypes zijn dikwijls de weerslag van de pijnlijke ontdekking van het verschil, dat met de werkelijkheid bestaat. Men is dan geneigd tot een tegenovergestelde mening over te hellen.

Wij zagen in het gerefereerde artikel van Tuckman en Lorge, dat jonge personen gunstiger over bejaarden denken dan ouderen. Wellicht overheersen bij jonge mensen de ideaalbeelden nog. Hoe ouder men wordt des te meer raken zij bij het vormen van een eigen mening op de achtergrond. Repond (1954) gaf een fraaie beschrijving van het ideaalbeeld, dat toch altijd in mening en gedrag ten aanzien van bejaarden een rol blijft spelen. Het komt neer op even zo vele eisen aan de bejaarden gesteld n.l.: 'On le veut pur, serein, indulgent, compréhensif, détaché des servitudes passionnelles, de l'ambition ...' en hij voegt er aan toe: '... et malheur à lui s'il ne se conforme pas aux vertus et aux tabous de ce tableau'.

Er zijn meerdere publicaties verschenen (Goldfarb 1953, Linden 1954, Butler 1960) over de moeilijkheden bij het verplegen van bejaarden. Deze vloeien voort uit de stereotypes: 'alle bejaarden zijn aardige, dankbare patiënten, die onze hulp gaarne accepteren'. 'Overly loving' heeft Goldfarb (1953) deze houding genoemd. Inderdaad zijn er maar al te veel ouderen, die zich dit graag laten aanleunen. Zij profiteren er van en vervallen zo tot een ongewenste inactiviteit. Hetzelfde kan men wel bij chronisch zieken en invaliden observeren. Er is hier sprake van 'ziektewinst'.

Zeer vele bejaarden wijzen deze houding van hun verzorgers echter af. Zij negeren immers liever hun lichamelijke en geestelijke tekortkomingen, kortom hun leeftijd. Ook van de zijde der verpleging gezien, lijdt de al te medelijdende en bemoederende houding spoedig schipbreuk. Niet zelden verwachten verpleegsters onbewust van hun zo veel oudere patiënten geestelijke steun. Het ideaalbeeld van de wijze, goede, en superieure oudere komt echter niet overeen met de ondervonden werkelijkheid: veeleisende, ontstemde, ontevreden en vooral ondankbare patiënten. Oudere patiënten haten niet zelden hun verzorgers, omdat deze hen in een toestand van hulpeloze afhankelijkheid brengen. Bij de verzorgers ontstaan op hun beurt weer gevoelens van haat en wel des te gemakkelijker, naarmate zij onbewust hogere eisen aan de verzorgden stelden (Goldfarb: 'overly hostile).

In de bijzondere situatie van verzorgen en verzorgd worden geven deze haatgevoelens weer aanleiding tot schuldgevoelens. Deze laatste maken, dat men over en weer geneigd is tenslotte alles 'goed' te maken door verontschuldigingen voor elkaars gedrag aan te voeren. Zo kan een kringloop ontstaan (Butler 1960) en bovendien wordt zo de basis gelegd voor 'gunstige' stereotypes, zoals: 'oude mensen moeten verzorgd en geholpen worden'.

Ook in het maatschappelijk werk, b.v. als leidsters van de zgn. bejaardenclubs, kunnen de werksters in de omgang met bejaarden moeilijkheden van deze aard ondervinden (Rapport: *Bejaard-zijn in Amsterdam* 1962).

Stern en Smith (1953) beschreven dit bij twee gevallen, waarin duidelijk de onbewuste problemen ten aanzien van de ouders het werk van de sociale werksters belemmerden. Tenslotte spelen ook in het werk van de arts en vooral van de psychiater, bovengeschetste psychismen een belangrijke rol. Men komt dan op het terrein van de overdrachtsproblematiek. In dit verband is vooral het werk van Linden (1955) van betekenis. De psychotherapeut wordt gehinderd door stereotypes zoals: 'Seniel betekent een terugkeer tot de kinderleeftijd, een psychoticus kan geen overdracht ontwikkelen en demente patiënten zijn niet in staat een overdrachtssituatie op te bouwen. Daarnaast wordt de psychotherapeut gehinderd door persoonlijke, deels onbewuste, conflicten met ouders en grootouders (Meerloo 1955).

Men vergete niet, dat het beeld van de ouderdom, dat wij onbewust ontwerpen, nog geenszins duidelijk is. Neugarten en Gutmann (Williams 1960) hebben dit aangetoond met hun test, waarbij aan proefpersonen vier platen worden voorgelegd. Deze stellen een jonge man, een jonge vrouw, een oude man en een oude vrouw voor. Men laat nu proefpersonen van verschillende leeftijd vrij op de platen associëren.

Over het algemeen zien proefpersonen de oude man als iemand, die aan belang heeft ingeboet, die zijn oorspronkelijke leidinggevende rol aan anderen (vooral de oudere vrouw) heeft afgestaan. Jonge proefpersonen hebben daarbij oog voor de strijd, die dat voor de oude man inhoudt. Het eindresultaat is, dat de oude man zijn omgeving niet langer actief beïnvloedt en zich het liefst maar neerlegt bij de veranderde omstandigheden.

De oude vrouw wordt door jonge proefpersonen wel gezien als onbetekenend, grappig en goedig. Oudere proefpersonen echter zien haar veel eerder als een dominerende figuur, die zeker niet, zoals de oude man, zich bij de veranderingen neerlegt, maar juist nog tracht alles naar haar inzichten te regelen. Eigenlijk zien we dus ook bij het onderzoek van Neugarten en Gutmann, hoe het beeld van de ouderdom ongunstiger wordt naarmate de ondervraagden ouder zijn. Het beeld van de heks is wellicht het produkt van de verbeeldingskracht van oudere mensen!

Uit dit alles komt naar voren, hoe ingewikkeld de relatie tussen de bejaarde en zijn medemens is. Zonder twijfel zijn wij niet ver gevorderd met de oplossing van dit fascinerende vraagstuk.

Van de zijde der bejaarden zelf gezien, blijft het probleem even moeilijk te doorgronden. Indien wij aannemen, dat de bejaarde neigt tot een zich actief afwenden an de anderen, dan zien wij gemakkelijk voorbij aan het feit, dat het opgeven van relaties het gevolg kan zijn van de afwijzende houding, welke anderen aannemen. In dat geval is dus het zich terugtrekken een gevolg van het afgewezen worden. In de moderne geriatrische literatuur vindt men deze opvatting zeer veelvuldig. Het isolement is het gevolg van een geïsoleerd-worden, een pijnlijk, traumatisch gebeuren, waartegen eerst de bejaarde nog wel in verzet komt, maar waarbij hij zich later neerlegt.

Nu schuilt in deze opvatting ongetwijfeld veel waars, maar zonder twijfel is zij niet volledig. Wij geloven eerder, dat het isolement ontstaat door het zich afzonderen en door het afgezonderd worden beide. Oude mensen hebben de neiging zich uit sociale rollen terug te trekken en hun bemoeienissen met de omgeving te beperken (Williams 1960). Gitelson (1948) ziet de ouderdom in het teken van een toenemende introversie. Ferenczi (1939), in navolging van Freud, ziet in de ouderdom een narcistische tendens: de libido heeft de neiging zich van haar 'objecten' terug te trekken. 'Sie büssen viel von ihren familiären und sozialen Interessen ein . . .' Dit alles maakt, dat oude mensen en lijders aan parafrenie veel gemeen hebben, alleen zou bij oude mensen de libido tevens kwantitatief verminderd zijn (id., zie ook: H. C. Jelgersma 1931).

Ferenczi verklaart met deze theorie, waarom oude mensen 'zynisch, boshaft, geizig' zijn. Deze knap geformuleerde theorie is tekenend voor de opvattingen van die tijd. Ook tegenwoordig nemen wij wel aan, dat de libido bij oude mensen verminderd is. Alleen verklaart de theorie ons niet genoeg.

Meerloo (1955) ziet het probleem ingewikkelder, indien hij vooral de nadruk legt op de verzwakking van het Ik. De libido mag dan verminderd zijn, zij is dat dikwijls in mindere mate dan het Ik. Het Ik, dat zijn greep op de werkelijkheid verliest, kan niet meer meekomen met het Es, dat primair gericht blijft op de bevrediging van driften. Het gaat hier om een verschuiving van een précair evenwicht, waarbij de integratie van de persoonlijkheid in gevaar komt. De persoonlijkheid streeft naar een herwinning van een nieuw, wellicht even précair, evenwicht. Is dit weer tot stand gebracht, dan kan dit de basis zijn voor een nieuwe ontplooiing. Zo valt te verklaren, hoe men tot op hoge leeftijd, zich nog verder kan ontplooien, een feit, waarvoor Ferenczi en zijn tijdgenoten geen oog hadden. Voor hen was de ouderdom een periode van verval zonder meer.

Verliest het Ik van de bejaarde zijn greep op de wereld en geraakt, mede daardoor, de persoonlijkheid geïsoleerd, dan ontstaat gemakkelijk een circulus viciosus, waarbij het zich afzonderen het afgezonderd worden meebrengt. De persoonlijkheid verkilt, het affectieve contact wordt spaarzaam en oppervlakkig. Ouderen zijn 'misers of their affection', zegt Busse (1954).

Zo kunnen beelden ontstaan, die gelijken op parafrenie. Het zwakke, door het isolement verarmde Ik is dan niet in staat de Es-inhouden op normale wijze af te weren en neemt zijn toevlucht tot projectie. Dit afweermechanisme laat het Ik wel min of meer intact, maar brengt een nog groter isolement te weeg. Zo kan iedere paranoide verwerking het begin zijn van een algehele psychotische desintegratie.

De paranoidie der bejaarden heeft weinig of geen eigen kenmerken. Zij is ten nauwste verwant aan de parafrenie, de paranoidie der doven en aan allerlei paranoische reacties van overigens normale personen.

Meerloo (1953, 1955) legt sterk de nadruk op de verhouding tot de buren, maar het komt ons voor, dat dit niet specifiek is voor de ouderdom. Wel kan men stellen, dat wegens de grotere gebondenheid aan huis (wegens invaliditeit en door verlies van werk en contacten elders), de bejaarde eerder geneigd zal zijn de buren in de projecties te betrekken.

Samenvattend mag men opmerken, dat ook bij de psychisch normale bejaarde het contact met de medemens een verandering heeft ondergaan. Dit veranderde contact werd vooral bestudeerd door Linden (1955). Hij spreekt daarbij regelmatig van 'transference', overdracht, waar het hoogstens een modus van contact betreft. Wanneer een seniel-demente bejaarde ons steeds glimlachend en minzaam benadert, dan is dat nog geen 'positieve overdracht', maar een manier van doen, een oud gedragspatroon van wellevendheid. Zeker is hier geen sprake van een binding, zoals die positief of negatief gekleurd, bij een overdrachtssituatie bestaat. Dit ziet Linden overigens wel in bij de zgn. *acceptance recognition*, een houding, waarbij de bejaarde de therapeut accepteert zolang deze zich direct ten gunste van de bejaarde bemoeit. Maar bij de 'quiet type of transference', waarbij de bejaarde slechts in schijn een rol speelt, spreekt Linden wel degelijk van 'transference'. Linden's publicaties zijn niet vrij van het onkritisch gebruik van psychoanalytische begrippen. Ook laat de auteur zich te veel meeslepen door zijn duidelijk zeer persoonlijke behoefte de bejaarden als groep te beschermen en te rehabiliteren.

Dat neemt niet weg, dat Linden wel de enige is, die het tot nu toe aangedurfd heeft, het contact met bejaarden stelselmatig te bestuderen. Het is dan ook zeker de moeite waard hier op in te gaan, hoewel wij genoodzaakt zijn veel buiten beschouwing te laten. Ook zullen wij niet alle dertien mogelijkheden van 'transference' bespreken. Hieronder volgt een overzicht van de belangrijkste 'types of transference'.

1. Clinging type. Als hulpeloze, angstige kinderen klampen zij zich aan de ander vast. Door het minste worden zij in paniek gebracht. Overal zijn zij bang voor.

2. Aggrandizing type. Zij vleien de therapeut door hun overdreven achting. Hij wordt afgeschilderd als een 'Übermensch'. De ware aard van deze 'overdracht' wordt doorzichtig in het verwante:

3. Sycophantic type, waarbij sprake is van een 'thinly veiled hostility'.

4. Loving type. Dit is het type van de aardige, lieve bejaarde, die geneigd is een positieve band te leggen met allen, die hem of haar prettig tegemoet treden. Uit de beschrijving, die Linden geeft, komen zij naar voren als zeer goed aangepast aan hun omgeving. Het wordt niet duidelijk, wat Linden hier wil. Acht hij hen het prototype van de 'gezonde bejaarde'?

Overziet men nu deze vier 'types', dan kan men tot de volgende slotsom komen. De acceptance-recognition is, zoals wij reeds zagen, geen werkelijke band. Bij deze mensen is 'de dokter' een symbool voor de goedwillende macht, die in het dagelijkse leven van weinig of geen betekenis is, maar die men mist, als hij ontbreekt. In psychiatrische inrichtingen zien de 'chronische' patiënten hun arts zo. Wij geloven niet, dat dit in het normale leven een belangrijke rol speelt. Het is een houding van de zwakke mens tegenover anonieme, maar machtige instanties. Indien iemand tot niet meer dan acceptance-recognition in staat is, dan gaat het persoonlijke in het contact verloren. Er is dan geen 'ontmoeting' meer en daarmee heeft een mens iets van het specifiek menselijke verloren. Dit nu is zeker ook voor een deel het geval bij het 'clinging type'. Het tekort schietende Ik, dat niet meer bij machte is zijn wereld in stand te houden, klampt zich vast aan de helper, de machtige, maar anonieme vader-figuur. Alleen is er bij het 'clinging type' meer sprake van direct gevoelde en waarneembare angst. Ook het 'clinging type' vindt men dikwijls in het inrichtingsmilieu, vooral bij eerst sinds kort opgenomen patiënten. Meestal verdwijnt de angst grotendeels, indien de patiënten meer 'gewend' raken. Het interessantste zijn het 'aggrandizing' en het 'sycophantic type'. Ook bij deze mensen moet er een grote behoefte bestaan op een sterkere en machtige figuur terug te vallen, die echter in veel mindere mate anoniem blijft. Welke manier is beter om in de gunst te komen dan vleien? In deze meester-knecht-situatie komt echter het zelfgevoel van de patiënt in de knel en wel des te eerder naarmate de 'knecht' vroeger meer 'meester' was.

Uit dit dilemma bestaan maar twee uitwegen: óf de 'knecht' verwerpt de situatie en ontketent een revolutie, óf hij schikt zich er in en identificeert zich zo veel mogelijk met de 'meester'. Meestal vindt men een mengsel van deze twee mogelijkheden terug in de werkelijke relatie.

Deze verhouding tot de arts, vooral in gestichtsverband, is begrijpelijk en niet abnormaal te noemen. Patiënten, die op hun verpleging zo reageren volgen een vrij normaal patroon en het verbaast ons ook niet, dat volgens Linden zowel het 'aggrandizing' als het 'sycophantic type' een goede prognose hebben. Het zou zelfs goed zijn bij het 'aggrandizing type' deze relatie in stand te houden. Dat is begrijpelijk, want voor deze mensen staan verder geen andere mogelijkheden open dan onbedekte vijandigheid of 'acceptance-recognition'. Het eerste bevordert de aanpassing niet, het tweede is een uiting van een regressie in de contactbehoefte.

Tussen het 'sycophantic type of transference' en de 'predominantly negative transferences' moet, gezien het bovenstaande, slechts een gradueel verschil bestaan. Indien de bejaarde er inderdaad toe komt de hem toch min of meer opgedrongen vader-figuur te verwerpen, komt hij in een moeilijke situatie, daar hij de middelen mist om een dergelijke relatie te hanteren. Het is een voorbeeld van 'onaangepastheid', waarbij de patiënt te laat inziet, dat zijn gedrag niet tot eigen voordeel strekt, hoewel zijn zelfgevoel minder in de verdrukking komt.

Van alle opgenomen psychiatrische patiënten wordt immers een soort 'onderwerping' geëist, die zich uit in een 'positieve' houding ten aanzien van arts en personeel. Deze worden boven de eigen persoon gesteld en in die rol erkend. Men mag dit niet van vele ouderen zonder meer verwachten! En wij verwachten dat eigenlijk ook niet. Daarom voelen wij een gedrag als 'acceptance-recognition' als 'vreemd' en 'ziek' aan. Dit is immers een zonder blijkbare spanning aanvaarden van een rol, die bij een ieder de grootste spanningen moet oproepen. Daarom is een negatieve reactie nog zo ongunstig niet. Zij belemmert echter wel een samenwerking, die beslist noodzakelijk is, wil men voor de bejaarde iets kunnen doen. Hoe men deze beledigde en boze bejaarden moet aanpakken is door Goldfarb (1955, 1956) meermalen beschreven. Het komt er op neer, dat men de patiënten de illusie laat meester te zijn in eigen huis. Nergens zijn vele bejaarden zo beducht voor als voor een dominerende, agressieve houding van de zijde van hun verzorgers. Zeker, er zijn er, die het zich laten aanleunen, die zich schikken, er zelfs voordeel in zien. Zij spelen mee en worden zo tot de reeds beschreven 'sycophants', bij wie men het onechte en het geveinsde maar al te vlug bespeurt.

Natuurlijk is het ook weer niet zo, dat alle coöperatieve ouderen een onecht spel spelen. Indien de bejaarde een realistische kijk heeft op zijn eigen noden en tekortkomingen, dan ontstaan geen conflicten. In de psychiatrische praktijk ontmoet men dit uiteraard zelden of nooit. Ook bij Linden wreekt zich de geringe kennis van normale bejaarden. Zodra een oud mens in een bepaalde positie wordt gebracht door opname in een tehuis of inrichting, dan neemt hij ook de rol op zich, die daar bij hoort. Dan ontwikkelt hij een bepaalde houding tegenover de staf van dat tehuis, welke in principe weinig verschilt van de houding, die ook jongere mensen in een dergelijke situatie aannemen. Daarom zijn de 'transferences' van Linden nauwelijks specifiek voor bejaarden.

Dat men deze relaties zo veelvuldig aantreft bij bejaarden is ook het gevolg van het feit, dat iedere bejaarde bedreigd wordt door afhankelijkheid van anderen. En het is deze dreigende of actuele afhankelijkheid, die weer mede de aard van het contact bepaalt! De aard van het contact is dus sterk afhankelijk van de sociale rol, die de bejaarde speelt of moet spelen.

Deze rol bepaalt voor een deel weer het contact, dat jongeren de bejaarde bieden. Zo zien we, dat het contact, met oudere mensen, die nog in het volle leven staan, een geheel ander is dan het contact, dat wij met hulpbehoevende bejaarden onderhouden. In de verhouding met deze 'oudjes' spelen van onze zijde als onbewuste factoren mee: angst, afkeer en agressie.

Het gevolg van deze ambivalente houding voor de betrokken bejaarden is vereenzaming. Daarbij komt nog, dat bejaarden onderling moeilijk contacten leggen en weinig gevoel van saamhorigheid bezitten. Zij vormen geen echte 'minderheid' in de maatschappij. De bejaarden te zien als een groep is grotendeels een fictie. Men houdt dan geen rekening met de uiterst grote onderlinge verschillen. Iedere bejaarde vormt een gesloten wereld in zichzelf, gebaseerd op het individuele verleden. Er ontstaat een steeds groter onvermogen zich met anderen te identificeren. De ouderdom wordt gekenmerkt door dit persoonlijke, dit onafhankelijk-individuele. Het is de levensfase, waarin de mens voleindigd is. Toch is gemeenschapszin, ook voor de bejaarden, zeer bepalend voor het welbevinden.

Cummings en Mc. Caffrey (1961) wezen op het grote belang van 'generational solidarity' voor de 'morale' der bejaarden. 'Morale' blijkt over het algemeen sterk afhankelijk van de aard en de hoeveelheid der contacten en stijgt duidelijk, indien een bejaarde contacten weet te leggen met leeftijdsgenoten.

Tegenover de als natuurlijk opgevatte vereenzaming in de ouderdom ('disengagement') staat de algemeen menselijke contactbehoefte. Kuhlen (1959) zegt: 'Social relations involving individuals and groups constitute a major source of satisfaction at all ages, though interest in the broad range of social activities appears to be strongest in the late teens or early twenties. From young adulthood onward social interests and participations decline, people tending to prefer a few close friends to many acquaintances and becoming more asocial and sedentary in their activities.'

Dit schijnt eerder op te treden naarmate het inkomen en de ontwikkeling geringer zijn (Foskett 1955). Geestelijke ontwikkeling immers houdt de mogelijkheid in tot een grote verscheidenheid en veelvuldigheid van contacten. Wij zullen nog dikwijls zien, dat zowel grotere intelligentie als grotere financiële draagkracht factoren zijn van belang voor het bereiken van een 'gezegende oude dag'.

6. GEZIN EN FAMILIE IN HET SENIUM

Het aantal contacten met anderen zal dus, naarmate de mens ouder wordt, afnemen. Het gezins- en familieleven komt daardoor weer meer op de voorgrond. De wereld van de bejaarde beperkt zich meer en meer tot zijn naaste omgeving.

Maar ook die kleine wereld wordt steeds moeilijker beheerst. Ondanks zijn pogingen het geheel in stand te houden, moet de oude mens dikwijls ervaren, dat ook deze laatste steun dreigt te vergaan.

Het terugvallen op familieleden, speciaal kinderen, zal des te eerder mogelijk zijn bij een hechtere band met deze familieleden. Dit lijkt een groot voordeel. Toch komt de bejaarde daardoor ook eerder in een ongewilde afhankelijke positie.

Daarom ook hebben oude mensen, zonder nabije familieleden, soms juist een hoge 'morale' (Kutner, Fanshel e.a. 1956). Zij hebben zich in hun goede jaren leren wapenen tegen de dreigende vereenzaming. Zij kwamen ook niet in de verleiding op kinderen of kleinkinderen terug te vallen. Zo ontgingen zij vele moeilijke situaties.

Dit alles geldt vooral weer voor de economisch sterkeren. Bij minderbedeelden zijn de contacten minder gevariëerd. Deze groep is veel afhankelijker van een nauwe kring van verwanten en bekenden. Daarom dreigt bij minder-gegoeden afhankelijkheid eerder. Zij vallen op anderen terug en worden zo eerder 'oud'. Bij deze groep is het bezit van kinderen, die aan de ouders gebonden zijn van groot gewicht.

Men stuit dus bij de bespreking van de betekenis van familie en gezin op één van die wonderlijke paradoxen, welke dikwijls bij de studie van het senium worden gevonden. Het bestaan van een hechte gezinsband is niet zonder meer een zegen. Het brengt een mens eerder in de positie van bejaarde. Het lokt afhankelijkheid uit.

In de praktijk vinden wij talrijke gevallen, waarbij de bejaarde een last is voor zijn kinderen, terwijl toch eerst een nauwer samengaan een goede oplossing leek. Hierbij speelt natuurlijk de ambivalentie in de verhouding kind-ouder een rol. Deze kan moeilijk in haar betekenis worden overschat.

Hoe komt het nu, dat men in de moderne literatuur ons steeds de indruk wil geven, dat wij te weinig voor hen doen? Hoe komt het, dat daarbij vroegere toestanden ons ten voorbeeld worden gehouden?

Ten opzichte van oude mensen bestaat bij de jongeren een latent schuldgevoel. Er zijn vele onbewuste factoren, die ons de oudere doen verwerpen. De bejaarde wordt als vreemd aan het eigen zelf ondervonden en vormt een bedreiging van dat zelf. Onze illusie van 'eeuwige jeugd' komt in het gedrang bij iedere bejaarde, die wij zien. Wij geloven ook, dat hij ons onze jeugd benijdt en wij vrezen daarom, dat hij ons zal benadelen. Wij projecteren in hem onze verdrongen sexuele neigingen (voyeurisme, paedofilie). Wij geloven, dat hij, door zijn grotere ervaring, ook de macht kreeg over geheime middelen. In primitieve culturen neigt men er toe weerloze grijsaards te doden. In de Middeleeuwen heeft men velen als heks verbrand. 'Bejaardenzorg' is allerminst een vanzelf sprekend iets.

Ook nu nog wordt dikwijls belangstelling voor bejaarden als een wat wonderlijke interesse beschouwd. Men ziet de bejaarden graag als een sociaal en charitatief probleem, maar bekommert zich minder om individuele gevallen. In de psychiatrie ziet men het probleem wel beperkt tot een kleine groep van seniel-dementen, waarbij men hardnekkig de ogen sluit voor allerlei andere psychiatrische afwijkingen, die dikwijls in veel groter getale boven de 65 jaar voorkomen.

De ouderdom vormt dus een probleem, waarvan men de bewustwording schuwt. Is men tenslotte toch genoodzaakt zich met dit probleem bezig te houden, dan neigt men snel tot slecht gefundeerde, eenzijdige meningen. Daardoor vindt men ook in de gerontologie vele tegenstrijdige denkbeelden. Zo vindt men onderzoekers (b.v. Wayne 1960), die menen, dat de bejaarde zo lang mogelijk moet werken en onafhankelijk moet blijven, zo lang mogelijk los van zijn familie moet blijven, zo lang mogelijk contact moet zoeken met leeftijdsgenoten. Anderen (b.v. Linden 1957) stellen eerder de oudere als een soort patriarch boven het gezin en zien hem als iemand, die tot taak heeft leiding aan volgende generaties te geven. Beide groepen zijn geneigd de verantwoordelijkheid voor de bejaarde af te schuiven resp. op 'de staat' en op 'de familie'.

De 'three-generation family' is het ideaalbeeld van diegenen, die menen, dat de familie verantwoordelijk is voor het welzijn van de grootouders, die men 'nu' in eenzaamheid laat verkommeren. Men gelooft bovendien, dat in vroegere eeuwen deze ideale situatie regel is geweest. Friedmann (1960) zegt daarvan: 'The myth of the idyllic existence of the aged secure in their position as members of extended kinship families in pre-industrial society has done much to obscure the genesis of our present value definitions as to the maintenance of the aged in our present social structures.' De familiesituatie, waarbij de oudere te midden van zijn nakomelingen een geachte positie inneemt, waarbij hij dus ook de grootst mogelijke sociale zekerheid bezit, heeft alleen in de Middeleeuwen bestaan (id.). Wat de huidige situatie betreft zegt Friedmann: 'It is highly probable that the present American family system includes a greater proportion of aged persons in households consisting of two or more interdependent generations than did the family system of 1850'.

Het numeriek toenemen der bejaarden is zonder twijfel een factor, die het ontstaan van three-generation families juist bevordert. Wel verlaten tegenwoordig kinderen eerder het ouderlijk huis dan ongeveer 50 jaar geleden. Laat men de 'ouderdom' ingaan op het tijdstip, dat het laatste kind het huis verlaat, dan wordt men dus tegenwoordig veel eerder 'oud'. Dat wil zeggen: ouderen hebben nu meer tijd een nieuw onafhankelijk bestaan op te bouwen.

Men moet dus in de huidige maatschappij rekening houden met een groter aantal onafhankelijk levende bejaarden. Niet alleen gaan de kinderen eerder van huis, zij vestigen zich ook op groter afstand van het ouderlijk huis. De grotere verspreiding van de familie bevordert de onafhankelijkheid van de bejaarden nog meer.

Three-generation families ontstaan tegenwoordig volgens Streib en Thompson (1960) gewoonlijk door het komen inwonen van de moeder van de vrouw. Het komt slechts zelden voor, dat een bejaard echtpaar bij een kind inwoont (id.). Veel eerder blijven kinderen bij de bejaarde ouders in huis.

De 'klassieke' three-generation family is sterk gebonden aan het gezamenlijk te verrichten werk (boeren, ambachtslieden). In zo'n familie is er ook weinig verschil in sociale status tussen de verschillende generaties. Dit laatste komt natuurlijk in de moderne verhoudingen veel eerder voor. Verminderen de kinderen in sociale status, dan ontstaan gemakkelijk wrijvingen. Brengen de kinderen het echter verder dan de ouders, dan beïnvloedt dit de verstandhouding tussen de generaties veel minder (Dinkel 1943, Le Masters 1954, Shanas 1958). Ook verschillen in godsdienstige overtuiging kunnen de verstandhouding tussen ouders en volwassen kinderen negatief beïnvloeden (Dinkel 1943).

Men vraagt zich af, waarom door sommigen de three-generation family eigenlijk als ideaalbeeld wordt gesteld, terwijl toch zonder meer duidelijk is, dat deze gezinsstructuur niet in onze tijd past. Bovendien zijn aan deze structuur toch wel degelijk allerlei nadelen verbonden. Bij voorbeeld wordt in een dergelijk bestel de oudere eerder bedreigd door zijn opdringende kinderen, die hem dikwijls als een tiran zullen zien en niet als een patriarch. Deze strijd komt in de moderne maatschappij ook voor, maar ligt eerder binnen de werkkring van de oudere man en dus buiten het eigenlijke gezin. De band met de kinderen wordt dus minder door deze rivaliteit beïnvloed. Verder blijft het de vraag, of grootouders een gunstige factor zijn in de opvoeding van hun kleinkinderen (Vollmer 1937, Fried, Stern 1948, Borden 1946). Dit laatste is vooral een probleem, waar de grootmoeder bij een gezin met jonge kinderen inwoont.

Wat leert nu het sociologisch onderzoek van de band tussen de bejaarde ouders en hun kinderen?

(De volgende gegevens hebben alle betrekking op het leven in de Verenigde Staten van Amerika. Wij beperken ons daarom tot de duidelijkste en belangrijke vondsten).

Over het algemeen onderhouden ouders en volwassen kinderen contact onderling: 73% der bejaarden onderhoudt een nauw contact met hun kinderen (Streib, Thompson 1960). Uit de door Streib en Thompson gerefereerde 'Cornell Study of Occupational Retirement' blijkt verder, dat bejaarde ouders verwachten, dat hun kinderen de band met de ouders door bezoek en brieven zullen onderhouden, maar dat over het algemeen zij niet eisen, door de kinderen verzorgd en ondersteund te worden.

De bejaarde in 'the three-generation family' kon nog eisen, dat hij in zijn ouderdom verzorgd zou worden door hen, die hij zijn land of werkplaats zou nalaten. De oudere wordt dan, bij wijze van spreken, door de jongere 'gepensioneerd'. Hem wordt daarbij soms een aparte woning op het erf toegewezen (Vischer 1947). Zulke toestanden vindt men in de huidige industriële maatschappij niet meer. Daarmee is ook het recht op ondersteuning van de ouders door hun kinderen grotendeels vervallen. Wij worden, eenmaal bejaard, eerder door onze werkgevers dan door onze kinderen onderhouden. De nieuwe verhoudingen hebben het voordeel, dat de bejaarde de band met de kinderen beter in stand kan houden en kan vrijwaren voor de vele conflicten, die uit onderhoudsplicht voortvloeien. Is er echter een anonieme, 'neutrale' instantie, die voor de bejaarden zorgt, dan ontstaat het gevaar, dat de zorg voor de bejaarde niet meer aan de enkeling is aangepast. Steeds meer komt zo de nadruk te liggen op het 'getal der jaren'. De bejaarden worden dan steeds meer een sociale groep, een minderheid. Bejaardenzorg betekent echter een nauwlettende zorg voor het individuele geval.

Veel jongeren stellen het wel voor, alsof plaatsing in tehuizen en andere instituten de beste oplossing is voor hun bejaarde familieleden. In haar algemeenheid gaat dit niet op. Voor vele bejaarden betekent de opname in een tehuis een schrede in de richting van vereenzaming, hoewel niet voor alle. Een bejaarde, die in zijn eigen omgeving niet wordt geaccepteerd, is in een tehuis dikwijls beter af. Wordt hij echter daar opgenomen door omstandigheden als b.v. financiële nood, dan gaat hij er meestal op achteruit. Dat zeer veel verder afhangt van de inrichting van het tehuis, spreekt vanzelf (Weil 1958). Het enthousiasme van sommige jongeren voor tehuizen e.d., is dikwijls een verkapte vorm van 'elder-rejection' (Rudd 1960).

Oud-worden is voor alles op te vatten als een taak, een opgave voor ieder mens. Mislukt de aanpassing in het senium, dan is het zeer eenzijdig 'de schuld' aan de jongere generaties te geven. In ieder individueel geval hangt toch heel veel af van de bejaarde zelf. De opvatting van Linden en Courtney (1953): 'Senility is a sociosis' is daarom ook niet juist. Sommige bejaarden kunnen in de beste omgeving nog niet aarden.

De plaats van de meeste bejaarden in jongere gezinnen is zwak. Dit blijkt uit de aanpassingsmoeilijkheden, die al snel ontstaan, indien moeilijkheden binnen het gezin zich voordoen (Ginzberg 1952). In zulke situaties betekent de bejaarden inwoner slechts een extra last. Hij blijkt dan niet in het gezinsleven geïntegreerd te zijn óf uit eigen onvermogen daartoe, óf uit onvermogen van de zijde van het gezin. Het onvermogen van de bejaarde zijn plaats in een bepaalde situatie te vinden, leidt er niet zelden toe, dat hij zijn toevlucht neemt tot allerlei psychopathologische mechanismen, die de toestand ondragelijk kunnen maken, maar die voor de bejaarde ziektewinst opleveren (Ebaugh 1956).

Grotjahn (1955) wijst er, misschien ten overvloede, op, dat men rekening dient te houden met de neurotische instelling van vele ouders ten aanzien van hun volwassen kinderen, een instelling, die volgens Busse en Barnes (1953) teruggaat op een neurotische voorgeschiedenis van de betrokkene: 'It was associated with a lifelong history of poor marital and sexual adjustment, and the inability to establish mature relationships.'

Problemen, ontstaan door een slechte verstandhouding met de kinderen, schijnen bejaarde moeders meer te treffen dan bejaarde vaders (Fried,

Stern 1948). De vrouw is veel eerder geneigd een rol te blijven spelen binnen de kring van haar familie. De man daarentegen is al spoedig tevreden met 'een plekje bij de haard'. De vrouw wordt een last, de man ballast. In beide gevallen mist de oudere datgene, wat ieder mens behoeft: waardering en liefde. Zeer oude, vitale mensen, zoals Obrecht (1951) hen beschrijft, komen hierin niet tekort. Zij blijven voor alles de uitgebalanceerde persoonlijkheden, die zij waren. Hun leven blijft zinvol tot het einde.

De band, die bestaat binnen het *huwelijk* van twee bejaarde partners, heeft niet die aandacht gekregen, die zij verdient. Meestal neemt men aan, dat het bejaarde echtpaar steeds meer 'naar elkaar toegroeit', maar een absolute regel is dat niet. In de vroegere bejaardentehuizen ('de armhuizen') heeft men als regel de bejaarde echtparen gescheiden, hoewel toch de mens niet mag scheiden, wat God verenigd heeft. In deze praktijk schuilt echter de erkenning van het feit, dat de mens meer op zichzelf wordt teruggeworpen, hoe ouder hij wordt. Waar de verstandhouding met de huwelijkspartner slechts berustte op een materiële of een sexuele basis, werd de band tussen de echtelieden bovendien minder hecht (Fried, Stern 1948). Slechte huwelijken worden op latere leeftijd zelden beter, maar meestal nog slechter (id.). Het is dus zo, dat een huwelijk, dat niet berust op een wederzijdse diepe genegenheid, gemakkelijk uiteenvalt, ook al blijven de partners bij elkaar wonen. Het senium is echter zeker niet het tijdperk, waarin het huwelijk te gronde gaat. Fried en Stern (1948) vonden, dat goede huwelijken in de ouderdom goed blijven en zelfs in ongeveer de helft der gevallen beter worden.

Doordat allerlei plichten wegvielen, vindt het oudere echtpaar gemakkelijk een routine die aan beiden aangepast is. Binnen deze routine is minder ruimte voor conflicten. De aanpassing van de partners aan de nieuwe gang van zaken maakt, dat zij zelf emotioneel stabieler zullen zijn dan voorheen (Fried, Stern 1948).

Tenslotte is de teruggang van de sexuele driften een factor, die in sommige gevallen de huwelijksband bevordert (id.). Sterft tenslotte één der partners, dan betekent dit naast een psychotrauma meestal ook een 'sociotrauma'. Velen zijn daarna niet meer in staat een bevredigend leven op te bouwen. Dan vindt men wel een blijvende depressieve gemoedstoestand of een voortschrijdende dementering, die men dan als een gevolg kan opvatten van het verlies.

Het is dus de vraag, of een grote onderlinge afhankelijkheid wel altijd een voordeel betekent in het senium.

Na de dood van de partner kan de oudere mens weer in het huwelijk treden. Sommigen (Flanders Dunbar 1959) achten dit een teken van vitaliteit. Ook dit hoeft natuurlijk niet waar te zijn. Zo worden b.v. vele tweede huwelijken afgesloten uit de wens naar geborgenheid. Verder hangt veel af van de leeftijd van de nieuwe partner. Men kent hierbij vele geslaagde en ook vele weinig geslaagde voorbeelden. Een systematische studie ontbreekt nog geheel.

Het is begrijpelijk, dat tegen een laat huwelijk dikwijls vele bedenkingen worden geopperd, vooral door kinderen uit het eerste huwelijk. De band met die kinderen komt zeer zeker in gevaar. Maar ook minder rationele weerstanden spelen een rol. Men vindt deze terug bij Stanley Hall (1922): '... while belated and, especially, stimulated activity of reproductive functions not only can never result in offspring of value to the world, but saps vitality and accelerates the decay of every secondary sex quality of mind and body, so that complete chastity, psychic and somatic, should be the ideal of the old. They should be not only embodiments of purity, but the wisest of all counselors in this field.' Deze onjuiste opvattingen komen o.a. waarschijnlijk voort uit de weerstanden, die kinderen hebben tegen het geslachtsverkeer van de ouders en uit de weerstanden ten aanzien van incestueuse verhoudingen. Het huwelijk van het jonge meisje met de grijsaard boezemt veelal weerzin in, nog sterker is dit bij de gemeenschap van de jonge man met de veel oudere vrouw.

Toen Stanley Hall de bovengeciteerde uitspraak deed, was hij zelf de zeventig reeds gepasseerd! Vele ouderen nemen dus blijkbaar dit (eigenlijk jeugdige) standpunt in (Repond 1954). Het is een goed voorbeeld van een stereotype, dat ook het gedrag van de bejaarde bepaalt. Daaruit kunnen belangrijke psychische moeilijkheden voortkomen (Rockwell 1956). Daarom is het absoluut noodzakelijk, dat wij een beter inzicht krijgen in de sexuele functies der bejaarden. Op het ogenblik is onze kennis daarvan nog zeer beperkt. Wij geven hiervan een beknopt overzicht. Het beste is het, daarbij uit te gaan van de studie van Newman en Nichols (1960). Hieruit kwam duidelijk naar voren, dat sexuele activiteit in het senium vooral bepaald wordt door de activiteit, die reeds voor het senium bestond en daarnaast door de omstandigheden, waarin de bejaarde verkeert. Zij, die voor het senium zeer actief waren op sexueel terrein, bleven dat ook in het senium zelf. Zij, die voor het senium niet zeer actief waren geweest, gaven dikwijls deze activiteit in het senium op. Bejaarde mannen bleken over het algemeen actiever dan vrouwen. In de lagere sociale klassen is de sexuele activiteit bij bejaarden groter dan in de hogere.

Na het 75e jaar daalt de activiteit zeer sterk. Newman en Nichols (1960) schrijven dit onder meer toe aan het veelvuldig optreden van invaliditeit en chronische ziekten in die leeftijdsklasse. De belangrijkste vondst in deze studie was wel het grote verschil, dat bleek te bestaan tussen de groep der gehuwde en de groep der ongehuwde bejaarden. In de groep der ongehuwden was slechts 7% der ondervraagden nog sexueel actief, maar in de groep der gehuwden bedroeg dit percentage niet minder dan 54%. Men moet dus, indien men de sexuele activiteit der bejaarden nagaat, vooral letten op de omstandigheden, waarin zij verkeren. Dit verklaart mede, waarom men dikwijls zeer verschillende getallen vindt bij verschillende studies. Zo vinden Kinsey, Pomeroy e.a. (1948) 70% van de mannen boven de 70 jaar nog actief. Busse en Barnes (1953) geven echter slechts een percentage van 35 tot 40%. Finkle, Moyers e.a. (1959) noemen een percentage van ongeveer 50%. Daarbij bleek, dat gehuwde mannen twee maal zoveel actief waren dan ongehuwde. Bij al deze enquêtes was het aantal ondervraagde personen te gering en werd dikwijls onvoldoende gelet op de samenstelling van de onderzochte groep. In wijder verband is ook het cultuurpatroon van grote betekenis.

Hier geldt, zoals in de gehele gerontologie, de uitspraak van N. Cameron (1956): 'The biological, the cultural, and the personal are by no means mutually exclusive categories, they are only different aspects of a single organism.' Repond (1954) drukt dit als volgt uit: 'Elles (les manifestations de la sexualité) sont, en effet, beaucoup plus modelées par les conditions extérieures qu'à tout autre âge, bien que les pulsions libidinales demeurent, semble-t-il, fort actives jusqu'à un âge avancé'.

Over het algemeen neemt men tegenwoordig aan, dat in het senium een discrepantie bestaat tussen deze 'pulsions libidinales' en de mogelijkheid deze te bevredigen. Men heeft over het algemeen oog gekregen voor de sexuele nood als factor in het leven der bejaarden. Steeds minder is men geneigd aan te nemen, dat oud tevens a-sexueel betekent, terwijl ook diegenen, die in de ouderen een 'third sex' willen zien (Masters, Ballew 1955), geen navolging hebben gevonden. De sexuele nood maakt, dat de bejaarde soms terugvalt op primitief-genitale en praegenitale bevrediging en vooral ook op de fantasie (N. Cameron 1956). Het kwaad-spreken en het roddelen zijn daarbij op te vatten als fantasieën, waarbij de gewetensfunctie buiten schot blijft (id.) De sexuele nood wordt ook duidelijk in de psychosen op oudere leeftijd, waarbij niet zelden allerlei onverbloemd sexuele motieven op de voorgrond staan (Jones, Kaplan 1956). Dan is er verder nog het moeilijke gebied der sexuele ontsporingen op hogere leeftijd. Jones en Kaplan (1956) merken hierbij op: 'One thing, however, is clear: it is not the same sort of sexuality that characterizes early adult life, being more largely of a compensatory nature.'

Ongetwijfeld is dat juist: vele 'uitspattingen' zijn de uitdrukking van een sexuele nood, welke niet op een meer aangepaste wijze kan worden bevredigd. Men dient daarbij in het oog te houden, dat de ontsporingen in de involutie dikwijls een andere achtergrond hebben dan die in het senium (Repond 1954). In de involutie schuilt het conflict vooral in het onvermogen met het verouderde lichaam diegenen te behagen, die men begeert. Het gaat hier om een narcistische krenking, waarbij men zichzelf anders, jeugdiger, aantrekkelijker acht, dan men voor een ander is. De mens in de involutie zal zichzelf gaarne bewijzen dezelfde als vroeger te zijn. Hij is zich echter van het tegendeel min of meer bewust. De centrale opgave is voor hem de aanpassing aan een nieuwe, nog te ontdekken werkelijkheid.

De perverse neigingen in de involutie zijn waarschijnlijk een uiting van het onvermogen om op conventionele wijze volledige bevrediging te vinden. Deze mensen hadden reeds vroeger bewust, maar meer nog onbewust, een sterke neiging tot perverse bevrediging. Bij het verminderen van de sexuele spankracht, bij het steeds onaantrekkelijker worden van de echtelijke routine, geven zij des te eerder toe aan een driftbevrediging, die niet de voorgeschreven banen volgt. Zulke mensen hebben behoefte aan sterke prikkels, ook al vanwege de verminderde libidineuse lading. De sterkte van de ontketende driftimpulsen komt tot uitdrukking in de vasthoudendheid en de onvoorzichtigheid, die de buitenechtelijke verhoudingen kenmerken. Tallozen hebben zich op deze wijze sociaal te gronde gericht. Het spreekt vanzelf, dat het hier gaat om mensen, die hulp behoeven en niet om misdadigers. De perverse neigingen in het senium hebben dikwijls de zelfde achtergronden als in het 'involutietijdperk'. Toch zijn er ook enkele belangrijke verschilpunten. De neiging tot pederastie is waarschijnlijk het gevolg van het feit, dat kinderen meer open staan voor bejaarden dan ouderen. Voor de bejaarde is het kind een gemakkelijk te bereiken object (Schulte 1959). De nog krachtige vijftiger liggen belangrijkere liefdesobjecten nog binnen het bereikt. Een ander verschilpunt kan liggen in de dementie, die de bejaarde kan vertonen. Het ligt in het wezen van deze zijnstoestand besloten, dat de contouren van de wereld vervagen. Handelingen en gevoelens nemen een meer diffuus karakter aan. Ook het sexuele verliest zijn structuur. Het geringe sexuele en motorische vermogen maakt, dat sexuele ontsporingen bij dementen zelden van belang zijn.

7. MAATSCHAPPIJ EN SENIUM

De ouderdom krijgt eerst haar volle betekenis tegen een achtergrond, gevormd door maatschappij en cultuur. Breen (1960): 'Aging is a condition evoked by response to one's social environment'. Zij is voor een groot deel een sociologisch verschijnsel en zeker niet uitsluitend een biologisch of psychologisch fenomeen (zie I, 1). Oud worden betekent vooral een andere rol innemen in de samenleving. In verschillende culturen zal echter die rol zeer verschillend zijn. De rol, die de bejaarde in een samenleving toevalt, is weer tekenend voor de aard van die samenleving. Afhankelijk van de toebedachte rol zijn de meningen en vooroordelen (stereotypes), die 'men' binnen een bepaalde maatschappij over de ouderdom en de ouderen deelt. Deze meningen bepalen op hun beurt weer veel van het gedrag der betrokken bejaarden.

Wij spreken van aanpassing (adjustment), indien de oudere in zijn gedrag tegemoet komt aan het beeld, dat wij over dat gedrag hebben ontworpen. Zo'n bejaarde heet dan 'goed aangepast'.

Kuhlen (1959) wees erop, dat er wel meerdere vormen van geslaagde aanpassing mogelijk zijn. Waar deze geslaagde aanpassing uitblijft, ontstaat een conflict. Nu heeft men de laatste tijd ingezien, dat dit conflict dus niet alleen ontstaat door onvermogen van de zijde der bejaarden, maar ook door allerlei onredelijke eisen van de zijde der maatschappij.

Feifel (1954) drukt dit als volgt uit: 'In addition, data increasingly suggest that the manner in which the culture treats and reacts to aging, as well as the person's own concept of what it means to grow old, may be responsible for more psychological difficulties than the aging process per se. An honest reevaluation of our thinking concerning old age is called for.'

Men vindt deze mening tegenwoordig bij velen (zie b.v. Newman, Nichols 1960, Kubie, Landau 1953).

Zij heeft op haar beurt weer aanleiding gegeven tot een zeker schuldgevoel t.a.v. de bejaarden in onze maatschappij. Aanpassing betekent ook, dat er eerst een rol moet zijn, dan de aanpassing daaraan. Speelt men geen rol in het leven, dan kan men niet 'aangepast' zijn. Men is dan ballast voor de samenleving. Aanpassing is dus ook niet mogelijk, indien een bejaarde geen waarde heeft voor de samenleving.

Uit het werk van Simmons (1945, 1960) komt duidelijk naar voren, dat in alle culturen de bejaarde zich zo nuttig mogelijk zal maken. Waar de bejaarde zich onmisbaar weet te maken, daar zal hij ook het best aangepast kunnen zijn en blijven.

De ouderdom betekent maatschappelijk een dreigende nutteloosheid. Deze dreiging kan gemakkelijk een realiteit worden door lichamelijke of geestelijke invaliditeit.

Dit is in overeenstemming met de vondsten van Beckman, Williams e.a. (1958). Hierbij bleek, dat de aanpassing (adjustment) afneemt naarmate de mens ouder wordt. De aanpassing blijft daarentegen langer goed, indien de bejaarde nog vele maatschappelijke contacten en taken bezit. De aanpassing is beter, indien de bejaarde in gezinsverband leeft; indien hij nog werkt en indien hij nog aan verenigingsleven deelneemt. Het spreekt vanzelf, dat hij ook beter af is, indien hij beschikt over geestelijke en materiële reserves. De aanpassing in de ouderdom is heel wat gemakkelijker en heeft meer kans tot slagen bij de rijke intellectueel dan bij de armlastige arbeider. 'The lower class man throughout the entire study has shown himself to be the most poorly-adjusted person in the group. Loss of both economic and physical independence seems to rob him of all hope en leave him with no resources within himself upon which to fall back' (Mack 1953). 'Adjustment gradually declines with advancing age, but it can be maintained by resourceful individuals' (Beckman, Williams 1958).

Nu zijn er verschillende factoren in de huidige maatschappij aan te wijzen, waardoor eerder dan in primitieve culturen een verlies aan taken en contacten optreedt.

In de vorige paragraaf zagen wij reeds hoe binnen de familie de liefde voor de ouders wellicht niet afneemt, maar dat ontegenzeggelijk de oudere binnen het gezin en de familie minder rol is gaan spelen.

Binnen hun werkkring zullen vele ouderen door vroegtijdige pensionering eveneens een verlies aan taken en mogelijkheden lijden.

Tenslotte lijdt in de Westerse maatschappij de bejaarde aan een toenemend verlies aan prestige. Dit is het gevolg van de numerieke toename van de hoog-bejaarden en van de toenemende nutteloosheid van die groep, die als drager der traditie in een traditieloze maatschappij niet tot haar recht komt.

Het lag altijd al voor de hand, dat de oudere mens zou ijveren voor sociale zekerheid. De zorg daarvoor is een van de belangrijkste strevingen bij de oudere mens (Mack 1953). Onze maatschappij met haar vele hulpbehoevende bejaarden is daaraan tot op zekere hoogte tegemoet gekomen. De sociale zekerheid zelve ontneemt echter op haar beurt weer de oudere mens zijn doelbewust streven. Al ziet de toekomst er nu dus minder dreigend uit, toch is er naast winst ook een zeker verlies te boeken. Het lijkt alsof de huidige maatschappij de bejaarde eerder in de positie brengt van hulpbehoevendheid. De 'useless stage' der primitieve culturen (Simmons 1945) is dus in onze maatschappij langduriger geworden.

Eerder dan wellicht nodig is, is de oudere gedoemd te leven in '... a hazy twilight state, without any impelling hopes or desires and to need little more than warmth, and simple comfort... a resting phase that precided the final great silence' (N. Cameron 1956). De waardering voor mensen in dit stadium is klein.

Linden en Courtney (1953) schrijven: 'Perhaps our attitude may be described as an amused tolerance and a legally imposed but grudging acceptance'.

Het lijkt mij toch onvoorzichtig te beweren, dat dit op dood spoor zetten van onze bejaarden te wijten is aan de verkeerde instelling van de jongeren alleen, die volgens Meerloo (1955) een soort jeugdaanbidding zouden bedrijven (zie ook: Grotjahn 1951, Métraux 1956).

Wij vragen ons af, of ook de ouderen voor een deel niet zelf schuld hebben aan deze situatie, die tenslotte toch in een maatschappij is gegroeid, die door die bejaarden zelf mede is gevormd. Hebben zij zich niet al te gemakkelijk op dood spoor laten zetten? Hadden zij zelf wel een hoge dunk van de zegeningen van de oude dag? Hebben zij zich wellicht niet te veel vastgebeten aan allerlei materiële voorzieningen?

De waardering in verschillende culturen (primitieve en ontwikkelde) voor de ouderdom loopt zeer uitéén, maar men vergete niet, dat de huidige Westerse toestanden nergens eerder zijn voorgekomen. Nooit had men b.v. zo veel bejaarden. Relatief moest hier al een groot tekort aan taken ontstaan.

De moderne techniek heeft een einde gemaakt aan de arbeid, die op ervaring en traditie berust. Ten opzichte van de machine is men al spoedig oud. Zij vervreemdt de wereld van ons, hoe langer hoe meer overvalt de mens een gevoel van onbehagen. In zo'n wereld te blijven geloven in een eigen taak en werk valt hoe langer hoe moeilijker. In zo'n wereld zal ook voor de oudere weinig zijn weggelegd. In onze maatschappij is de bejaarde vooral het slachtoffer geworden van de industrialisatie, de grotere mobiliteit en het toegenomen aantal.

Met dit alles voor ogen kunnen wij een blik slaan op toestanden in andere culturen in het heden en in het verleden. Daarbij laten wij ons vooral leiden door de studies van Simmons (1945, 1960).

Simmons stelt het voor, alsof de ouderen in een samenleving deze samenleving zo vormen, dat zij verzekerd zijn van een verzorgde oude dag. Allerlei instellingen, riten en taboe's zijn door de ouderen alleen geschapen om hun macht en invloed te bewaren en te versterken. Hij somt de volgende doelstellingen op, die de bejaarde daarbij leiden:

1. Het leven moet zo lang mogelijk worden gerekt.
2. De bejaarde moet zeker zijn van zijn rust, er moet rekening gehouden worden met zijn afgenomen krachten.
3. Zo lang mogelijk moet datgene in stand worden gehouden, wat waarde aan het leven gaf: eigendom, recht, autoriteit en prestige.
4. Zo lang mogelijk moet de bejaarde een actieve en invloedrijke rol kunnen blijven spelen.
5. Indien het einde eenmaal daar is, dan moet dit einde zo eervol mogelijk zijn met goede vooruitzichten op een hiernamaals, waarin de bejaarde de op aarde gesmaakte geneugten niet ontbeert.

Men vergete niet, zegt Simmons (1960), dat er geen dieren zijn, die voor hun ouders zorgen. Bij de mens moeten de jongeren geleerd worden dat te doen. 'The fact that man is a culture-building and a culture-bearing animal has made it possible for him to have an old age that is vastly different from that of any other species and that may vary as greatly among his own kind. Security for old age is distinctly a human-culture achievement.'

Maar in geen enkele maatschappij krijgt de oudere een goed bestaan zonder moeite: 'The chief means of security and success in aging are by expedient adjustments to other persons and to the social system within which they live.'

De meest primitieve maatschappij is die, waarin stammen al rondtrekkend in hun levensbehoeften voorzien. Het gevonden voedsel moet over de leden van de stam worden verdeeld. Bij deze stammen ontwikkelen zich taboe's, waarbij bepaald voedsel gereserveerd blijft voor de oudere leden in de stam.

Simmons vermoedt, dat deze taboe's door de oudere leden zelf in de loop der tijden zijn opgesteld. Hij vermoedt dit ook van de verboden, die de jongere vrouwen voor de oude mannen, of zelfs de jongere mannen voor de oude vrouwen reserveren (zie ook: Jones, Kaplan 1956). Het huwelijk met een jongere partner heeft immers in een primitieve maatschappij veel meer voordelen dan in de onze. Wij denken b.v. aan de werkkracht van de jongere partners. Het huwelijk zelf is dan geworden tot een verzekering voor de toekomst.

Evenals de voedseltaboe's ziet Simmons (1945) in de eigendomsrechten een dergelijke verzekering. Waar deze niet bestaan, zal immers in tijden van voedselschaarste de oudere gemakkelijk aan het kortste eind trekken. Het zal dus voor de oudere van het grootste belang zijn reserves aan te leggen. Dit veronderstelt wel een min of meer vaste verblijfplaats. Het veronderstelt ook, dat er middelen moeten zijn om deze reserves te onderhouden. Indien de bejaarde een taak heeft, waarvoor hij betaling ontvangt, zal dit goed mogelijk zijn.

Het spreekt vanzelf, dat in tijden van schaarste, het eigendomsrecht der ouderen gemakkelijk zal worden geschonden. Het eigendomsrecht steunt op het prestige en de macht van de bezitter. Macht en prestige zijn echter niet alleen moeizaam te verwerven, maar ook zeer moeizaam te behouden. Daarom moet een bejaarde steeds aan zijn prestige blijven bouwen. 'Their security has been more often an achievement than an endowment' (id.).

Het prestige hangt bij primitieve volkeren vooral af van verworven vaardigheid en ervaring. Oude mensen zijn de overleveraars van de cultuur zelve. Zij zijn 'state-creative' (Linden, Courtney 1953).

Van een staat is overigens eerst sprake bij zeer ontwikkelde culturen. In vroeger tijden speelden daarbij de ouderen een hoofdrol. Jongere lieden hebben eerst bij revoluties een goede kans. In de oudere leider zien de burgers een waarborg voor stabiliteit. Van hen wordt een matigende invloed verwacht.

Eén van de belangrijkste terreinen, waar de ouderen hun macht lang kunnen doen gelden, is de religie (id.). Jongeren hebben een te gebrekkige kennis van de magische rituelen, die immers bij primitieve volkeren niet op schrift zijn gesteld en dus door herhaling moeten worden onthouden.

Met de uitvinding van het schrift en later nog door de ontdekking van de boekdrukkunst viel een belangrijke taak voor de ouderen weg. De kennis uit boeken geput verdrong de herinnerde beleefde ervaringen.

Dit gold altijd minder voor China, waar lezen en schrijven zo moeilijk is, dat eerst op oudere leeftijd iemand in staat is alles te kunnen lezen. Het is niet verwonderlijk, dat het oude China het land is, waar de bejaarden het hoogst in aanzien stonden. Deze cultuur was dan ook uiterst conservatief. (Chandler 1949). In China vond men ook de drie instellingen, die het meest ten gunste van de bejaarde werken: een georganiseerd priesterschap, voorouderverering en eigendomsrecht (Simmons 1945).

In de geriatrische literatuur wordt men dikwijls gewezen op het feit, dat in vele primitieve culturen de gewoonte bestaat oude mensen te doden. Men ziet dat als een bewijs voor een wrede, agressieve instelling van jongeren (Linden 1955). Dat is echter te eenzijdig gezien. Het doden of achterlaten (bij nomaden) van hulpbehoevende bejaarden is dikwijls noodzaak. Het doden geschiedt ook dikwijls op verzoek, omdat de primitieve mens wel gelooft, dat hij in dezelfde gedaante als op aarde het hiernamaals zal binnen treden (Simmons 1945). Toch zal men rekening moeten houden met onbewuste en ook bewuste agressieve gevoelens, zoals deze vooral in meer ingewikkelde verhoudingen gemakkelijk ontstaan.

Het zal voor de bejaarde natuurlijk van het grootste belang zijn het ontstaan van deze gevoelens te voorkomen. Zo komt hij er bij voorbeeld toe tijdig van een gedeelte van zijn macht afstand te doen, liefst onder bepaalde voorwaarden. Het zal hem er immers veel aan gelegen zijn in zo goed mogelijke omstandigheden te sterven.

Hij zal ook op alle mogelijke wijzen trachten de dood uit te stellen. Bij vele primitieve volken ziet men de dood niet als een natuurverschijnsel. Een natuurlijke dood wordt door hen niet erkend. Het leven kan gerekt worden door magische middelen, verjongingselixirs en door een nauwgezet godsdienstig leven. Een vroom leven houdt dan een lang leven in. Deze laatste opvatting vinden wij nog in onze maatschappij tot op de huidige dag.

Treedt eenmaal toch de dood in, dan moet het sterfbed tot het prestige bijdragen, ook vanwege de regelingen, die nog na de dood door de nabestaanden in acht moeten worden genomen. Het prestige van de bejaarde moet zelfs na diens dood onaangetast zijn (Simmons 1945).

Opvallend is de positie der bejaarden in de antieke Griekse cultuur. De ouderdom stond toen niet in hoog aanzien (Vischer 1947). Het ouder-worden werd zeer betreurd. De normen van de jeugd gaven de doorslag. Bij Aristoteles (zie: Stanley Hall 1922) vindt men een opsomming van 'stereotypes', die alle zo ongunstig mogelijk voor de bejaarde zijn. Waarom de oude Grieken zo'n lage dunk van de ouderdom en de bejaarden hadden, weten wij niet. Er zijn trouwens wel uitzonderingen (Solon), terwijl in Sparta de 'Raad der Ouden' in het bestuur vrij machtig was. Zo'n raad is een veelvuldig voorkomend verschijnsel bij tal van culturen. Zij wordt volgens Simmons (1945) ook bij de Australische negers gevonden.

In het oude Rome lagen de meningen over het algemeen gunstiger. Stanley Hall (1922) wijst hier terecht op het grotere aantal administratieve functies in de Romeinse staat in vergelijk met de Griekse.

Een der eersten, die het voor de ouderdom opnam, was Cicero. Het is boeiend om te zien, hoe zijn argumenten in de tegenwoordige tijd opnieuw worden gebezigd (Stanley Hall 1922, Vischer 1947, H. E. Kehrer 1959, Ebaugh 1956). De ouderdom wordt door Cicero niet voorgesteld als een onafwendbaar noodlot, maar als een levensfase, die men actief dient te benaderen. Dan blijkt, dat de mens, ook in deze levensfase, een rijk geestelijk leven kan leiden. Hij dient daartoe niet alleen te letten op de voeding van het lichaam, maar ook op die van de geest. De geest moet steeds 'geoefend' worden. Daarbij onderschat Cicero echter allerminst de grote invloed van het karakter, reeds gevormd vóór het senium. Deze invloed werd overigens reeds door Plato opgemerkt (Frank 1951). Cicero komt dus tot de conclusie, dat ook de ouderdom een harmonische, rijpe levensfase kan betekenen, indien men zich daartoe moeite geeft en een gunstige dispositie daartoe bezit.

Bij Dante (Vischer 1947) is de ouderdom een fase van inkeer en voorbereiding tot de dood, geheel in overeenstemming met de geest van die tijd. Veel belangstelling voor de problematiek van de ouderdom heeft men in de Middeleeuwen niet getoond. Men werd daartoe ook niet genoodzaakt. Reeds spoedig na de Renaissance wordt de belangstelling weer groter. De positieve instelling ten opzichte van het leven weerspiegelde zich in de vele werken, die leefregels bevatten met het doel een zeer hoge leeftijd te bereiken (Stanley Hall 1922). Een sociaal probleem vormden de ouderen nauwelijks. Zij waren meestal nog in de familiekring opgenomen, waar zij hun eigen bestaan leefden en verdedigden. In de grotere steden kreeg men wat later meer behoefte aan bejaardenverzorging, gezien de vele hofjes en dergelijke instellingen, die men in ons land aantreft.

Reeds toen waren de familiebanden losser geworden. Hechte familiebanden bleven het langste bestaan op het platte land. Reeds enkele eeuwen geleden zien wij het hedendaagse maatschappelijke bestel ontstaan (Friedmann 1960).

Dit is vooral duidelijk in de steden van de 17e en 18e eeuw met hun dikwijls erbarmelijk slechte toestanden. Uit naastenliefde heeft men in die tijd reeds de bejaarden in bescherming moeten nemen. Deze tendens zette zich in de 19e eeuw voort, totdat het 'bejaardenvraagstuk' in de 20e eeuw geworden is, zoals wij het nu kennen. Nu eerst is het besef gekomen, dat men op grote schaal fundamentele oplossingen zal moeten zoeken op maatschappelijk terrein.

Wij zullen daarom vervolgens in het kort bespreken, welke maatschappelijke factoren hierbij van het grootste belang moeten worden geacht.

Financiële nood. In 1953 was een van de vijf bejaarden in de Verenigde Staten afhankelijk van financiële steun (Friedmann 1960). Hierbij zijn zij niet inbegrepen, die afhankelijk waren van steun van hun familie! Noch zijn daarbij inbegrepen diegenen, die wel ondersteund werden, maar van wie het bestaan onder het minimum lag.

In Amsterdam leeft volgens het Rapport *'Bejaard-zijn in Amsterdam'* (1962) 20 tot 25% der bejaarden van een inkomen lager dan *f* 2700,— per jaar, het zgn. bestaansminimum. Slechts een gedeelte van de betrokkenen geniet daarbij financiële steun.

Bejaarden vormen dus een groep, die in financiële nood verkeert of dreigt te verkeren. Men vergete immers niet, dat ondersteunde bejaarden zelden ruim ondersteund worden. Het leven schrompelt tot een minimum inéén. Het wordt daardoor steeds eentoniger. De voeding en behuizing gaan te wensen overlaten. Komt bij deze benarde omstandigheden bovendien nog ziekte of invaliditeit, dan wordt de toestand wel zeer treurig. Dan dreigt dikwijls een gedwongen opname in een verpleeghuis of bejaardentehuis, iets waartoe bejaarden zich meestal niet aangetrokken voelen (van Zonneveld 1958). Het is begrijpelijk, dat bejaarden met financiële middelen dit lot langer kunnen ontgaan. De angst voor arm- en verpleeghuizen is helaas niet zelden zonder grond (Ginzberg, Brinegar 1953).

Financiële afhankelijkheid staat in verband met de positie van de bejaarde op de *arbeidsmarkt*.

Vroeger verkeerden vooral de oude weduwen in financiële nood. De mannen werkten tot zij niet meer konden. Meestal stierven zij spoedig daarna. De vrouwen bleven in het huishouden nog lang werkzaam. Ook konden zij door kinderen te verzorgen andere vrouwen vrij maken voor arbeid, meestal op het land. Men had dus wel te maken met een nieuwe rol- en taakverdeling maar men kende nog niet de huidige leeftijdsgrens.

Tegenwoordig raadt men de bejaarden wel weer aan zo lang mogelijk te blijven doorwerken: 'to die with your boots on' (Gitelson 1948). Velen zijn echter na het 65e jaar niet meer tot volwaardige arbeid in staat en voelen er ook niet voor. Men heeft de laatste tijd al te gemakkelijk de 'opgedrongen pensionering' als verderfelijk veroordeeld (waarbij men bovendien de positie van de vrouw niet voldoende in rekening heeft gebracht). Al te gemakkelijk heeft men als eis gesteld, dat oudere mensen in het bedrijf zouden blijven werken, maar men vergeet dan daarbij, dat oudere werkers niet zelden in de moderne werkverhoudingen niet meer passen en dat hun arbeidstempo wel te wensen overlaat (Repond 1954).

Ook kan men zich afvragen, of dit alles niet berust op een overschatting van de arbeid in het leven van de mens. Zo neigt men er toe de waarde van een mens aan zijn arbeidsprestaties af te meten.

Repond (1954) heeft er op gewezen, dat men zich in de Westerse maatschappij slechts door ziekte aan de arbeidstaak kan onttrekken. Dit zou volgens deze schrijver een oorzaak zijn van veel ziekteverzuim, vooral ook bij ouderen.

Ook Folsom (cit.: N. Cameron 1956) wijst op de overschatting van de arbeid bij diegenen, die ten koste van alles de bejaarden een plaats in het arbeidsproces willen garanderen.

Het bovenstaande doet dus twijfel opkomen over de betekenis van de pensionering voor de oudere mens. Vroeger heeft men dit vraagstuk wellicht toch te eenzijdig gezien. Zo vindt men bij Meerloo (1955): 'Retirement means for many the symbolic message: "Now you have to die." And many obey the verdict! In the end, the young can revenge their repressed oedipal envy.'

En von Hollander (1956) meent: 'Der sogenannte Pensions-Tod tritt bekanntlich sehr häufig "grundlos" in den ersten drei Pensionsjahren ein. Menschen, die als alt abgestempelt werden, altern also vorzeitig, verfallen und sterben, bevor ihr Leben enden müsste.'

Wij weten echter tegenwoordig, dat pensionering een veel geringer trauma is, indien de gepensioneerde niet in inkomen achteruit gaat (Shanas 1958). De 'Pensions-Tod' is niet bewezen. Het is veel eerder zo, dat men wegens slechte gezondheid eerder wordt gepensioneerd en dat het juist deze gevallen zijn, die de statistiek ongunstig beïnvloeden (Mc. Mahan, Ford 1955).

Mensen, die willen en kunnen werken, vinden na hun pensionering dikwijls werk. Wij weten echter door het onderzoek van Kutner, Fanshel e.a. (1956), dat de 'morale' hoger is bij niet-gepensioneerde nog werkende mannen dan bij gepensioneerden, die een nieuwe betrekking vonden. Het schijnt dus wel beter te zijn in het oude beroep, in de oude omgeving te blijven. Begrijpelijk, want hieruit blijkt nog waardering voor de oudere arbeider.

Bij intellectuelen en kunstenaars, bij zakenlieden en politici, spelen pensioneringsproblemen weinig of in het geheel geen rol. Het zijn juist de lagere klassen, die het meest te lijden hebben (Drietomszky 1962).

Werkende vrouwen lijden zelden onder pensionering. Voor hen is arbeid op hogere leeftijd slechts bittere noodzaak (Kutner, Fanshel e.a. 1956).

Volgens het onderzoek van Sargent (1956) wil 25% der arbeiders op pensioen-gerechtigde leeftijd gaarne het werk verlaten. Indien de mogelijkheid tot doorwerken bestaat, maakt slechts 35% der arbeiders daarvan gebruik en men vergete het financiële voordeel niet, dat dit met zich meebrengt, al vermeldt Sargent dat niet! Hem bleek verder, dat 40% der arbeiders ongeschikt was de arbeid voort te zetten wegens ziekte en slechte prestaties. Bijna de helft van de arbeiders na hun 65e jaar vertoonde ernstige gebreken.

Nu wordt duidelijk wie het meeste onder pensionering zullen lijden. Het zullen juist de arbeiders zijn uit deze laatste groep. Zij lijden verlies aan waardering en prestige, hun lichamelijke en geestelijke reserves zijn sterk gedaald. Begrijpelijk ook, dat in deze categorie de 'Pensions-Tod' zal toeslaan.

Maar afgezien van dit alles kan pensionering toch een belangrijk psychotrauma betekenen. 'Werk' kan voor iemand meer betekenen dan voor de gemiddelde mens. Dwangmatig werken is een afweermechanisme. Er zijn ook vele jongeren, die niet van een arbeidsloze periode kunnen genieten, omdat zij dan de activiteit missen, die de bewustwording van hun conflicten belemmert. Deze gevallen vormen niet zelden vroeg of laat een psychiatrisch probleem. Daarop zullen wij later nog terugkomen (III, 2 en 4).

Het probleem van de pensionering is in onze tijd ook actueel geworden door een verhoogd 'aanbod' van bejaarden. Er zijn dus meer bejaarden, die werk vragen, dat aan hun prestaties is aangepast. Dat werk ontbreekt echter in een maatschappij waar vooral gelet wordt op een volledig vervulde taak (Warren Dunham 1956).

Men wil natuurlijk wel oude arbeiders in dienst houden. Dat drukt b.v. de pensioenpremie (Sargent 1956), maar het gaat de geriater niet primair om die bejaarden, die op hun 65e jaar nog volledige prestaties leveren. Het gaat hem juist om hen, die dat nog wel zouden willen, maar het om een of andere reden niet kunnen. Het is die categorie, die onze hulp behoeft.

Een andere categorie bejaarden, die dringend hulp nodig heeft, vormen zij, die in inrichtingen, tehuizen en ziekenhuizen zijn ondergebracht.

Voor de buitenstaander lijkt het, alsof na opname in zo'n tehuis het probleem is opgelost. Niets is minder waar. Na opname volgt voor velen nog een strijd rond de aanpassing aan het nieuwe milieu, een strijd, die zowel gewonnen als verloren kan worden, met alle gevolgen van dien.

Wij weten vrij veel van deze groep van bejaarden, daar zij door haar beslotenheid zich goed leent voor wetenschappelijk onderzoek. Een fraaie studie is b.v. die van Pappas en Silver (1958). Zij vergeleken een groep opgenomen bejaarden met een groep, die in de maatschappij zich handhaafde. Over het algemeen bleken de opgenomen minder gelukkig en minder aangepast te zijn dan de niet-opgenomenen. De opname zelf was dikwijls het gevolg van een minder aangepast zijn in de maatschappij. Het betrof dus eerder mensen, die ook vóór hun opname minder gelukkig en tevreden waren geweest. Pappas en Silver toonden bovenstaande duidelijk aan. Een doelmatige inrichting en leiding van een tehuis is daarom uiterst noodzakelijk. Zelfs de best aangepaste mens zal lijden in een omgeving, waar geen uitzicht bestaat op geluk, hoe bescheiden dan ook.

De oude mens staat zeer open, kwetsbaar, ten opzichte van zijn omgeving. Hij gedijt duidelijk beter in een goede omgeving (Granick 1957).

De verbetering van vele bestaande tehuizen is daarom een gebiedende eis. Het 'Home for Aged and Infirm Hebrews' te New-York is een mooi voorbeeld van wat kan worden gedaan (zie hiervoor Perlin 1958 en Goldfarb 1953, 1953', 1955', 1961).

De belangrijkste fout, die men kan maken, is het aanmoedigen van passiviteit en afhankelijkheid, eigenschappen, die onbewust door de leiding van tehuizen en gestichten worden aangemoedigd. Dit is overigens geen probleem voor bejaardentehuizen alleen, maar voor alle instituten, waarin men een groot aantal mensen tezamen onderbrengt. Men gaat daarom ook niet zelden streng selecteren en tracht daarbij diegenen af te stoten, die al te veel moeilijkheden geven, 'de sfeer verstoren'. Daarbij kan het gevaar ontstaan dat allerlei tehuizen hun bewoners naar psychiatrische inrichtingen afschuiven, waar zij echter soms allerminst op hun plaats zijn.

Men heeft in Nederland dit proces kunnen afremmen, zodat in tegenstelling met b.v. de Verenigde Staten het aantal gestichtsopnamen van bejaarden zeker niet buitensporig is gestegen. Aan de andere kant zijn in de laatste jaren vele bejaarden niet in psychiatrische inrichtingen opgenomen, voor wie dat zonder twijfel wenselijk was geweest. Terecht wezen Bowman en Engle (1961) op het feit, dat een stijging van het aantal opnamen voor een bepaalde categorie nog niet wil zeggen, dat een groot gedeelte van die opnamen overbodig was. Voor alle geestelijke afwijkingen geldt immers, dat het aantal opnamen afhankelijk is van de maatschappelijke achtergronden der betrokkenen. Eerst in de tweede plaats is het aantal opgenomen patiënten afhankelijk van het ziektebeeld (de Smit 1963).

Voor zeer vele seniele bejaarden zou vroeger thuis zijn gezorgd. Nu zijn er meer bejaarden, maar de mogelijkheid tot verzorging in hun omgeving is afgenomen. Of geestelijke afwijkingen in het senium tegenwoordig meer voorkomen dan vroeger blijft een onopgeloste vraag (Busse 1960'). Kassell vat het hele probleem als volgt samen: 'Too frequently the diagnosis of psychosis is correlated with the intolerance of this environmental personnel to the patient's behavior. It is this tolerance factor which is converting State mental hospitals into homes for the aged, and converting the "normal" aged into the "psychotic" aged.'

In het citaat van Kassell klinkt weer het 'geriatrische verwijt' door. Er wordt ons verweten, dat wij de bejaarden slecht behandelen. Dat is ook wel het geval, maar toch zal daardoor de samenleving, zoals deze zich heeft ontwikkeld, niet veranderen. Te eisen, dat de maatschappij in haar structuur ter wille van de bejaarden zou veranderen, heeft geen zin.

Over de betekenis van de *godsdienst* in het leven der bejaarden vindt men nog al eens tegengestelde meningen. Over het algemeen is men geneigd aan te nemen, dat oude mensen godsdienstig zijn en dat hun godsdienstigheid nog met de leeftijd toeneemt.

Dit 'stereotype' heeft een bijzonder hardnekkig leven. Het steunt op de ervaring, dat bij kerkbezoek oudere mensen relatief sterk zijn vertegenwoordigd. Men vergeet daarbij, dat oude mensen in een tijd zijn opgegroeid, waarin de kerk een belangrijker plaats innam in het gemeenschapsleven. Zij zijn dikwijls niet godsdienstiger geworden, maar zetten het oude levenspatroon voort (Maves 1960).

Verder verwart men activiteit op kerkelijk gebied met werkelijke godsdienstigheid. De kerk is voor vele bejaarden als instituut van het grootste belang, omdat de kerk een gemeenschap vormt, waarin de bejaarde tot het laatst toe zijn plaats behoudt. Bovendien, en dat is de achtergrond van het bovenbeschreven 'stereotype', is de jongere geneigd diepere religieuse gevoelens aan de ouderen toe te schrijven, omdat hij ten onrechte soms meent, dat oudere mensen voortdurend te kampen hebben met een bewuste, dwingende doodsproblematiek. Dat is zeker niet waar. Ook is het niet waarschijnlijk, dat de grotere doodsdreiging oude mensen godsdienstiger maakt (Maves 1960).

Covalt (1960) is van mening, dat zelfs in benarde omstandigheden, wanneer werkelijk de dood zeer dreigend is, de bejaarde toch niet religieuser wordt dan voorheen. De doodsdreiging heeft weinig uit te staan met de ware zin voor godsdienst, die de vrucht is van een heel leven. Wel schijnt het geloof in een voortleven na de dood bij het ouder-worden over het algemeen toe te nemen (I, 3). Het kerkbezoek wijst zonder twijfel ook op een behoefte aan een gemeenschapsleven.

Godsdienstige bejaarden zouden volgens Maves (1960) over het algemeen beter aangepast zijn dan niet-godsdienstige. Zij worden minder het slachtoffer der vereenzaming. Hier ligt nog een terrein voor onderzoek.

II. GERIATRISCHE PSYCHIATRIE

1. EEN HISTORISCHE INLEIDING

Het schrijven van een historisch overzicht der geriatrische psychiatrie zou men als een gemakkelijke taak kunnen zien. Men zou immers met goed recht eerst in de jongste tijd kunnen beginnen. Toch zou men dan het onderwerp ook afbreuk doen, omdat sinds de vroegste oudheid de verschijnselen van het verouderen de aandacht hebben getrokken (Burstein 1955). De lichamelijke en geestelijke kwalen van de ouderdom waren altijd bekend en hebben nooit nagelaten de mens, hoe primitief ook, na te doen denken over de meest wezenlijke vragen van het leven.

Al naar gelang van zijn levensbeschouwing zal de mens in de oudheid ook dit onderwerp hebben benaderd. Veel concrete gegevens zijn daarbij meestal niet te melden. Het wetenschappelijk onderzoek ontbrak. Eerst nu heeft men arteriosclerose in de hersenvaten vastgesteld bij de mummies van vele oude Egyptenaren (Buchheim 1956). Helaas vertelt ons dit nog niets over de psychiatrische beelden, die hier misschien mee hebben samengehangen. Meestal laat men graag de geschiedenis der geriatrie bij Cicero beginnen, hoewel dit zeer willekeurig is. Op zijn werk 'De Senectute', gingen wij reeds eerder in (zie daarvoor Rosen 1961, L. Carp 1955 e.a.).

Cicero verkondigt vele denkbeelden, die tegenwoordig min of meer gemeen goed zijn geworden. Hij wordt gaarne geciteerd, omdat hij de ouderdom positief benadert en daarvoor argumenten beschikbaar heeft. Toch is het niet meer dan een wijze van zien. Cicero ontwerpt een ideaalbeeld. Onbewezen bleef, of de ouderdom werkelijk zo was of is, als Cicero zegt. Men mag dat toch wel betwijfelen. Ook heeft alles betrekking op de geestelijke elite van die tijd, maar ouderdom is een algemeen menselijk verschijnsel. Wie zijn opvattingen richt naar 'grote figuren' (Cats, Vondel, Goethe, Adenauer etc.) verliest het algemene uit het oog. Men ontwerpt dan slechts ideaalbeelden. Ongetwijfeld is dat een aangenamere bezigheid dan het onderzoeken van de werkelijkheid, die wat de ouderdom betreft, dikwijls 'tegenvalt': oude mensen zijn zieker en slechter af dan men wel wil aannemen. Daaraan doet ook Cicero niets af of toe.

Men kan niet zeggen dat de klassieke oudheid veel heeft bijgedragen tot de kennis van de ouderdom. Bij de vroegste medici blijft het onduidelijk of zij spreken van dementie, debilitas of afasie (Rosen 1961). Deze nog maar globale indeling ontstond eerst in onze tijd.

De Middeleeuwen leverden zelfs aan algemene beschouwingen weinig of niets op. Het lijkt wel, of toen de ouderdom nog harmonisch paste in de gehele levenscyclus en het maatschappelijk bestel. Zij vormde daardoor geen dwingend probleem.

In de late Middeleeuwen (Roger Bacon, Arnold von Villenova) en in de Renaissance (Carnaro, Paracelsus) ontstonden de vele geschriften, die de mensen moesten helpen oud te worden door allerlei geneeskundige en hygiënische methoden (zie Rosen 1961, Stanley Hall 1922 en voor Paracelsus: Quecke 1959). Daaruit blijkt, dat de mens toen anders stond tegenover het leven. Het leven had meer waarde gekregen. De mens zag meer in het eigen bestaan. Met de ouderdom en de dood had hij minder vrede dan voorheen. Tot op de huidige dag bleef er een behoefte aan boeken over deze het leven verlengende methoden. Sommige daarvan zijn door bejaarden zelf geschreven, zoals dat van Guéniat: 'Pour vivre cent ans'. Al deze geschriften komen tegemoet aan de onbewust gekoesterde onsterfelijkheidswaan, waarover wij reeds eerder schreven (I, 3). De doodsdreiging wordt afgeweerd door dwangmatige rituelen. Het valt niet moeilijk daarvan in eigen omgeving voorbeelden te zien.

In de 16e en 17e eeuw is er nog geen plaats voor een zich wenden tot het werkelijke probleem. Wel vindt men onvermoed opmerkelijke bijzonderheden bij sommige auteurs. Zo zag reeds Paracelsus (1494-1541), dat vrouwen ouder worden dan mannen, al levert hij het bewijs niet (Quecke 1959). Van geriatrische psychiatrie was ook nu nog geen sprake.

Bij Dreyssig (1799 cit. Friedrich 1830) vindt men de ouderdomsdementie nog samen met 'Dummheit' en 'Thorheit' bij het ziektebeeld 'Blödsinn' ondergebracht. Op het eerste gezicht lijkt dit wonderlijk. Dit is het minder als men bedenkt, dat oligofrenie en dementie primair afwijkingen zijn van het 'verstand'. Beide zijn op te vatten als een tekort aan verstandelijk vermogen, terwijl bij krankzinnigheid het 'verstand' veel ongerepter is. Het logisch denken, de rede, speelde in de achttiende en negentiende eeuw nog een overheersende rol in de psychologie, zo men al van psychologie mag spreken. Dezelfde zienswijze vindt men bij Dufour (1770 cit. Friedrich 1830). Debilitas en dementie onderscheidt hij wél, maar hij ziet beide afwijkingen toch als identiek en alleen onderscheiden door de leeftijd van de lijder. Hetzelfde proces, dat op jeugdige leeftijd debiliteit veroorzaakt, veroorzaakt op oude leeftijd dementie. Er is dan ook slechts één anatomisch substraat: te grote droogte en stijfheid van de hersensubstantie. Beide afwijkingen zijn daarmee verklaard. Dufour volgt dus niet alleen de traditie door een psychische afwijking uitsluitend aan een of andere cerebrale afwijking toe te schrijven. De psychische afwijking heeft een *specifiek* substraat. Wij zullen dit steeds weer ontmoeten. Dementie en debiliteit zijn hetzelfde *omdat* zij hetzelfde substraat bezitten en omgekeerd hoort bij één cerebrale afwijking slechts één van andere te onderscheiden psychische ziekte.

Dat men psychisch ziek kan worden door andere dan lichamelijke oorzaken, zag men in die tijd nog in het geheel niet. Toen dit inzicht gerijpt was, bleef, zoals wij nog zullen zien, de ingewikkelde samenhang tussen soma en psyche nog lange tijd ondoorzien, en redeneerde men nog in grote trekken als Dufour in 1770.

Men kan zich tegenwoordig slechts verbazen over de trage ontwikkeling van de psychiatrie in haar begintijd. Eerst bij *Pinel* worden ± 1810 de oligofrenie en de dementie opgevat als twee geheel verschillende ziekten (zie Friedreich 1830). Pinel schijnt zich minder bekommerd te hebben om het anatomisch substraat en het probleem vooral van klinisch standpunt te hebben benaderd. De klinische beschrijving begint haar rechten op te eisen, maar steeds zal de vraag naar het waarom geleid hebben tot het cerebrum als oorzakelijk moment. De klinische beschrijving der ouderdomsdementie vindt men bij Esquirol het eerst (1838, zie hiervoor Lhermitte 1924 en Rosen 1961). Men vindt haar niet bij Charcot (1866), die overigens het werk van Esquirol opvallend negeert. Zo komt het, dat men in sommige overzichten de naam van Esquirol niet vindt.

De belangstelling van Charcot ging, wat de ouderdom betreft, uit naar het gehele gebied der geriatrie. Het is wel duidelijk, dat hij zich onder meer oriënteerde op het bekende werk van Canstatt uit 1839. Canstatt's werk is de eerste poging de ziekten van de ouderdom afzonderlijk samen te vatten.

Daarmee was de geriatrie geboren, al bestond de naam toen nog niet. Charcot vergeleek de geriatrie met de pediatrie (1866). Geriatrie behoort volgens Charcot ook een apart specialisme te zijn. Na bijna honderd jaar is men het daarover nog altijd niet eens.

Na de klinische beschrijvingen van Esquirol en anderen trad in het onderzoek het anatomisch substraat op de voorgrond. Het bleek niet moeilijk te zijn afwijkingen in de anatomische structuur van het cerebrum te vinden bij lijders aan ouderdomspsychosen. Na ± 1850 heeft men hier veel werk verricht, hetgeen leidde tot een overvloed aan anatomische vondsten. Dat maakte echter de zaak geenszins eenvoudiger, omdat het weldra niet goed mogelijk bleek het klinische beeld en de anatomische afwijkingen te correleren. Men kwam met één vorm van seniele dementering niet uit. Marcé (1828-1864 cit. de Busscher 1960) stelt het probleem als volgt: geestesstoornissen op hoge leeftijd vormen geen ziekte-eenheid, omdat zij gepaard gaan met verschillende afwijkingen in de hersenen. Wat dus een ziekte-eenheid lijkt, zijn in werkelijkheid meerdere ziekte-eenheden.

Toen *Alzheimer* in 1902 de seniele atrofie der hersenen onderscheidde van de arteriosclerotische hersenafwijkingen was dat een belangrijke stap in die richting, omdat later bleek, dat men deze anatomische vondsten aan de hand van het ziektebeeld kon voorspellen. Het onderscheid tussen dementia senilis en dementia arteriosclerotica is dus allereerst gemaakt in het laboratorium en niet in de kliniek.

Het klinische onderscheid tussen de beide ziekten werd door Kraepelin eerst in de 7e druk van zijn leerboek opgenomen (1913). Daarmee hadden de dementia senilis en de dementia arteriosclerotica bestaansrecht veroverd. De basis echter bleef zwak, omdat men in wezen nog steeds redeneerde als Dufour. Ondanks de aanzienlijk toegenomen kennis waren de opvattingen omtrent het psychisch ziek-zijn in engeren zin grotendeels onveranderd gebleven. Deze opvattingen kwamen het eerste in het geding bij de psychische afwijkingen, waarbij men geen anatomisch substraat met zekerheid kon vaststellen.

Belangrijk in dit verband is ook de theorie van Bonhoeffer der zgn. exogene reactie typen. Hierbij wordt immers gesteld, dat meerdere oorzaken een zelfde beeld kunnen bewerkstelligen. De oude stelling: 'bij iedere anatomische afwijking behoort een specifieke psychiatrische afwijking en omgekeerd' was daarmee verworpen. Men vindt nog een verdere uitwerking in begrippen als 'organisch psychosyndroom' van E. Bleuler.

Maar laten wij ons meer tot het eigen terrein beperken. Nadat de scheiding tussen dementia senilis en dementia arteriosclerotica gelukt was, trachtte men op de ingeslagen weg voort te gaan. De pogingen om de zgn. presbyofrenie te verbinden met een specifieke organische laesie mislukten (Rothschild 1956). Erger nog: het klinische beeld kon ondanks het prestige van Kraepelin niet goed omschreven worden. Het begrip verwaterde en op het ogenblik is het zo, dat een onderzoeker alvorens hij het woord presbyofrenie gebruikt, moet meedelen welke klinisch beeld hij (ongeveer) daaronder verstaat. Opmerkelijk is het, dat Gaupp reeds in 1905 twijfelde aan het bestaansrecht van de presbyofrenie als klinische ziekte-eenheid. Ook signaleerde hij het veelvuldig voorkomen van mengvormen tussen seniele atrofie en arteriosclerosis cerebri, iets wat later van grote betekenis bleek, toen men het nosologisch systeem der ouderdomspsychosen nader onder de loupe nam. Kraepelin zelf voelde het onbevredigende van de situatie zeer wel aan. 'Das vielleicht dunkleste Gebiet der Psychiatrie', noemde hij de psychiatrie van de oudere mens.

Ook de psychoanalyse bracht hier geen verandering in. Daarvoor zijn allerlei factoren aan te wijzen. De belangrijkste is wel de overwegend negatieve instelling van alle auteurs ten opzichte van de ouderdom. Er is geen belangstelling voor de oudere mens. Zo zegt Freud vrijwel niets over verschijnselen als verouderen en dementeren. In een brief aan Ferenczi schrijft hij, dat naar zijn mening iemand van 70 jaar met rust gelaten moet worden. Psychoanalyse op die leeftijd is feitelijk zonder zin (Jones 1955). Ferenczi (1939) gaf zelf een uiterst negatieve beschrijving van de geestesgesteldheid der bejaarden. De door de Amerikaanse psychoanalytici veelvuldig geciteerde Abraham doet daaraan niet veel af. Hij vond mensen van 50 jaar al heel oud. Wij mogen blij zijn, dat in ons land H. C. Jelgersma in 1931 al zo vroeg van een positieve instelling getuigde. Ook heeft hij toen actuele vraagstukken, zoals de doodsproblematiek der bejaarden, voorzien.

Wij zijn dan echter reeds in een nieuw tijdperk getreden. Minkowski (1950) heeft ongelijk, wanneer hij meent, dat de belangstelling voor het bejaardenvraagstuk het gevolg is van de verschrikkingen der tweede wereldoorlog. De nieuwe opvattingen in de geriatrische psychiatrie zijn na ± 1930 ontstaan, soms al eerder. Zij ontstonden echter langzaam, zoals dat bij het begin van elke wetenschap het geval is. Zij werden gedragen door een hernieuwde belangstelling in het individuele geval. Zij werden gestimuleerd door nieuwe vondsten en door een gevoel van onvrede met de gevestigde theorie. Het sociale 'bejaardenvraagstuk' komt inderdaad later. De maatschappij reageert trager op een verandering van opvattingen en gevoelens. Het zou bepaald fout zijn te menen, dat tussen 1920 en 1930 op dit terrein niets gebeurde, maar toch ziet men duidelijk een afebben van de belangstelling. Dit weerspiegelt zich in een duidelijke vermindering van het aantal wetenschappelijke publicaties. Die, welke verschenen, gaan een vaste lijn missen. De wetenschap gaat, indien zij 'vastloopt', weer in alle richtingen schuchter zoeken, tot zij weer een meer-belovende richting kan inslaan. Daarna ontwikkelt zij zich eerst langzaam, maar dan steeds sneller, totdat een lawine van onderzoekingen en geschriften losbreekt.

Laten wij eerst nog teruggaan tot het jaar 1924. Het artikel van Lhermitte en Nicolas uit dat jaar illustreert fraai hoe onvruchtbaar de bodem was voor iedere verdere ontwikkeling der ouderdomspsychiatrie. Veelbetekenend is al de aanhef van het artikel: 'Il n'est guère en psychiatrie de sujet plus rebattu, plus ressassé que celui de la démence sénile; il semble, en vérité, que depuis longtemps tout ait été dit et qu'il soit bien tard pour se livrer à une exploration nouvelle du domaine de la sénilité psychique'. Waarom doen de auteurs dit dan toch? Omdat zij nog de mening toegedaan zijn van Marcé: er is geen sprake van één soort dementia senilis, er zijn vele vormen, 'chacune à double physionomie clinique et anatomique'. De auteurs hopen, dat het hun gelukken zal iedere vorm later aan de anatomische laesie te kunnen aflezen. Zij verwachten dus aan het cerebrum van de oude mens diens gedrag, diens ziektebeeld, nog na zijn dood te kunnen aflezen, alsof het cerebrum een boek is, dat men slechts hoeft open te slaan. Zij houden dit voor mogelijk, al kunnen zij het op dat moment nog niet. Maar nog iets anders valt op. De normale bejaarde heeft geen plaats in het systeem. 'La sénescence physiologique' vertoont slechts een gradueel verschil met de dementia senilis. Alle bejaarden lijden min of meer aan dementia senilis. Er is dus geen normaal senium, vandaar dus ook de kenschetsing der bejaarden als 'égoiste, avare, méfiant etc.' Het is ook logisch, dat dit zo is, want tussen de hersenen van normale en geestelijk abnormale bejaarden bestaat deze geleidelijke overgang immers ook.

Zulke meningen zijn slechts mogelijk indien men weinig liefde voor de bejaarde mens kan opbrengen. Men ziet dus duidelijk, hoe hier de ingeslagen weg al in het begin gaat doodlopen. Zij voert tot absurditeiten. Zij leidt ook tot het afwijzen van de mens als mens. Wat overblijft zijn hersenen in potten met formaline en daarnaast 'stereotypes'. Twee jaar tevoren, in 1922, had Stanley Hall een andere weg ingeslagen in zijn boek 'Senescence, the last half of life'. Uit de titel alleen al spreekt een andere instelling. Het senium is geen ziekte, maar een levensperiode. De schrijver hoefde zich als psycholoog minder te storen aan anatomisch onderzoek. Zijn studie had hem vertrouwd gemaakt met het idee, dat alle leven ontwikkeling betekent. Bovendien schreef hij het werk na zijn 70e jaar. Veel kon daardoor uit eigen ervaring weerlegd worden. Hij zag in, dat vele meningen slechts oppervlakkig gefundeerd waren. 'The alienists who have described the senile psyche have done so only in general terms that add but little to what is obvious to common experience and observation.' Stanley Hall's werk is nog steeds zeer belangrijk, hoewel natuurlijk veel veranderd is.

In 1928 verscheen van de hand van Minkowski een belangwekkend artikel. De studie van de dementia senilis is doodgelopen, omdat, zo schrijft hij, men wel datgene heeft bestudeerd, wat verloren ging en niet datgene, wat behouden bleef. Hij heeft oog voor de geheel andere wereld van de demente mens. Dementie is geen gebrek, maar een andere, hoewel deficiënte wijze van zijn, die tot uitdrukking komt in een andere opvatting van ruimte en tijd. Deze studie staat dicht bij die van v. d. Horst (1928) over het Korsakow-syndroom.

Beide auteurs trachtten tot een fenomenologische interpretatie te komen en slaagden daarin voor een belangrijk deel. Men kan slechts gissen, waarom deze pogingen niet meer navolging hebben gevonden. Wellicht viel het moeilijk de klinische ervaringen van vroeger los te laten. Deze methode veronderstelt immers een volledig nieuwe waardering van het fenomeen binnen de ontmoeting. Hier liggen nog vele mogelijkheden, omdat onze gebrekkige kennis voor een groot deel te wijten is aan zich onvoldoende openstellen voor de bejaarde mens.

Zeer belangrijk, ook voor de onderhavige studie, waren de onderzoekingen van Meggendorfer over de erfelijkheid van de dementia senilis (1926). De erfelijkheidsleer is ongetwijfeld een belangrijke tak van onderzoek in de psychiatrie hoewel zij wel heeft teleurgesteld. In de ouderdomspsychiatrie die te eenzijdig steunde op anatomisch onderzoek, leidde zij tot verrassende conclusies. De baanbrekers waren hier Meggendorfer en in onze tijd Kallmann (1956, 1961).

Volgens Meggendorfer was de dementia senilis het resultaat van twee dominante erfelijke factoren. De ene factor veroorzaakt de seniele hersenatrofie, een proces, dat volgens Meggendorfer op één lijn te stellen is met ziekten als de chorea van Huntington. De andere factor is die der 'Langlebigkeit'. Deze laatste factor maakt de mens 'seniel' in de betekenis van oud en zwak. Meggendorfer onderscheidt dus een senium ex morbo van een senium naturale. Dementia senilis is een relatief vroeg optredend 'proces'. Er is geen sprake van een geleidelijke overgang tussen ziek en normaal, zoals het anatomisch onderzoek suggereert.

De 'proces-factor' uit zich nu, volgens Meggendorfer reeds in de praemorbide persoonlijkheid. Deze patiënten waren altijd 'nervös, reizbar, haltlos, schizoid'. Een eigen onderzoek leerde Meggendorfer, dat ± 75% der lijders reeds voor het uitbreken van de ziekte psychisch niet normaal waren. Van deze 75% behoorde 40% tot de schizoide psychopathen, 30% tot de 'gewone' psychopaten. Bij deze laatste groep waren vele alcoholisten. Wat Meggendorfer schizoide psychopathie noemt, blijkt een slecht te definiëren verzamelgroep van nog zeer uiteenlopende karaktertypen. Dat dementia senilis eigenlijk een vorm van schizofrenie is, geloofde Meggendorfer niet, hoewel hij beide ziekten genetisch verwant achtte. Interessant is zijn opvatting t.a.v. de dementia alcoholica. Alcoholmisbruik alleen geeft geen dementie, naar bevordert de 'Altersblödsinn', die dan eerder optreedt. Alcohol is slechts een bijkomende factor en geen zelfstandige oorzaak. Via een omweg is Meggendorfer gekomen tot hetgeen Plato al bekend was: de karakterstructuur speelt in het verouderingsproces een doorslaggevende rol. Toch werd een belangrijke stap voorwaarts gedaan.

In de pathogenese werd naast een cerebrale factor een andere factor gevonden, die gelegen was binnen de psychische structuur van de lijder. Toch zou ook deze studie niet tot verdere resultaten leiden. Dat valt te verklaren uit het sterk gespecialiseerde karakter van deze richting in het gerontologisch onderzoek.

Het zijn de patholoog-anatomen zélf, die aan hun opvattingen zijn gaan twijfelen. In 1931 verscheen het artikel van Critchley en in 1932 dat van

Gellerstedt. Deze laatste onderzoeker wordt algemeen gezien als de eerste, die de gevestigde meningen bestreedt. Hij is daarmee de pionier der moderne geriatrische psychiatrie (zie Sjögren 1956, Rothschild 1956, Busse 1959). Toch is de vondst van Gellerstedt in weinig woorden samen te vatten. Aan de hand van een omvangrijk anatomisch materiaal van psychisch normale bejaarden, kwam hij tot de erkenning, dat deze cerebra dikwijls ernstiger afwijkingen vertoonden dan die afkomstig van lijders aan seniele psychosen. Deze simpele vondst betekende dus de omverwerping van een tot die tijd stilzwijgend aanvaard axioma. Aan het cerebrum kan men de ernst der psychische afwijkingen afmeten; normale mensen hebben de minste afwijkingen in cerebro. Deze rechtlijnige samenhang bleek niet te bestaan. De zaak moest dus ingewikkelder liggen. Eerst in 1937-1938 gelukte het David Rothschild nieuwe hypothesen op te stellen. De moderne geriatrische psychiatrie rust grotendeels op zijn werk.

De moderne ouderdomspsychiatrie is zeer geleidelijk en uiterst langzaam in de dertiger jaren van deze eeuw ontstaan.

Wij willen nu nog zeer in het kort enkele publicaties uit die tijd noemen, die van ons standpunt uit gezien van belang zijn geweest voor de ontwikkeling van deze tak der psychiatrie. Weiszfeld bestreed in 1932 de 'wet van Ribot' met talrijke argumenten (I, 2) en toonde aan, dat de geheugenstoornissen bij bejaarden niet in een eenvoudig schema pasten.

In 1933 hebben Hoff en Seitelberger de invloed van het karakter in de pathogenese onderstreept. Het karakter beslist voor een goed deel het aangepast blijven op hogere leeftijd, schrijven deze auteurs. Bovendien achtten zij argumenten aanwezig voor een andere opvatting betreffende de dementie. Dementie zou in het begin nog een reversibele afwijking zijn. Zij beschouwen de dementie als een 'Absinken auf ein niedrigeres psychisches Leistungsniveau'. Daarbij spelen naast organische ook psychische momenten een rol. Het is waarschijnlijk de eerste maal, dat de psychogenese in de ouderdomspsychiatrie ter sprake komt. Het denkbeeld kwam echter bij de schrijvers toen nog niet ten volle tot zijn recht.

In ons land heeft Carp (1936) het begrip 'dementie' nader beschouwd. Hij kwam tot de conclusie, dat er ook een psychogene dementie bestaat en dat dementie een in wezen reversibel proces is.

Eveneens in ons land heeft Teenstra in 1937 er op gewezen, dat in de somatogenese der psychische ouderdomsziekten niet alleen het cerebrum een rol speelt. Het gezond functioneren van het gehele lichaam is van grote betekenis.

Een belangrijk artikel uit 1933 is dat van K. F. Scheid. Daarin treft ons de poging tot een uitgebreidere casuistiek. Schrijver toont aan de hand van enkele gevallen aan, dat psychische stoornissen in het senium niet zelden dezelfde zijn als vóór het senium, maar in ernstiger mate, zodat opname in een kliniek noodzakelijk wordt. Hij vat dit samen als 'abnorme Charakterentwicklung im Senium'. Een gebrekkig gedragspatroon voldoet in het senium niet meer. De schrijver heeft nog geen oog voor het senium als zodanig, voor de opgave, die daarin besloten ligt. Ook Scheid acht het begrip 'Demenz' onvoldoende uitgewerkt en verdiept.

Van betekenis is ook het artikel van Lange uit 1934. Dit houdt het volgende in: Het belang der cerebrale afwijkingen is minder groot dan eerst werd aangenomen. Men vindt hier allerlei tegenstrijdigheden. Op het belang van het praemorbide karakter wordt uitgebreid gewezen. De psychische afwijkingen in de ouderdom zijn te wijten aan ziekten in engeren zin of aan abnorme karakterstructuren. Met het senium van de gezonde hebben zij niets van doen. Lange maakt dus een duidelijk onderscheid tussen het senium naturale en het senium ex morbo. Wonderlijk en zeer tekenend voor die tijd is het om te zien, hoe Lange het nodig vindt om zich te verontschuldigen voor zijn interesse in de ouderdom. Het fascisme biedt daarvoor geen plaats. Prettig is het daarom bij Schulz (1939) positieve geluiden te beluisteren.

Een belangrijk artikel is dat van Pritzkat uit 1938. Het bevat enkele interessante psychologische waarnemingen. Het kan beschouwd worden als een voorloper van het werk van Haase uit onze tijd Belangrijk is zijn opvatting over de betekenis van het Ik bij de dementia senilis. 'Das Ich tritt also gar nicht eigentlich auf den Plan in diesen Vorgängen, um einen Denkvollzug zu steuern, sondern es läszt Ablaüfe geschehen'. De verschijnselen zijn veelal te verklaren als gevolg van verregaande verzwakking van het Ik ('Die Passivität des Ichs', noemt Pritzkat dit). De demente mens handelt meer als 'bij instinct'. Pritzkat toonde duidelijk aan, dat toch sprake bleef van een verminderd of veranderd leervermogen. Ook het 'concretiseren' viel hem op en hij trachtte daarvoor een verklaring te vinden. Dit onderzoek past in de rij onderzoekingen, die gedaan zijn naar de achtergronden van het Korsakow-syndroom en van het amnestisch psychosyndroom. Deze Duitse richting is helaas in de op Amerika georiënteerde moderne ouderdomspsychiatrie niet voldoende tot haar recht gekomen. Toch is de vraagstelling: 'hoe functioneert de demente psyche' van het grootste wetenschappelijke belang. Experimenten als van Pritzkat en Haase hebben echter het grote nadeel, dat zij de patient in een kunstmatige experimentele positie plaatsen, terwijl dementie toch allereerst begrepen moet worden als betrokken op de beleefde wereld. Daarom blijven deze experimenten onbevredigend. Zij raken de mens als totaliteit niet.

Tenslotte de publicatie van Sabasz uit 1939. De schrijver acht een klinische differentiaal diagnose tussen dementia senilis en dementia arteriosclerotica onmogelijk en hij beroept zich daarbij op Runge en Bostroem. Het ziektebeeld der presbiofremie kan op beide (anatomisch geverifiëerde) beelden berusten. Interessant is de poging tot casuistiek. De schrijver blijft niet staan bij algemene beschouwingen, maar streeft naar een klinisch gefundeerd oordeel. Dit mag als vanzelfsprekend worden beschouwd, maar is toch slechts zelden het geval. Het grootste deel der publicaties op ons terrein geven slechts algemene beschouwingen.

Zeer zelden is een oordeel maar enigermate gefundeerd en dit geldt tot op de huidige dag. Zelden is een wetenschap opgebouwd met zo'n schrijnend tekort aan feitenmateriaal. Feiten, mits voldoende aangetoond, kunnen echter de meest vaststaande meningen onhoudbaar maken.

2. HEDENDAAGSE GERIATRISCHE PSYCHIATRIE

Het is zeker niet eenvoudig een overzicht te geven van de moderne geriatrische psychiatrie, omdat zij zo veel biedt van zo verstrekkende betekenis, dat zij onze inzichten in de ouderdom en in de psychiatrie in haar geheel beïnvloedt.

Allereerst de geheel nieuwe opvatting over het senium als een levenstijdperk van de mens: het senium is geen periode van afbraak alleen, een nutteloos sluitstuk van het werkelijke leven, het vormt dat leven evenzeer zelf. De mogelijkheid tot het senium is essentieel voor het mens-zijn. Dat betekent, dat de mens in die fase niet waardeloos kan zijn. Het betekent ook, dat hij in die fase zichzelf kan overwinnen door afstand te nemen van zichzelve, dat hij kan *rijpen* (Vischer 1949). Waar het ene afneemt kan het andere groeien (Rothacker 1948). De 'dalende levenslijn' (Rümke 1948) is op de ouderdom is ruime zin niet van toepassing. Het is daarbij overigens niet eenvouduig te zeggen wat rijping eigenlijk is (zie I, 1). Zeker heeft het iets te doen met vergroting van de interesse-sfeer (Linden, Courtney 1953), een ruimer standpunt met groter blikveld. Het eigenlijke doel van de geriatrische psychiatrie, zegt Stieglitz, (zie Goldfarb, Sheps 1954), is de beheersing van het Zelf. Rijping geeft een ruimer standpunt en een doordringender blik ook ten aanzien van de eigen persoon en het eigen verleden (Wayne 1953).

'La vieillesse normale est une phase organisée, intégrée et harmonieuse de l'existence tant physiquement que psychiquement' zegt Repond (1954).

In de praktijk gaan deze inzichten blijkbaar gemakkelijk verloren, vandaar ook, dat men steeds de behoefte blijft gevoelen het positieve in de ouderdom te onderstrepen. De sombere kleuren overheersen in het beeld. Rijping in het senium is mogelijk, maar geen regel. Er bestaat geen wetenschappelijke studie van dit proces. Onze inzichten verschillen daarom eigenlijk niet van die van Cicero (II, 1). De ouderdom is een 'gezond' verschijnsel. Dementie in de zin van dementia senilis is ziekelijk, zij is slechts 'un incident' (Minkowski 1951). De moeilijkheid schuilt nu daarin, dat 'ziek' en 'gezond' in het senium niet scherp te onderscheiden zijn. Ook valt niet te voorspellen, of een bepaalde ontwikkeling nog normaal of reeds pathologisch moet worden geacht. Zelfs een idealistische en dikwijls in zijn meningen extreme onderzoeker als Linden (1955) moet toegeven, dat het geenszins eenvoudig is 'dementing' van 'non-dementing states' te onderscheiden. Zoals wij zagen (II, 1) gaf het anatomisch onderzoek al evenmin enig houvast.

Psychologische test-resultaten leidden tot dezelfde verwarring. Jones en Kaplan (1956) kwamen bijvoorbeeld tot de conclusie, dat 'the dividing line between normal aging and psychotic aging is statistical rather than abrupt'. Tot op heden hebben psychologische test-methoden ons in de steek gelaten het senium naturale van het senium ex morbo te onderscheiden. Zij leveren daarvoor geen criteria. Nemen wij nu aan, dat wel degelijk een verschil bestaat tussen geestelijk ziek en geestelijk gezond in het senium, dan vinden wij in de psychologie hiervoor dus geen steun. Het standpunt der psychologen is daarom over het algemeen pessimistischer dan dat van diegenen, die de bejaarden buiten de testsituatie ontmoeten. Donahue (1956) wijst erop, dat tests te veel afgestemd zijn op actuele prestaties. Men mist dus de waardering voor de mens zelf en voor de positieve invloed, die uitgaat van het contact. De ouderdom is immers een onderdeel van het door ons ontworpen beeld van de mens.

'Naturale' wil zeggen, dat de ontmoete bejaarde dat beeld onderschraagt. Iedere 'gezonde' bejaarde betekent voor ons de ondersteuning van ons ontwerp van het menselijk leven als zinvol. Daarbij moet geheel secundair zijn, wat die bejaarde feitelijk presteert. 'Ex morbo' daarentegen betekent een zinloos stadium, dat niet in het door ons ontworpen beeld past. Het behoort tot de dood, niet tot het leven. Liefde voor de diep-demente mens is b.v. ook liefde voor het leven, dat daar vroeger was. Het is liefde voor de ander vooral in zijn historische totaliteit. Wij missen echter daarbij het appèl, dat de ander op ons doet.

Het is moeilijk zich los te maken van het idee, dat het senium ex morbo alleen kwantitatief van het senium naturale zou verschillen. Al te gemakkelijk ziet men dan het eerste als een toestand van zwaardere dementie als het tweede. Het senium ex morbo houdt echter ook toestanden in, die niet gepaard gaan aan ernstige dementie. Dit laatste heeft men niet voldoende in rekening gebracht.

Het is al te gemakkelijk de toestand van de mens in het senium af te meten aan de ernst der dementie. Men miskent dan het toch voldoende vastgelegde feit, dat geestelijke afwijkingen in het senium meer inhouden dan dementie alleen. Wil men met vrucht de geriatrische psychiatrie beoefenen dan moet men oud en dement, of ziek en dement niet synoniem stellen! De door Obrecht (1951) bestudeerde gevallen zijn fraaie voorbeelden van het senium naturale. Over het algemeen gaat van deze mensen een duidelijk positieve invloed uit, die de onderzoeker weldadig aandoet en ook de eigen omgeving in de ban houdt. In een testsituatie zouden de actuele prestaties waarschijnlijk tegengevallen zijn. Wellicht was dan ook de waardering van Obrecht anders uitgevallen. Men moet dus de oude mens niet van zijn omgeving scheiden. Meer nog dan jongeren zijn zij afhankelijk van de hun omgevende wereld. De ouderdom houdt dat immers in. In dit levensstadium beheerst de mens steeds minder zijn omgeving actief. Hij doet afstand van zijn machtspositie. De mogelijkheid tot beïnvloeding van anderen neemt sterk af (Cameron 1956). Daarom is het ook logisch een belangrijke rol toe te kennen aan sociale factoren. Het inzicht, dat maatschappelijke factoren voor een groot deel de actuele situatie van de bejaarde mens bepalen, is een belangrijk fundament der geriatrische psychiatrie geworden. Het is tegenwoordig moeilijk voor te stellen, hoe men hiervoor vroeger blind kon zijn.

Veel minder komt de betekenis van *het karakter* naar voren in het moderne onderzoek. Wij zagen reeds hoe de oude mens in de ban leeft van het verleden.

De in het verleden aangeleerde gedragspatronen zijn goeddeels verantwoordelijk voor het beeld, dat de bejaarde te zien geeft. Flanders Dunbar (1959) gaf een beschrijving van het karakter van diegenen, die 'goed' oud worden. Volgens haar zijn dit zeer actieve, gelijkmoedige lieden, die haasten noch tobben. Men mag hier echter met goed recht vele vraagtekens plaatsen. De betekenis van het karakter heeft niet die nadruk gekregen, die men zou verwachten. De sociale factoren zijn sterker op de voorgrond geschoven onder druk der omstandigheden. Na de tweede wereldoorlog is het aantal behoeftige bejaarden vooral in de Verenigde Staten sterk gestegen. Het aantal geestelijk gestoorde bejaarden werd een knellend probleem. Men zou dit het *statistische argument* kunnen noemen.

De moderne geriatrische psychiatrie kan men volgens Wolff (1957) laten beginnen met het artikel van Gitelson uit 1948. In hetzelfde jaar verscheen overigens het even belangrijke artikel van Watters. De maatschappelijke omstandigheden worden door beiden sterk beklemtoond.

Voor de klinische psychiatrie werd vooral het werk van Roth van betekenis. Daarop zullen wij later terugkomen. De moderne geriatrie is in hoofdzaak in de Verenigde Staten en Engeland ontstaan. In Nederland bleef het tot spaarzame, hoewel belangrijke, bijdragen (b.v. Rümke 1958). In Amerika is bovendien de meeste research verricht (Welford 1958). Over het algemeen mag men echter stellen, dat de hoeveelheid research gedaan op de gebieden van de geriatrische psychologie en psychiatrie niet in overeenstemming is met het belang van deze terreinen van onderzoek in het geheel der geriatrie (Shock 1957). De vooruitgang, die desondanks toch geboekt is, maakt, dat verschillende Duitse bijdragen, die nog in hoofdzaak steunen op vroegere Duitse opvattingen, verouderd zijn. Voorbeelden daarvan zijn de bijdragen van Petrilowitsch en Conrad uit 1957. Zo leest men bij laatstgenoemde: 'Die Psychiatrie der Cerebralsklerose ist also, wie wir sehen, im Grunde die Psychiatrie des Alters'. Zo'n citaat behoeft geen commentaar! Wij hopen, dat deze achterstand zal worden ingehaald en dat is zeer wel mogelijk, want de psychiatrische geriatrie ontwikkelt zich (volgens Busse 1960) veel te traag. Men vergete echter niet dat de studie van de ouderdom toch zeer moeizaam blijft. Steeds weer stuit men op vele onverwachte problemen.

Eerst in de laatste jaren onderkent men *neurosen in het senium*. De achtergronden daarvan zijn ongetwijfeld zeer ingewikkeld. Men heeft te maken met de volgende factoren. De onbewuste strevingen blijven bij de oude mens in hoge mate intact. Het Ik echter heeft de neiging zwakker te worden en verliest daarbij veel van zijn vermogen om een goede aanpassing te bewerkstelligen. Deze aanpassing wordt nog moeilijker door de hoge eisen, die de persoon in kwestie zichzelf stelt of die aan hem gesteld worden. Natuurlijk kunnen ook neurotische toestanden, die zich in vroegere levensperioden openbaarden, onverminderd tot in het senium voortduren. Leest men het bovenstaande nauwkeurig, dan valt op, dat de overgang tussen neurosen en levensmoeilijkheden in het senium een vloeiende moet zijn. Maar ook de psychose, vooral gekenmerkt door een ernstiger tekortschieten van het Ik, moet aan de neurose zeer verwant zijn, wegens de bij de neurose eveneens gevonden verzwakking van het Ik en zijn activiteiten.

Men vindt deze opvattingen bij talrijke auteurs terug (Cameron 1956, Rockwell 1956, Goldfarb 1953, 1953', 1955, 1955', 1956, 1961, Wayne 1953, 1955, 1960, Meerloo 1953, Grotjahn 1951, Linden 1953, 1954, 1955, Williams, Jaco 1957, 1958). Verder volgt uit het bovenstaande, dat het neurotische conflict in sterkte op oudere leeftijd meestal zal toenemen (Kaufmann cit. Cameron 1956). Atkin (cit. Cameron 1956) meent overigens het tegendeel: neurotische conflicten zouden bij het ouder worden juist aan intensiteit inboeten. Dit is inderdaad mogelijk, indien de onbewuste libidineuse impulsen aan kracht verliezen, terwijl het Ik relatief het sterkste blijkt. Men neemt echter tegenwoordig eerder het tegenovergestelde aan, zonder overigens deze andere mogelijkheid te ontkennen.

Hoe uit zich nu de neurose in het senium? Het belangrijkste symptoom is zonder twijfel de *depressie.* De depressie in het senium draagt geen bepaald karakter, d.w.z. zij laat zich moeilijk inpassen in een bepaald schema. Zij lijkt wel op de 'klassieke' beelden, maar wijkt er meestal toch van af. Zij komt de involutie-depressie het meest nabij, maar is niet zelden er duidelijk van onderscheiden. Als 'depressieve vormen' van de dementia senilis en de dementia arteriosclerotica, dus ondergeschikt aan meer gevestigde entiteiten vindt men de depressie in het senium wel terug in het patiëntenkaartsysteem.

Roth (1955) neemt de depressie zelf als min of meer zelfstandig ziektebeeld. Dit leidt, zoals wij nog zullen zien, tot een meer praktische benadering van het probleem.

Er zijn behalve de depressie tal van andere neurotische symptomen in het senuim, zoals de *apathie*, die aan de depresie verwant is, of de *aversie*, die weer veel met de apathie gemeen heeft (Diethelm, Rockwell 1943). Is de apathie een meer zich passief onttrekken aan de omgeving, de aversie houdt een actief afweren van die omgeving in.

Zoals bij alle neurosen op alle leeftijden is *angst* een op de voorgrond tredend symptoom. Zij kan onder omstandigheden tot een *panische reactie* voeren (Rockwell 1956).

Een fundamenteel verschijnsel is de *agressie.* Zij is volgens Goldfarb (1956) een gevolg van de benarde toestand, waarin de bejaarde zich gebracht voelt. De agressieve bejaarde wil nog afdwingen, wat hem onthouden wordt nl. liefde en respect (Repond 1959). Daartoe dienen ook de verhalen, die de indruk moeten wekken, dat de betrokkene vroeger over veel macht, invloed etc. heeft beschikt (*self-aggrandizing*, Goldfarb 1956). Het leven van de neurotische bejaarde wordt verder beheerst door afweermechanismen zoals klagen over vermeende lichamelijke gebreken en talloze dwangmatige patronen. Dit laatste leidt tot een star vasthouden aan vroegere routine. Deze *'rut-formation'* is zeer schadelijk voor de verdere ontwikkeling van een mens, maar is soms zeer effectief als het er om gaat een labiel evenwicht in stand te houden.

Echte conversieverschijnselen, als bij conversiehysterie, ziet men in het senium zelden of nooit (Rockwell 1956).

Veel is verder op te vatten als 'overcompensatie' van het narcistisch trauma, dat de ouderdom voor velen inhoudt (Meerloo 1955, Watters 1948).

Dit leidt niet alleen tot bluffen en sterke verhalen vertellen, maar ook tot sexuele uitspattingen en onschuldiger: tot een steeds beklemtonen van de eigen onafhankelijkheid en zelfstandigheid. Dit laatste kan leiden tot een volledig voorbijzien aan de werkelijke verhoudingen en zo tot onmaatschappelijk gedrag. Deze geesteshouding maakt niet zelden, dat jongeren sterk ingenomen zijn tegen de bejaarden, die zij moeten verzorgen. Anderzijds mag men hierbij aantekenen, dat deze houding van de bejaarden gestimuleerd wordt door bedilzucht en bemoeizucht van de zijde van die jongeren (Clow 1950). De gehele verstandhouding berust dan op wederzijds onbegrip. Wil men iets voor bejaarden doen, dan zal men toch eerst moeten trachten iets van hen te begrijpen (Ginzberg 1953). Wij moeten de bejaarde daarbij allereerst opvatten als een mens, die in omstandigheden verkeert, waarin al datgene hem ontvalt, wat vroeger tot zijn 'Lustbefriedigung' heeft bijgedragen (Goldfarb, Sheps 1954). Het min of meer geslaagd levenspatroon, werk, huisgezin, gezondheid, alles raakt aan het wankelen. Het is een leven bedreigd door talloze traumata. Hier wordt niet zelden het begrip 'stress' ingevoerd. Bij 'stress' dreigt de oudere mens overweldigd te worden door een hem vreemde en vijandige buitenwereld.

Groen en van Zonneveld (1961) definiëren stress als een verandering in de uitwendige situatie van het individu, van dusdanige intensiteit, dat voor het organisme meer dan gewone aanpassings- en afweerreacties nodig zijn, ten einde zijn homoiostasis te kunnen bewaren. De stresses kunnen zijn van fysieke, infectieuse of emotionele aard. Stress is een oorzaak van ziekte en dood bij bejaarden.

Grotjahn (1955) ziet hierbij drie mogelijke reacties: *1.* integreren en aanvaarden (des te moeilijker naarmate de 'stress' groter, de persoonlijkheidsstructuur zwakker is); *2.* toenemen van conservatisme en rigide levensvoering (als neurotische oplossing); *3.* neurotische en psychotische regressie (het doorbreken der afweermechanismen). Alles wat men over bejaarden kan opmerken is ergens in dit schema thuis te brengen. Het aanvaarden is de weg van de rijpe mens. Starheid en conservatisme kenmerken veel van een neurotische levenshouding, die men vroeger wel als 'normaal' heeft beschouwd (Wyrsch 1954). Neurotische en psychotische regressie leiden tot angst, depressie, apathie, aversie en tenslotte dementie, of paranoische verwerkingen.

Deze seniele paranoide beelden tonen de mens in zijn machteloosheid om nog zelf enige richting aan het eigen leven te geven. In de extreme vormen verschanst de mens zich in een star systeem en projecteert de eigen inhouden in een wereld, die niet meer de onze is. Meestal gaat het niet zo ver. De paranoidie berust dan op allerlei angstige vermoedens, die de bejaarde kwellen, op een gevoel van onmacht, woede en verlies aan zekerheid. Het zal de geriater doorgaans wel gelukken deze reactie te doorbreken, al kost dat soms veel tijd (Frank 1951). Veel kan ook verholpen worden, indien er naar gestreefd wordt het maatschappelijk en geestelijk isolement van de bejaarde daarnaast op te heffen (zie ook Pollack, Kahn e.a. 1958 en Butler 1960). Hierop berusten voor een deel het succes van psychotherapeutische bemoeiingen, zoals groepstherapie (Linden 1953).

Vereenzaming is een factor van betekenis in de pathogenese der psychische ouderdomsafwijkingen.

Uit het bovenstaande komt zonder meer naar voren, dat het moeilijk zal zijn om bejaarden in te delen naar categorieën als 'gestoord' en 'niet-gestoord'.

Goldfarb (1955) schrijft terecht, dat binnen een bejaardentehuis de stille, onderworpen bejaarden veelal de 'normale' worden genoemd, terwijl de opstandigen als 'gestoord' worden opgevat. Dit berust natuurlijk op een al te oppervlakkig oordeel. Gestoorde bejaarden zijn dikwijls stil, al te stil. Goldfarb noemt hen '*fearful dependents*' in tegenstelling met de andere groep der '*resentful dependents*'. Het zich in zijn angst verschuilen voor de wereld is geen 'normale' reactie en moet buitengewoon schadelijk zijn voor het bereiken van een goede aanpassing. Uit de praktijk blijkt, dat angst het symptoom is, waar men het gemakkelijkste aan voorbij ziet. In de oudere literatuur leest men zelden iets over angst, tenzij zij in de sterkte van een paniek op de voorgrond treedt. Het is ook buitengewoon moeilijk de angst te zien bij iemand, die niet zegt, dat hij angstig is, of dat zelfs ontkent, omdat hij het zich niet of nauwelijks bewust is. Angst is volgens Rockwell (1956) en Diethelm, Rockwell (1943) ook de ondergrond van stemmingstoestanden als euforie en manie. Dit valt soms moeilijk te beoordelen. Samenvattend kan men opmerken, dat ook in het senium angst en depressie de belangrijkste symptomen van een neurose zijn.

De nieuwe inzichten, in de geriatrische psychiatrie ontwikkeld, hebben weer geleid tot meningen, die niet vrij zijn van overdrijvingen.

Men stelt het, vooral in de populaire Amerikaanse geschriften, wel eens zo voor, dat de bejaarde over onbegrenste mogelijkheden beschikt, die hij, daartoe in staat gesteld gemakkelijk zou kunnen ontwikkelen. Birren (1956) zegt daarvan: 'It does not appear to be sound mental health to encourage the idea that successful aging is entirely a voluntary phenomenon and that all older people are capable of doing outstanding things if they would only try. The mature point of view toward human aging seems to represent a balance between optimism and realism and an avoidance both of excess voluntarism and of undue stress on the limitations of aging.'

Ook is het overdreven om, zoals Linden (1956) doet, de 'schuld' geheel te wijten aan 'de jongeren' of aan 'de maatschappij'. Hij is daarin overigens niet altijd consequent. Dit leidt ook tot een verheerlijking van vroegere toestanden, die niet geheel op zijn plaats is (the three-generation family). Het is immers niet volledig duidelijk hoe groot het aandeel is van maatschappelijke factoren bij het ontstaan van geestelijke stoornissen in de ouderdom. Zoals wij reeds schreven is de ontdekking van het belang van deze factoren één der fundamenten van de moderne geriatrische psychiatrie. Men ziet het dan over het algemeen zo, dat de maatschappelijke verwerping van de bejaarden bijdraagt tot het verlies aan impulsen, die van de buitenwereld de bejaarde tot activiteit aanzetten. Daarnaast ontstaat een breuk met het verleden door een plotselinge verandering in de situatie door b.v. pensionering, verhuizing etc.

Tenslotte is er de sociale nood, die de bejaarden in de onzekerheid brengt, die hem een bestaan opdringt, dat hem dikwijls vreemd is en waarbij hij van veel afstand moet doen. Men meent nu tegenwoordig, dat dit alles sterk bijdraagt tot het dementeringsproces. Dit proces is dus op te vatten als een zich actief onttrekken aan de benauwende omstandigheden, waarin de bejaarde is gekomen. De invloeden laten zich voor een deel geleidelijk en voor een deel plotseling gevoelen. Zo kan b.v. bij een bestaande financiële nood nog ziekte of dood van nabestaanden komen. De gehele situatie betitelt men dan weer met de term 'stress'.

Een zeer belangrijke steun voor deze opvatting zijn de waarnemingen van Kral. Zijn artikel, in 1951 verschenen, beschrijft de toestanden in het concentratiekamp Theresienstadt, waarin dertig tot veertigduizend Joden bijeen waren gebracht. Dit kamp is dan wel geen 'Vernichtigungslager' als b.v. Auschwitz, maar toch waren de levensomstandigheden allerbedroevendst. Na aankomst in het kamp kwam het slachtoffer minstens twee weken in een toestand van *apathie*. Dit moet men opvatten als een shockreactie, welke algemeen voorkwam. In die periode had het slachtoffer dikwijls niet de kracht zelfs het meest noodzakelijke te doen. Het merkwaardige is nu, dat kinderen en ook adolescenten deze reactie niet vertoonden. Men zou dus kunnen opmerken, dat deze vorm van reactie eerder ontstaat naarmate men ouder is. Kral nam verder waar, dat de periode van apathie langer duurde met het toenemen van de leeftijd. Ook was de apathie bij ouderen dieper. Oude mensen hadden de neiging in de apathie weg te zinken, zodat zij geheel verzorgd moesten worden, terwijl zij toch niet lichamelijk ziek waren. De op de apathie volgende herstelfase bereikten zij niet.

Over de aanpassing aan de mensonwaardige toestanden in het kamp zegt Kral nog het volgende. Vrouwen pasten zich doorgaans beter en sneller aan dan mannen. Een hogere intelligentie sluit een goede aanpassing nog niet in, veel belangrijker is karaktervastheid en evenwichtigheid. Een sterke godsdienstige overtuiging bleek een grote steun. Wie in zijn beroep kon blijven, had het veel gemakkelijker. Mensen, die zich aan het werk onttrokken, pasten zich nooit goed aan. Dagdromen en fantaseren bleek een algemene reactie. Daarbij pochten sommigen op hun vroegere posities. Kral merkt van deze mensen op, dat zij nooit iets betekenden voor hun medeslachtoffers. De best aangepasten verzetten zich actief tegen deze neiging tot fantaseren. Over het algemeen waren diegenen het best aangepast, die zich op de realiteit instelden en probeerden iets voor anderen te doen.

Wij zien uit het bovenstaande duidelijk de overeenkomst met de feiten gevonden in de psychiatrie der bejaarden zoals de neiging tot apathie, fantaseren en pochen, de neiging terug te gaan naar het verleden, de betekenis van werk en beroep, de betekenis van intelligentie en karakter en het verschil tussen man en vrouw. Wat dit laatste betreft vindt men bij Repond (1954): 'les veuves 's accommodent assez facilement de leur sort, alors que les veufs au contraire, se déclarent tout inconsolables'. Opmerkelijk is ook wat Kral schrijft over het geheugenverlies (I, 2), dat bij ouderen veel uitgesprokener bleek dan bij adolescenten. Hetzelfde geldt voor desoriëntatie, vooral 's nachts, waarbij nachtblindheid door avitaminosen mede een rol speelde.

Opmerkelijk was verder, dat de bovenbeschreven toestand van apathie bij ouderen doorbroken kon worden door hevige woede-aanvallen, terwijl juist grote traumata, zoals het sterven van familieleden, de betrokkene soms onberoerd lieten. Dit zijn verschijnselen die wij bij bejaarden wel opmerken en affectvervlakking en affectlabiliteit noemen, 'Il y a un reduction de l'amplitude et de l'intensité des sentiments' (Repond 1954). Deze onverschilligheid, deze berusting, was volgens de observatie van Kral geen verschijnsel, dat tot de ouderen beperkt bleef. Zo krijgt dit symptoom een meer algemeen karakter.

Dementia senilis kwam in Theresienstadt opvallend veel voor. Kral wijt dit aan de levensomstandigheden, die gebrekkige voeding inbegrepen. Zoals wij weten laat de voeding bij bejaarden in de normale maatschappij eveneens veel te wensen over. Lichamelijke ziekten waren een belangrijke factor bij het ontstaan van dementie. De seniele psychosen waren klinisch in Theresienstadt niet verschillend van die welke wij thans observeren. Wel zag men veel minder apoplexieën en infarcten, waaruit Kral concludeert, dat de dementia arteriosclerotica veel minder voorkwam dan normaal. Dit viel natuurlijk niet goed te controleren en dat is ook begrijpelijk als men bedenkt, hoe moeilijk de differentiaal-diagnose hier ligt. Men moet dus voor het gehele onderzoek tot de slotsom komen, dat de omstandigheden in Theresienstadt dementie-bevorderend waren. Dementie ontstaat dus eerder onder psychische 'stress' (K. Stern, Williams 1951).

Met Linden en Courtney (1953) kan men zeggen: 'Senility as an isolable state is largely a cultural artifact and senile organic deterioration may be consequent upon attitudinal alterations'. De seniele psychosen kunnen daarbij gezien worden als een zich actief onttrekken aan een voor de betrokken persoonlijkheid onhoudbare situatie, zoals wij reeds eerder vermeldden. Men vindt deze mening vooral bij P. Schilder (zie Schulte, Harlfinger 1956). De psychose betekent bij hem: 'Schützung vor der Angst'. Wagner (1952) meent: 'Ein Wahnsystem kann die Aufgabe erfüllen existentielle Angst in Furcht zu verwandeln'. De oude mens vindt in dat geval een aanpassing, waarbij de realiteit uit het oog wordt verloren (Busse 1959). Daarom zegt Kassell (1957): 'Pure senile psychosis represents pathalogic emotional aging' (zie ook Grotjahn 1951).

Deze opvatting heeft de steun gekregen van hen, die zich actief met bejaarden bezighouden. Sklar en O'Neill (1961) vergeleken twee groepen bejaarde patiënten, waarvan de ene groep 'intensief' en de andere groep 'gewoon' werd behandeld. De resultaten in de eerste groep waren veel beter: meer klinische verbeteringen, meer ontslagen, minder deterioratie en minder sterfgevallen. Vooral dit laatste is treffend: het geeft steun aan de opvatting, dat dementia senilis het voorportaal is van de dood. Dementie is het bij levende lijve sterven.

Wat is er nu overgebleven van de toch zo hecht gefundeerde mening dat de geestelijke afwijkingen van de ouderdom door organische afwijkingen ontstaan? Hoe is het mogelijk, dat men zich van deze opvatting heeft kunnen losmaken ondanks het toch zo tastbare en zichtbare materiaal der hersensecties?

Er waren vroeger reeds enkelen die twijfelden, maar hun stemmen gingen verloren. Het bewijs is in onze dagen tenslotte geleverd door David Rothschild (1937). Hij vond, dat er geen absolute correlatie bestaat tussen organische veranderingen en geestelijke afwijkingen. 'If this reasoning is correct and pathology can at last be placed in its proper place in the total thinking about this problem, medical science can proceed to search for the other and, perhaps, more important etiological factors'. (Wilse Robinson 1956). Inderdaad: 'in its proper place', maar welke is die 'proper place'?

Het is niet moeilijk in te zien, dat het belang der organische factoren bij deze ziekten van geval tot geval verschilt. In sommige gevallen zijn zij de enige factor, die gevonden wordt, in andere gevallen daarentegen zijn die zelfde organische factoren in het geheel van de constellatie slechts van weinig betekenis. De nieuwe opvattingen betekenen zeker geen vereenvoudiging van het probleem!

Zij hebben ook consequenties wat betreft het gehele gebied der organische psychosen. Een gelijke redenering gaat b.v. ten dele op voor processen als dementia paralytica (Llavero 1949). Ook bij deze ziekte kunnen grove cerebrale afwijkingen bestaan zonder psychische symptomen. De ziekte 'breekt dan uit' wanneer een psychotrauma de betrokkene treft. Men spreekt dan van 'Auslösung' of 'decompensatie', er bestaat een evenwicht, waarin het nieuwe beleven niet meer kan worden opgenomen. Er is sprake van een verstoord evenwicht en niet van een ziekte, die door iets aan het licht gebracht wordt (id.). Een nieuw (ander) evenwicht kan zich daarna weer instellen. Zie ook: Walther-Buël (1954) en Hoff, Seitelberger (1953).

Deze wijze van formuleren heeft grote voordelen boven de algemeen gangbare. De organische factor is niet de 'basis, waarop de ziekte rust', waarbij het overige bijkomstig is. Het is een factor van wisselend belang, niet een statische toestand. Ook de organisch beschadigde mens is een mens en geen preparaat.

Rothschild (1937) zegt: 'Senile patients should be studied, not merely as anatomic specimens, but as living persons who are growing old and who are struggling to adjust to personal problems. The inability to meet such problems successfully may be the clinical factor that destroys or greatly impairs the person's compensatory capacity, upsetting an equilibrium which had hitherto been maintained and thereby leading to the development of a senile psychosis.'

Stelt men zich op dit ruimere standpunt, dan zal het gemakkelijk zijn in te zien, *dat bij alle oudere mensen de organische factor in het geding is.* 'Ouder' wil daarbij niet zeggen: eerst na het 65e jaar. De organische factor komt misschien al in het geding na het 30e levensjaar. Het psychologisch onderzoek suggereert immers, dat reeds na het 30e jaar de leeftijd zich doet gevoelen! Aan veroudering ontsnapt tenslotte niemand. Het senium naturale toont die invloed duidelijk. Wij zullen mogen verwachten, dat de organische factor in betekenis toeneemt naarmate de mens ouder wordt. In de constellatie van factoren zal zij echter steeds van wisselend belang blijken te zijn.

De studie der geriatrische psychiatrie is daarom zo interessant, omdat zij het probleem der psychisch-somatische samenhang zo dwingend aan de orde stelt.

Beschouwt men de somatische factor zelve, dan blijkt, dat zij ook in het senium allerminst eenvormig is. Zij betekent altijd beschadiging en verlies, maar deze kan b.v. het gevolg zijn van normale veroudering, abnormale veroudering (seniele en praeseniele dementie), arteriosclerosis cerebri, chronisch alcoholisme, lues of posttraumatische degeneratie. In al die gevallen kan men van dementie in het senium spreken en in al die gevallen zal het beeld van de oude mens verwarrend eenvormig zijn. Zo ontdekt men dementia paralytica op oude leeftijd meestal slechts bij toeval (de 'seniele paralyse' van Kirschbaum 1930).

De organische psychosen bij oude mensen dragen het stempel van de ouderdom. De ouderdom zelf, het oud-zijn is primair, niet het 'organisch psychosyndroom'. Haase (1959) zegt: '... weil dem höheren Lebensalter eine eigene biologische Bedeutung im Ablauf des Lebens und dem psychisch Alternden eine eigene psychische Struktur eigen ist'.

Het valt niet moeilijk vele auteurs te citeren, die het standpunt innemen, dat de organische factoren relatief van geringe betekenis zijn in de ouderdomspsychiatrie. Wij noemen hier slechts Rockwell (1956), Wayne (1953, 1960), Ross (1954), K. Stern (1948). Al is dan het belang der organische factoren slechts relatief, toch moet men zich hoeden voor het denkbeeld, dat zij van geen betekenis zouden zijn. Zo vindt men b.v. bij K. Stern (1948): 'In the faulty adjustment of people of the involutional and old age period organic cerebral decline plays the least important role'. De organische factoren in de ziekten van de ouderdom houden bovendien niet slechts cerebrale afwijkingen in. Uit het genetisch onderzoek blijkt b.v. een duidelijke invloed van de constitutie, die mede erfelijk bepaald is (Kallmann, Sander 1949). Verder kan er niet genoeg op gewezen worden, dat allerlei lichamelijke ziekten en gebreken van de grootste betekenis zijn voor een normale ouderdom. *De organische factor is niet gelijk te stellen met een cerebrale factor.* Linden (1954) formuleert dit als volgt: 'senile intrapsychic regression interdigitates with physiologic regression'. Het gehele lichaam is van belang, niet slechts het cerebrum. De geriatrie is bij uitstek de geneeskunde van de gehele mens.

In de praktijk zijn de modern opvattingen van de grootste betekenis gebleken. Zij vernietigden het therapeutisch nihilisme, dat t.a.v. de oude mens zo vele eeuwen bestond. Omgekeerd zijn vele denkbeelden ontsproten aan praktische therapeutische ervaringen. Daarom is een studie van psychotherapie bij bejaarden van het grootste belang om een inzicht te krijgen in het geheel der moderne opvattingen (Rechtschaffen 1959, Cahn 1960, Wolff 1963).

Een gedetailleerde bespreking ligt buiten het kader van dit werk. De mogelijkheid en noodzaak van psychotherapie bij bejaarden wordt tegenwoordig algemeen erkend (Baruk 1955). De methoden zijn onderling nogal afwijkend. Zo heeft men analytisch georiënteerde individuele psychotherapie in de zin van Freud bij Cameron (1956), Rockwel (1956), Wayne (1953), Meerloo (1955, 1955'), Grotjahn (1955), Butler (1960) en Blajan-Marcus (1959); in de zin van Jung bij Curtner (1950) en Cahen-Salabelle (1950). Interessant is de speciaal voor bejaarden ontworpen methoden van Goldfarb en medewerkers (1953, 1953', 1955, 1955', 1956, 1961). Over *groepstherapie* bestaat een vrij uitgebreide documentatie (Linden 1953, 1954, 1955, Silver 1950, Wolff 1957').

Tenslotte kan men naast individuele therapie meer algemene therapeutische methoden aanwenden zoals bezigheids- en arbeidstherapie, sociotherapie en sociale zorg (Clow 1940, Ginzberg 1953, K. Stern, Smith 1953, Post 1959, Kubie en Landau 1953, J. Kaplan 1954).

Het zijn de hier bereikte resultaten, die ons aansporen verder te gaan op de reeds ingeslagen weg.

3. KLINISCHE EN NOSOLOGISCHE PROBLEMEN

Uit het voorgaande komt reeds naar voren, dat een indeling in verschillende psychiatrische ziektebeelden van het senium welhaast onoverkomelijke moeilijkheden met zich mee moet brengen. De oude indeling kon niet meer voldoen, omdat zij immers geen ruimte gaf aan het gewijzigd standpunt. Door de rijkere schakering werd bovendien het probleem der afgrenzingen steeds klemmender.

Men kan daardoor gemakkelijk in de verleiding komen in het geheel geen psychiatrische entiteiten meer te onderscheiden. Zo laat Ruffin (1960) het gehele probleem in het midden. Jones en Kaplan (1956) zien een indeling als een belemmering: 'Although the description of certain "clinical entities" may be practically valuable, we must not lose sight of the fact that these stereotypes frequently do violence to the variety and complexity of actual behavior patterns'.

Het individuele geval wordt vertekend, indien het ondergebracht wordt in een groep. In iedere groep gaat iets van de individualiteit verloren. Praktisch is er echter geen keuze, omdat de wetenschap, het weten, een zekere ordening van feiten inhoudt. Hoe kan men nu die ordening op ons terrein aanbrengen? In de eerste plaats kan men waarnemingen ordenen, de verschillende beelden rangschikken. Dan blijkt echter al spoedig, dat de afgrenzing tussen de verschillende beelden zeer moeilijk zal zijn, omdat veel naast elkaar kan bestaan bij dezelfde patiënt en vooral ook, omdat bij dezelfde patiënt het beeld tijdens het verloop van de ziekte nog kan veranderen. Zo kunnen depressie en dementie naast elkaar voorkomen of kan dementie op de depressie volgen.

Tevens, wij wezen daarop reeds, nemen de te onderscheiden psychische afwijkingen in de ouderdom een zelfde 'kleur' aan; zij gaan bedrieglijk veel op elkaar gelijken. Wij verklaarden dat door aan te nemen, dat het verouderen primair is, terwijl het ziekelijke zich tegen die achtergrond afspeelt. Zo kan gemakkelijk allerlei over het hoofd gezien worden. Alles geeft de indruk van 'oud', in de zin van verval, afbraak, aftakeling etc. Dit geldt niet alleen voor het geestelijke, maar ook voor het lichamelijke. 'Die Zahl der Fehldiagnosen bzw. unerkannten Krankheiten wächst mit zunehmenden Alter' (Bürger 1960).

Een andere poging tot ordening berust op een indeling naar oorzaak en gevolg. Psychische ziekte berust echter nimmer op één oorzaak, maar op een mozaïek van oorzaken (Freeman 1954). De gecompliceerdheid van dit mozaïek kan men dan naar believen uitbreiden. Dit is het terrein van de 'mehrdimensionale Diagnostik' van Kretscher (zie Hirschmann 1949). Het zal niet altijd gelukken de veelheid van factoren te overzien.

Bovendien komt men door het wisselend samenspel van die factoren al spoedig niet meer tot een praktische indeling. Het geheel wordt onoverzichtelijk. Men blijft steken in lange omschrijvingen, die echter toch zelden iets kunnen meedelen over de actuele zijnswijze van de patient.

Een derde, gemakkelijk vergeten, mogelijkheid tot indeling ligt in de *prognose*, het verloop van het ziektebeeld. Psychiatrische diagnosen ontlenen hun waarde dikwijls aan de mogelijkheid iets te voorspellen van het toekomstig verloop. Omgekeerd wordt aan dit verloop dikwijls eerst de ziekte duidelijk. Bij vele van onze patiënten is eerst achteraf een diagnose te stellen.

De oude indeling der psychiatrische afwijkingen van het senium berustte zowel op het beeld ('dementie', 'paranoide vorm', 'psychose' etc.) als op de oorzaak ('arteriosclerose', 'hypertensie', 'alcoholisme', 'seniele degeneratie' etc.). De prognose was in alle gevallen 'slecht' en gaf dus geen verdere mogelijkheden aan. Men kreeg gemakkelijk de indruk, dat alles óf arteriosclerose was óf dementia senilis. In de praktijk echter viel dat mee. Uit ons eigen onderzoek bleek, dat men in het Wilhelmina Gasthuis te Amsterdam bij psychiatrische patiënten boven de 65 jaar in de loop van de laatste dertig jaar 39 verschillende diagnosen heeft weten te stellen, dus zeker geen eenvormigheid, meer eerder een onoverzichtelijke, bijna chaotische veelvormigheid!

Is op het ogenblik onze klinische diagnostiek zo veel beter? Helaas moet men dat ontkennen. Het is nog altijd niet gelukt een sluitend systeem te ontwerpen, dat voor wetenschappelijke doeleinden aan de eisen voldoet.

Het ontwerpen van een dergelijk systeem is niet het doel van deze studie. Wij maakten echter wel gebruik van inzichten, die in dergelijke systemen naar voren zijn gebracht, zonder echter ons aan één van deze te binden.

Bij een overzicht van de literatuur vindt men in hoofdzaak twee pogingen tot systematische ordening. De eerste is die van *Roth* en zijn school (1955, 1959), de tweede is die van *Busse* (1959). Een korte bespreking is voor ons van belang om het eigen onderzoek te verduidelijken. Beide systemen zijn zeer verschillend. Dat van Roth is het meest conservatief en verraadt duidelijk de Duitse afkomst. Dat van Busse is meer vooruitstrevend en geeft meer mogelijkheden tot een 'dynamische' opvatting.

Het nosologische systeem van Roth c.s.

Roth heeft getracht een nieuwe entiteit af te splitsen van de dementia senilis en de dementia arteriosclerotica: de *'affective psychosis'*. In dit beeld overheerst de depressie en een enkele maal de manie op mogelijk andere nog aanwezige symptomen. Dit beeld verschilt van de 'senile psychosis' vooral in de prognose. De meeste lijders aan 'affective psychosis' genezen in zo verre, dat na 2½ à 3 jaar 2/3 van deze groep patiënten ontslagen is. In tegenstelling daarmee is dan van de lijders aan 'senile psychosis' 90% overleden. Roth ontkent, dat de depressie een voorloper zou zijn van seniele deterioratie. Dit zou zeldzaam zijn. (Voor een andere mening, zie Rothschild 1956). Het bewijs daarvoor levert weer de prognose: 'Now, if the hypothesis is erroneous and affective psychoses in old age are to a considerable extent like senile and arteriosclerotic psychosis manifestations of cerebral degenerative processes, we should not expect significant and consistant differences in pattern of outcome between the first of these disorders on the one hand and the last two on the other.'

Het manische beeld van de 'affective psychosis' is zeldzaam. Op alle gevallen van 'affective psychosis' worden zij geschat op 0,6%. De manische patiënten zouden een slechtere prognose hebben dan de depressieve.

Roth ontkent niet, dat depressie ook bij dementia senilis en dementia arteriosclerotica kan voorkomen. Zij geeft dan toch een enigszins ander beeld: 'The mood change is short-lived and shallow, and emotional incontinence may give its characteristic quality'. Duidelijke dementie vindt men bij de affective psychosis in 2,4% der gevallen na 3½ à 4 jaar.

'A typical affective symptom-complex' vindt men overigens toch bij 2,7% der lijders aan 'senile' en 'arteriosclerotic psychosis', en wel het meest bij deze laatsten. 'Thirty percent of the cases (with arteriosclerotic psychosis) show some affective colouring, about a quarter of these having symptoms similar to those of an affective psychosis.' Uit het voorgaande blijkt dus, dat de differentiaal diagnose toch moeilijkheden oplevert. Ingewikkelder nog wordt het als men vervolgens leest: 'A feature of affective psychosis common to all ages is the presence of paranoid ideas that are largely accountable as projections of the patients feelings of guilt and noworthiness'. Het beeld van de 'affective psychosis' wordt daarmee nog vager. Daarom houdt Roth niet op met verwijzen naar de andere prognose van die aandoening. Een complicerende factor daarbij vormen de leeftijdsverschillen: lijders aan 'affective psychosis' zijn gemiddeld aanmerkelijk jonger dan lijders aan 'senile psychosis'. Men kan dus gevoegelijk aannemen, dat een gedeelte van het prognostisch verschil terug te voeren is op deze leeftijdsverschillen. 'Affective psychosis' is een ziekte van een jongere leeftijdsklasse. Roth houdt haar voor verwant met dergelijke psychosen optredend voor het 60e jaar. Hij preciseert dit echter niet. Is 'affective psychosis' een involutiepsychose van na het 60e jaar?

Bij de poging om 'affective psychosis' als klinische entiteit voor te stellen, komt Roth soms tot wonderlijke constructies. Dat dementia arteriosclerotica soms het beeld vertoont van 'affective psychosis' verklaart hij door aan te nemen, dat hier sprake is van een toevallig samengaan. De patiënt lijdt dan aan twee ziekten tegelijk. De kans hierop zou statistisch te berekenen zijn.

Dan blijkt echter, dat dit bij dementia senilis wel, maar bij dementia arteriosclerotica niet klopt, een tegenstelling, waarmee hij geen raad weet. In Roth's eigen woorden: 'The incidence of affective symptoms in senile psychosis is low and probably due to chance association. But more than one quarter of cases of arteriosclerotic psychosis have affective psychosis. The precise significance of this finding cannot be decided without further investigation.' Hier is de zaak eigenlijk doodgelopen nu immers blijkt dat 'affective psychosis' met 'arteriosclerotic psychosis' op een of andere wijze verwant is. Het enige houvast wordt dus geboden door de eerder vermelde prognostische verschillen. Somatisch zijn de lijders aan 'affective psychosis' volgens Roth vrij gezond, alleen de lijders aan 'senile psychosis' zijn gezonder. Ook dit wordt verder niet uitgewerkt.

Het nosologische systeem bij Roth is voor de rest vrij eenvoudig. Van de dementia arteriosclerotica en de dementia senilis zijn de 'affective psychosis' en de 'late paraphrenia' afgescheiden. Zij werden vroeger als depressieve en paranoide vormen van de eerste twee entiteiten opgevat. Neurotische beelden worden niet als zodanig onderscheiden. Men twijfelt, hoe men de 'affective psychosis' moet opvatten: als een late melancholie of manie, als een beeld dus verwant aan de manisch-depressieve psychose, of als een laat opgetreden involutiedepressie. Wij mogen met Kallmann en Jarvik (1959) echter aannemen, dat de involutiepsychose en de manisch-depressieve psychose waarschijnlijk weinig of geen verwantschap bezitten.

Roth neemt ook niet aan, dat de manisch-depressieve psychose nog in het senium kan ontstaan en hij verwerpt dit evenzeer voor de schizofrenie.

Het struikelblok is hier de door hem en vele anderen gestelde eis, dat bij deze ziektebeelden geen cerebrale beschadigingen 'mogen' voorkomen. Wij komen hierop later terug bij de bespreking van de paranoide beelden. Ook op de 'acute confusion' zullen wij later terugkomen.

Wat ons voorlopig het meest interesseert is het vóórkomen van de depressie in het senium en de betekenis, welke aan dit symptoom moet worden gehecht. Het waardevolle van het systeem van Roth ligt in de erkenning van het feit, dat deze depressie niet op één lijn te stellen is met ziekten, die gekenmerkt worden door snelle, in ieder geval snellere, dementering.

Het zwakke punt ligt in de waardering van deze depressie als min of meer 'endogeen', terwijl zij niet goed in het beeld der endogene depressies op jongere leeftijd past. Begrippen als 'neurotisch' en 'reactief' vindt men bij Roth niet. Dit leidt, zoals wij nog zullen zien, tot de wonderlijke stelling, dat tentamina suicidii in het senium niet gepleegd worden als reactie op omstandigheden, maar als gevolg van een afwijkende, depressieve, grondstemming.

Op de manische vorm der 'affective psychosis' gaat Roth niet voldoende in. Zij is zo veel zeldzamer dan de depressieve vorm, dat zij in het niet verdwijnt. Wij vragen ons echter wel af, hoe dit verschil te verklaren is.

Dezelfde gedachtengang als t.a.v. de 'affective psychosis' volgt Roth t.a.v. de 'late paraphrenia'. Ook voor dit ziektebeeld moet gelden, dat er geen cerebrale beschadigingen aantoonbaar zijn. Men ziet echter zeer onvoldoende in, hoe moeilijk men die eis kan stellen.

Het organisch element speelt, volgens ons standpunt, in het senium altijd een zekere rol en niet alleen in het senium, maar ook daarvóór in het praesenium, in het involutietijdperk. Wij beroepen ons daarbij gaarne op een reeds in 1929 verschenen artikel over de involutiepsychosen van v. d. Horst, dat ook Stern en Menzer (1946) refereren. In dat artikel treft men reeds een standpunt aan, dat zeer verwant is met de huidige opvattingen over de psychopathologie van de tweede levenshelft.

De bezwaren, die men overwegend tegen het system van Roth c.s. kan inbrengen, treffen het systeem van Busse beslist minder. Dit zullen wij vervolgens in het kort bespreken.

Het nosologische systeem van Busse

Ook bij Busse ligt nog sterk de nadruk op het onderscheid organisch-niet organisch. Hij onderscheidt bij de organische psychosen dementia senilis van dementia arteriosclerotica. De symptomatische beelden leveren nosologisch geen moeilijkheden op. Ook hier zijn het de depressieve en de paranoide beelden, die een herwaardering behoeven.

De depressieve beelden ziet Busse als reactief. Men kan daarbij nog een 'neurotic depressive reaction' onderscheiden van een 'psychotic depressive reaction', maar Busse geeft toe, dat dit onderscheid soms in het geheel niet gemaakt kan worden. Depressies, die niet reactief zijn, behoren tot de manisch-depressieve psychose, het zijn 'affective psychoses' in de zin van Roth. De nadruk ligt bij Busse dus geheel op het reactieve. Het gevolg kan iets zijn, wat neurotisch is, of iets, wat psychotisch genoemd kan worden. Dit is een gradueel verschil. Het is afhankelijk van: *1.* 'the extent to which the individual withdraws from reality and is unable to test reality and *2.* the willingness upon the part of the patient to recognize that he is not wholly responsible for his loss of self-esteem and that others are willing to accept him and help him.' Men vindt dus bij Busse het in de voorgaande paragraaf genoemde denkbeeld, dat neurose en psychose in het senium 'elkaars verlengde' zijn.

Busse wijst verder op het belangrijke verschijnsel, dat ook normale oude mensen tot depressies neigen. Deze vondst werd bevestigd door Kutner, Fanshel e.a. (1956). Depressies zijn afhankelijk van omstandigheden. Zij komen meer voor in de lagere sociale klassen en bij werkloosheid. Tot deze 'groep der depressies' behoren ook de 'chronic complainer' en de lijders aan insomnia. Het tentamen suicidii is volgens Busse in hoofdzaak reactief. De niet-reactieve depressies worden door Busse nauwelijks genoemd. Hieronder vallen de depressies op de bodem van dementia senilis en dementia arteriosclerotica en de endogene depressie. Busse suggereert, dat zij weinig voorkomen en van weinig belang zijn. De paranoide beelden worden vervolgens door Busse op analoge wijze verdeeld in reactieve, organische en schizofrene.

Het systeem van Busse voldoet beter, omdat het rekening houdt met het feit, dat het reactieve element in de geriatrische psychiatrie ongetwijfeld van grote betekenis is. De ziektegeschiedenissen van onze patiënten spreken wat dat betreft een duidelijke taal. Er zijn echter ook beelden, waar het reactieve element *niet* gevonden wordt. Deze hebben dus een andere genese. Het onderscheid reactief-niet reactief is dus reëel, maar kan datzelfde van het onderscheid organisch-niet organisch gezegd worden?

Roth en Busse laten de organische beelden graag ter zijde. Het odium der ongeneeslijkheid rust nog te zwaar op deze patiënten. Zij doen moeite om aan te tonen, 'dat er ook nog anderen zijn', maar hoe staat het nu met deze 'organische psychosen' wat leren wij van de dementia senilis en de dementia arteriosclerotica uit de moderne literatuur?

Het lijdt geen twijfel of beide aandoeningen zijn in wezen verschillend. Het is mogelijk zuivere gevallen op te sporen en anatomisch te verifiëren. Beide ziekten hebben genetisch niets met elkaar gemeen. Het enige gemeenschappelijke is hun voorkeur voor optreden op gevorderde leeftijd. Het moeilijke is daarbij, dat zij dikwijls samen bij één patiënt voorkomen. Volgens Rothschild (1956) vindt men dit gelijktijdig samengaan even frequent als afzonderlijk voorkomen. De clinicus moet dus rekening hiermee houden. De klinische differentiatie is volgens Rothschild wel mogelijk, indien men maar nauwkeurig onderzoekt en observeert.

Het is gebleken, dat dementia arteriosclerotica te veel en dementia senilis doorgaans te weinig als diagnose wordt gesteld. Rothschild noemt de volgende symptomen, die op arteriosclerosis cerbri wijzen: hoofdpijn, duizeligheid, affect-incontinentie, apoplectiforme verschijnselen, syncope en insulten. Afwijkingen aan hart en nieren wijzen in de richting van arteriosclerose. Een verhoogde diastolische druk vindt men meer bij arteriosclerose, de systolische druk geeft echter geen enkele aanwijzing. De toestand der perifere vaten heeft verder geen enkele betekenis. Er zijn dus allerlei tekenen, die wijzen op het bestaan van arteriosclerose in de hersenen en elders.

Ook het psychiatrische beeld geeft wel verschilpunten. Over het algemeen mag men zeggen, dat het beeld bij de dementia aterioslerotica grilliger is, terwijl bij de dementia senilis het verloop over het algemeen geleidelijker is. De lijder aan arteriosclerose is een invalide, die het gebruik van gewichtige organen moet ontberen en daarop heftig reageert. Het proces zelf is veel grilliger. De dementia senilis betekent meer een algemeen verval van alle organen en orgaansystemen. Langzaam glijdt de patiënt weg in de dood. Dit geldt vooral voor de dementia senilis simplex. Het gehele probleem zo weergegeven lijkt eenvoudig. De werkelijkheid is echter anders. Niet alleen heeft men de grote groep mengbeelden, maar iedere patiënt reageert weer anders op het proces. Er is eigenlijk niets, wat altijd opgaat. Het organische proces verklaart het beeld niet en verklaart nog minder het ziektebeloop. Daardoor wordt de differentiaaldiagnose toch min of meer illusoir.

Men heeft wel een andere mogelijkheid gezocht. Zo neemt Guthrie (cit. Williams, Quesnel e.a. 1942) aan, dat de lijder aan dementia senilis een afwijkende praemorbide persoonlijkheid bezit, de lijder aan dementia arteriosclerotica echter niet. Williams, Quesnel e.a. (1942) nemen dit ook aan, hoewel iets voorzichtiger. Clow (1940) beschrijft de praemorbide persoonlijkheid van de lijder aan dementia arteriosclerotica echter als volgt: zeer gespannen mensen met zeer weinig interessen buiten een bepaald klein gebied, met een zeer onbevredigend sexueel leven. Ook Rothschild (1944) verwerpt de mening van Guthrie als ongegrond. De karakterstructuur van patiënten lijdende aan dementia senilis of dementia arteriosclerotica wijkt van de norm af.

Het is echter onmogelijk beide ziekten aan deze karakterstructuren te differentiëren. Het psychotrauma speelt bij de dementia arteriosclerotica volgens Clow (1940) tevens duidelijk een belangrijke rol.

Het is helemaal niet moeilijk om bij vele auteurs de mening terug te vinden, dat de klinische differentiaaldiagnose tussen dementia arteriosclerotica en dementia senilis vrijwel onmogelijk is. Men vindt dit al bij Sabasz (1939), die zich daarbij beroept op oudere clinici als Runge en Bostroem. Verder vallen hier nog te noemen Fish (1959), in navolging van Müller (1959), Lechler (1950) en Eros (1959).

K. Stern (cit. Banshchikov, Stoliarov 1959), meent zelfs, dat 'pure arteriosclerosis' een langzaam progressief beeld geeft, dat niet te onderscheiden valt van dementia senilis. Afwijkende beelden zouden berusten op hypertensieencefalopathie! In dit verband mogen wij wijzen op wat Alvarez (1957) beschreef onder de naam 'little strokes': een langzame deterioratie van de persoonlijkheid op de basis van nauwelijks aanwijsbare vaataccidenten.

Opmerkelijk is ook de opvatting van Allison (1955). Hij stelde patiënten met locale afwijkingen (arteriosclerosis cerebri, tumor cerebri etc.) tegenover patiënten met meer diffuse cerebrale afwijkingen (b.v. dementia senilis). In de laatste groep vond hij een groter algemeen functieverlies, maar het verschil met de eerste groep bleek gering. 'The tendency in both groups was to reach a stage in which clinical patterns became nearly identical. The patients in the focal groups losing in the general picture of deterioration the signs presented originally, and those in the second group losing transient focal signs in the general decline pattern of global dementia.' Allison geeft dus meer een lengtedoorsnede weer van het ziektebeloop, in tegenstelling met Rothschild. Het blijkt nu van het grootste gewicht *wanneer* men de patiënt ziet. In het begin is de differentiaal diagnose veel duidelijker dan aan het eind. Het terminale beeld is hetzelfde. Alle organische hersenaandoeningen geven in de ouderdom op den duur het beeld van de ouderdom zelve. Daarom heeft K. Stern (cit. Banshchikov, Stoliarov 1959) in zekere zin gelijk, indien hij beweert, dat langzaam progressieve arteriosclerosis cerebri een normale vorm is van cerebrale veroudering. Normale en abnormale veroudering zijn dan gelijkwaardig geworden. Zij gelijken dermate op elkaar, dat vele onderzoekers op dit gebied de behoefte gevoelen de normale ouderdom van de pathologische ouderdom af te grenzen. Zijn zij daarin geslaagd? Meestal beperkt men zich tot de verzekering, dat dit verschil er is, dat het er moet zijn. Het ideaalbeeld van de gezonde, veerkrachtige en actieve bejaarde is dat van een vitaal mens. Indien deze al dementeert, dan doet hij dat toch eerst op zeer hoge leeftijd en zo geleidelijk, dat het nauwelijks merkbaar is. Men stelt het daarbij wel voor, alsof het bereiken van een hoge leeftijd iets is, wat men zelf in de hand heeft. Het reeds geciteerde onderzoek van Kallmann wijst daar echter allerminst op. Wanneer iemand op 70-jarige leeftijd na een periode van toenemende dementie sterft, kan men dat als een senium naturale opvatten, indien men van de veronderstelling uitgaat, dat de betrekkelijk jonge leeftijd 'het andere uiterste van de curve' voorstelt. Dan is er dus geen sprake van ziekte, maar van een natuurlijk verloop. Het vraagstuk is dan terug te brengen op het probleem betreffende de duur van de levensloop. Men moet zich hoeden voor de al te eenvoudige gevolgtrekking: jong betekent pathologisch, oud betekent gezond.

Ook het tweede criterium (volgens Busse, cit. Birren 1960): het senium naturale duurt lang en verloopt geleidelijk, het senium ex morbo daarentegen duurt kort en verloopt stormachtig, is aanvechtbaar, daar men op deze regel wel al te veel uitzonderingen aantreft. Zoals wij reeds eerder bespraken, is het tijdstip van sterven in het geheel van de levensloop vrij willekeurig gebonden aan het ophouden van bepaalde lichamelijke functies. Allerlei min of meer toevallige bijkomstigheden beïnvloeden dit, niet in de laatste plaats de vooruitgang van de geneeskunde. Wij kunnen een toestand van dementie tegenwoordig veel langer laten duren. Het probleem 'ex morbo of naturale' is daarbij van geen betekenis.

Er is echter nog een derde criterium (Rothschild 1956). Hierbij gaat men uit van de sociale betekenis van het dementeringsproces. Ziek wil dan zeggen: niet meer te handhaven in de normale maatschappij. Dit lijkt op het eerste gezicht uiterst willekeurig. Het is dat minder, indien men bedenkt, dat ernstige gevallen op jongere leeftijd, eerder zullen worden opgenomen in een psychiatrische inrichting. Voor zeer oude mensen met een lichtere graad van dementie kan meestal een tussenoplossing worden gevonden. Verder bedenke men, dat het onderscheid geestelijk ziek-geestelijk normaal in het algemeen voor een groot deel bepaald wordt door maatschappelijke verhoudingen, ook in de jeugd (de Smit 1963).

Een vierde criterium ontlenen wij aan H. E. Kehrer (1959). Het senium naturale wordt door de mens 'aanvaard'. Hijzelf zal geneigd zijn teruggang te zien als onontkoombaar.

Hij berust erin, hij laat zich erin wegglijden. De ziekte (en dat geldt dus vooral voor de arteriosclerosis cerebri) is hem echter vreemd, hij wil nog wel, maar kan niet meer, hij lijdt daaronder.

Het gelukt dus niet een duidelijk, altijd geldend, onderscheid te maken tussen normale veroudering en ziekelijke veroudering op organische bodem. Iedere scheiding heeft iets kunstmatigs. In de praktijk kan men daar zich niet om bekommeren. Iedere bejaarde, 'normaal' of 'ziek', stelt ons voor dezelfde praktische vraag: 'wat kunnen, wat moeten wij voor hem of haar doen?' De geriatrie is voor alles een praktisch vak.

Voor alle organische cerebrale aandoeningen in de ouderdom geldt, dat zij zeer moeilijk of in het geheel niet van elkaar zijn te onderscheiden en dat zij ook niet van de normale ouderdom essentieel verschillen. Dit geldt b.v. ook voor de ziekte van Alzheimer. De ziekte van Pick staat meer apart, zij is zowel klinisch als pathologisch niet als een ouderdomsziekte op te vatten. Ten aanzien van de ziekte van Alzheimer ligt dit niet zo duidelijk. Wel kan men stellen, dat zij meer de indruk wekt een ziekte te zijn dan de dementia senilis. Zij is als het ware een karikatuur van deze laatste. Het probleem is nog altijd niet opgelost. Ik wil in dit verband wijzen op de mening van Ehrentheil (1957) en Newton (1949) die de ziekte van Alzheimer niet als zelfstandige entiteit willen erkennen (zie ook: Divry (1935) en Raskin, Ehrenberg (1956). Interessant is daarbij het argument van Ehrentheil, die er op wijst, dat eenzelfde ziekte (diabetes, mammacarinoom) in de jeugd een ernstiger verloop kan hebben dan in de ouderdom. De ziekte van Alzheimer is zo een op eerdere leeftijd optredende en dus ernstiger verlopende dementia senilis.

Juist als bij de dementia senilis kan het lichaam de geestelijke deterioratie volgen, of nog relatief jeugdig blijven. Rothschild en Kasanin (1936) beschreven een vrouw, die nog enkele jaren na het begin van de ziekte, een kind ter wereld bracht. Omgekeerd kan men het duidelijk pathologische karakter van de ziekte van Alzheimer aanvoeren als een argument voor de stelling, dat dementia senilis werkelijk een ziekte is, geen ouderdomsverschijnsel (Ginzberg 1955). Zolang men echter niet meer weet van de achtergronden van deze aandoeningen blijft de zaak onbeslecht en blijft het bij gissingen.

Er zijn dus vele organische factoren, die alle tot hetzelfde voeren: de dementie, die wel in alle individuele gevallen verschillend is, maar die toch in al die gevallen dezelfde essentiële kenmerken draagt.

De psychische ziekten van de ouderdom houden echter meer in dan dementie alleen. We zagen het reeds bij Roth en Busse: naast de dementie in de zin van dementia senilis simplex kunnen wij nog de delirante, depressieve en paranoide beelden. *Het ouderdomsdelier* draagt daarbij een zeer apart klinisch karakter (zie Wilse Robinson 1956). Het geïnvolueerde cerebrum is bijzonder vatbaar voor allerlei schadelijke invloeden van buiten. Een kleine oorzaak is reeds voldoende de cerebrale processen in wanorde te brengen. Soms vindt men de oorzaak niet. Men moet dan aannemen, dat de integratie van het organisme als geheel is verstoord. Daarom is het delier niet zelden een typisch 'terminaal' beeld: het is één van de wijzen van sterven. Daarom heeft het delier een 'slechte prognose'. Het beeld kan men tot de groep der symptomatische psychosen rekenen.

In de praktijk zal het echter niet altijd eenvoudig zijn het beeld af te grenzen van allerlei opwindingstoestanden op organische bodem (Baruk 1955). Het delier verergert, indien de oriëntatie in tijd, plaats en persoon moeilijker wordt, indien dus de omgeving niet vertrouwd is. 's Nachts wordt het delier daardoor ernstiger. Hetzelfde effect krijgt men door blinddoeken (b.v. na cataractoperaties).

Kan het seniele delier ook psychogeen onstaan? Kassell (1957) bevestigt dit. Hij zag bij een patiënte het delier ontstaan bij psychische stress en weer verdwijnen bij betere omstandigheden. Dit herhaalde zich enkele malen. Wat op jongere leeftijd onwaarschijnlijk is, is op oudere leeftijd zeer wel mogelijk. Een psychische stress-situatie kan een précaire somatische evenwichtstoestand verstoren. Dit is weer een voorbeeld van de nauwe samenhang tussen psyche en soma op oudere leeftijd.

Voor *de depressieve beelden* werd, in samenhang met de bespreking der nosologische systemen van Roth en Busse, al veel meegedeeld. De depressie kan reactief, neurotisch en endogeen zijn als in de jeugd, de 'organische bodem' verleent alle vormen eenzelfde 'kleur'. Een verdeling in organische en niet-organische depressies voert tot geen praktische indeling, daar in het senium alle psychische beelden min of meer organisch zijn. Men vergelijke hierbij het nosologische systeem van Williams en Jaco (1957, 1958), dat berust op de tegenstelling organisch-functioneel, maar waarbij de scheidingslijn tussen beide geheel willekeurig wordt getrokken. Men moet iedere seniele depressie apart bestuderen en nagaan in hoeverre reactieve, neurotische, endogene en organische factoren een rol spelen.

Volgens Clow en Allen (1949, 1951) zal bij een verdergaande organische beschadiging de depressie in diepte afnemen. Daarom vindt men het klassieke beeld der endogene melancholie op hoge leeftijd minder. Bij een recidiverende melancholie nemen de fasen op hoge leeftijd ook een ander karakter aan.

Aan de andere kant is de lichte neurotische of reactieve depressie in het senium een ernstiger beeld met meer endogene kenmerken. De psychische spankrecht neemt in de ouderdom af. De gezonde bejaarde neigt reeds tot depressie (Stanley Hall 1922, Busse 1954). De depressieve gemoedstoestand kan minder goed worden overwonnen en leidt dus ook eerder tot opname in een kliniek!

De seniele depressie is niet zonder meer gelijk te stellen aan de involutiedepressie, hoewel sommige seniele depressies ongetwijfeld involutiedepressies op hogere leeftijd zijn. De mens in de involutie kan de depressie nog beter weerstaan. Alleen de ernstigste beelden zullen worden opgenomen (Madden, Luhan e.a. 1952).

Wat voor de depressie in het senium geldt, geldt voor een belangrijk deel ook voor de *de manie*. Manische fasen verliezen evenzeer het karakter ons bekend uit vroegere leeftijdsperioden. De manie in het senium komt echter veel minder voor dan de depressie en is grotendeels aan de aandacht der onderzoekers ontsnapt, zodat men zich beter van alle commentaar kan onthouden.

Een uitzonderlijk moeilijk probleem vormen de *paranoide seniele psychosen*. Het is goed daarbij niet uit het oog te verliezen, dat ook de normale bejaarde tot paranoidie neigt in dezelfde mate als hij neigt tot depressie.

Is de depressie voor een goed deel op te vatten als een reactie op dreigend verlies, zo is dat ook voor de paranoidie het geval. De wereld van de bejaarde is een bedreigde wereld, bedreigd zowel van binnen uit als van buiten af. Tegen de in hoofdzaak naar buiten geprojecteerde bedreiging kan de mens zich verschansen en hij zal dit des te eerder doen naarmate het contact met die buitenwereld verloren gaat.

Dit contactverlies bestaat of dreigt voortdurend. De oudere mens vereenzaamt; zijn zintuigen, die een brug naar de buitenwereld vormden, zeggen hem de dienst op. De paranoidie is dan een reactie op vereenzaming en ziekte. Daarbij speelt de cerebrale organische factor ongetwijfeld een belangrijke rol. In de dementie verliest de bejaarde zijn vaste greep op de wereld. Deze wordt daardoor minder vertrouwd. 'The paranoid productions of an old man are the projection upon a hostile environment of his sense of deprivation and rejection', schrijft Rosenthal (1955).

Indien de paranoidie zich speciaal richt tegen bepaalde personen b.v. familieleden, dan worden de achtergronden ingewikkelder. Post (1958) en Rosenthal (1955) noemen hierbij speciaal de paranoidie van de bejaarde moeder ten aanzien van haar dochter. Deze zou volgens Rosenthal berusten op een 'reverse Oedipus fantasy, with the daughter as presecutor instead of the mother'. Of men dit zo mag schematiseren is wel de vraag. Indien immers de bejaarde moeder bij het gezin van haar dochter inwoont, ontstaat gemakkelijk een rivaliteit. De dochter is wellicht sterk ambivalent aan de moeder gebonden. Deze laatste zal zich al spoedig te veel voelen en paranoid reageren. Indien een oude vader inwoont, ontstaat deze situatie minder snel omdat hij de dochter als vervangster van moeder en vrouw eerder accepteert. De paranoidie ontstaat dan vooral, indien de bejaarde vader voelt, dat hij een ernstige concurrentie ondervindt van b.v. de man of de kinderen van de verzorgende dochter. Dan ligt de paranoidie in het Oedipale vlak.

De paranoische bejaarde beschuldigt dikwijls zijn belagers van lichamelijke beïnvloeding d.m.v. allerlei gassen, stromen en stralen. Het is wel duidelijk, dat hieraan het gevoel niet geheel gezond te zijn voor een deel ten grondslag ligt. Zij geloven liever aan een schadelijke kracht van buiten dan aan een vermindering van de eigen functies. Kay en Roth (1955) wezen erop, dat paranoid reagerende bejaarden dikwijls zieke mensen zijn, die alleen wonen en veelal onder een verminderde visus en gehoorscherpte lijden. Volgens deze auteurs zijn paranoide bejaarden doorgaans minder gezond dan depressieve bejaarden. Paranoidie is wellicht geprojecteerde doodsdreiging.

Al met al zal het niet eenvoudig zijn de paranoidie der bejaarden los te maken van een organische achtergrond. Roth doet dat ook in mindere mate dan Busse, die een organische van een niet-organische vorm wil afgrenzen.

'Late paraphrenia' in de zin van Roth is dus heel iets anders dan 'late schizofrenia' in de zin van Busse, terwijl 'senile schizofrenia' bij Fish (1959) weer in hoge mate overeenkomt met 'late paraphrenia' van Roth. Het is de afgrenzing van de seniele paranoide psychosen t.a.v. de parafrenie en de schizofrenie, die hier blijkbaar moeilijkheden oplevert. De achtergrond daarvan is, dat men nog steeds niet genoeg begrijpt van deze ziektebeelden.

In de publicaties van Fish (1959, 1960) vindt men deze problematiek uitgebreid behandeld. Schizofrenie kan volgens vele auteurs nog na het 60e jaar ontstaan. Fish beroept zich daarbij op vroege auteurs als Kraeplelin en Bleuler en op het recente onderzoek van Müller (1959). Een scheiding in dementia paranoides enerzijds en parafrenie anderzijds acht hij daarbij niet opportuun. Ook Fish eist, dat er geen tekenen mogen zijn van organische cerebrale beschadiging, maar geeft tenslotte toe, dat deze beelden zeer moeilijk te onderscheiden zijn van 'fairly well-organized organic paranoid states'.

Het is daarom niet verwonderlijk by Lechler (1950) en vooral bij Janzarik (1957) de mening te vinden, dat organische cerebrale beschadiging en schizofrenie elkaar niet uitsluiten. Janzarik spreekt zelfs van een 'organisch provozierte Schizophrenie'. Het probleem der seniele paranoide psychosen lijkt toch wel parallel te lopen met het probleem der seniele depressies. Veel is op te vatten als reactief en neurotisch, terwijl het moeilijk valt 'parafrene' of 'zuiver endogene' beelden te onderscheiden. Het gaat er zelfs op lijken, dat de seniele psychosen in het algemeen een aparte groep vormen in het geheel der psychiatrische nosologie. Dit aan te nemen is wellicht zeer speculatief. Wel mag men zich afvragen, hoe het met onze kennis van de psychiatrische beelden op jeugdiger leeftijd gesteld is, nu blijkt, dat zij in de ouderdom zo moeilijk zijn te onderkennen. Betere kennis der geriatrische psychiatrie zal ons zonder twijfel van dienst kunnen zijn bij onze studie der psychiatrie van de jeugdiger leeftijdsgroepen. Ik denk hierbij in de eerste plaats aan de leeftijdsgroep van 50 tot 65 jaar.

Volgens Bowman (1954) vindt men bij paranoide beelden boven de 40 jaar meer schizofrenie in de familie dan men statistisch kan verwachten. Paranoische beelden op oudere leeftijd zijn waarschijnlijk met schizofrenie verwant (zie ook Schulz 1930). Dit geldt ook voor de involutiepsychosen (depressieve en paranoide vorm, Kallmann, Jarvik, 1959, 1961).

Het praemorbide karakter der lijders aan paranoide psychosen op latere leeftijd is niet schizoid in de gebruikelijke zin van het woord (Haase 1957'). Het zouden eerder onbuigzame, 'sterke', karakters zijn.

Lange (1934) zegt van hen: 'Entscheidend ist die ursprüngliche, rechthaberische, misstrauische, autistisch-lieblose Persönlichkeit, die in der Wandlung der Welt und der Einengung des Betätigungsfeldes, wie sie für das Greisenalter selbstverständlich sind gewissermassen eine persönliche Kränkung sieht und die Mitmenschen, die dem Herzen nie nahe waren, dafür verantwortlich macht.'

Rothschild (1941) wijst erop, dat ook tijdens de ziekte de paranoide patiënten hun persoonlijkheid beter bewaren. Men mag echter bepaald daaruit niet besluiten, dat zij dan ook minder cerebraal beschadigd zouden zijn dan patiënten met het beeld der dementia simplex! Post mortem is dikwijls juist het omgekeerde het geval. *Men kan dus aan het klinische beeld de organische beschadiging nimmer afmeten.*

Dit maakt een indeling in organisch-niet-organisch weer eens te meer illusoir. Men vergete daarbij echter ook weer niet, dat post-mortem onderzoek nog niets zegt over de organische aandoening tijdens het leven. Het anatomisch onderzoek betreft slechts een *eindtoestand* (Rothschild 1956).

Er bestaat dus grote behoefte aan een objectieve methode, waarbij men de toestand van het cerebrum tijdens het leven nauwkeurig kan nagaan. Wij verlaten ons nu nog hoofdzakelijk op het psychologisch onderzoek en op het E.E.G. Het is zeer te hopen, dat b.v. de methode van Eichhorn (1962) ons hier verder zal helpen en dat in de toekomst nog meer dergelijke technieken zullen worden ontwikkeld. De geriatrische psychiatrie kan zich de luxe niet veroorloven het lichamelijke te ontkennen of te verwaarlozen.

Nog een enkel woord over het beeld der *seniele paranoia*, zoals wij dit vinden in de vergeten publicatie van G. Jelgersma uit 1911. De twee door hem beschreven patiënten zijn van een type, dat men in de nieuwe literatuur mist. Vooral het eerste voorbeeld, een man van 91 jaar, valt op door zijn meer dan absurde en verwarde gedachtengang. Daarbij is hij niet opvallend dement. Deze denkstoornissen dragen een duidelijk schizofreen karakter. De paranoidie staat niet zo op de voorgrond als bij de gevallen van 'late paraphrenia' of 'late schizophrenia'. Dit beeld is wellicht zeldzaam, zodat wij moeite gedaan hebben dergelijke voorbeelden in het eigen materiaal terug te vinden.

Over manisch-depressieve psychose op hoge leeftijd vindt men in de literatuur niet veel. Volgens Lechler (1950) en Lange (1934) zou het op hogere leeftijd moeilijk zijn deze psychose af te grenzen ten opzichte van b.v. de schizofrenie in het senium. Men heeft hier echter een schrijnend tekort aan observaties. Het zou daarom zeer onvoorzichtig zijn nu reeds een mening te bepalen. In de ouderdom vervaagt ook duidelijk het onderscheid tussen neurose en psychose om redenen, die wij eerder uitéén hebben gezet (zie II, 2). Dit betekent niet, dat de neurose in het senium niet voorkomt.

Verdeelt men het materiaal in een neurotische tegenover een psychotische groep patiënten, dan kan men nagaan welk patroon het meeste voorkomt. Een dergelijk onderzoek is gedaan door Busse, Dovenmuehle e.a. (1960). Dit onderzoek is daarom zo belangrijk, omdat het bejaarden betreft, die in de maatschappij verblijven. Men vond op 222 bejaarden slechts 89 geestelijk normale tegenover 119 niet-psychotische en 14 psychotisch gestoorde bejaarden.

Al berust de indeling op vrij willekeurig gekozen normen, toch toont het onderzoek wel aan, dat neurotisch en reactieve toestanden in het senium veel voorkomen.

Veel van wat wij bij geestelijk gestoorde bejaarden vinden is verklaarbaar uit drukkende omstandigheden en uit neurotische gedragspatronen. In een nosologisch systeem verdienen dergelijke ziektebeelden zeker een belangrijke plaats.

Tot slot nog een enkel woord over de *presbyofrenie.* Dit beeld is zeker geen klinische entiteit, maar één der verschijningsvormen van de organische psychosen op oudere leeftijd.

Het beeld kan daarom optreden zowel bij dementia senilis als bij dementia arteriosclerotica en waarschijnlijk ook bij andere in hoofdzaak organische aandoeningen (Bostroem, cit. Hirschmann 1949). Reeds Gaupp (1905) wist dat het beeld een voorbijgaande fase kan zijn binnen het verloop van een dementeringsproces.

Het is wel de vraag of lijders aan presbyofrenie een aparte praemorbide karakterstructuur bezitten, zoals b.v. Lechler (1950) gelooft ('ein ausgeprägtes syntones, hyperthymes Temperament'). Deze opvatting, die nog van Bostroem afkomstig is, is niet vol te houden wegens de vele uitzonderingen, die hierop gevonden zijn (Sabasz 1939, Ruffin 1960). Daarbij komt nog, dat reeds de vroegste onderzoekers op dit terrein (Wernicke, Bleuler, Bostroem) de presbyofrenie als ziektebeeld enigszins verschillend beschrijven. In onze tijd heeft Hughes (1959) deze verwarring helaas nog groter gemaakt.

Men mag waarschijnlijk de presbyofrenie niet al te nauw omschrijven. Het meest kenmerkende van het beeld is de constructie van een eigen wereld, waarbij de patiënt zich geheel in 'het nu' blijft bewegen. Bij deze bejaarde patiënten is die wereld meestal ontleend aan de herinnerde wereld van de jeugd. Confabulaties zijn daarbij slechts 'logische' tegenwerpingen en berusten allerminst op 'verlegenheid'.

Dit beeld heeft zonder twijfel veel gemeen met het Korsakov-syndroom (Rothschild 1956). Ule (1951) neemt aan, dat beide berusten op een beschadiging van de ammonshoorn en de corpora mammillaria.

4. HET SAMENSPEL DER PATHOGENE FACTOREN

Tot slot van dit hoofdstuk nog een algemene beschouwing over de pathogene factoren in de ouderdom, vooral ook met het oog op het onderzoek, dat in het volgende hoofdstuk aan de orde komt. In de eerste plaats moet hierbij opgemerkt worden, dat deze factoren van belang zijn voor de aanpassing van iedere bejaarde, dus ook voor hen, die nimmer in een psychiatrische kliniek werden opgenomen. Wij komen dus als vanzelf terug op het probleem van het normale senium, waarbij het niet gaat om de tegenstelling ziek-gezond, maar veel eerder om de tegenstelling succesvol-onsuccesvol (successful-unsuccessful).

De studie van Pressey en Simcoe (1950) is hier van belang. Zij vonden, dat de beste aanpassing gevonden wordt bij de beste omstandigheden: leven in gezinsverband, financiële geborgenheid en goede gezondheid. In hoge mate is dus de bejaarde afhankelijk van zijn directe omstandigheden en vooral ook van zijn lichamelijk welzijn. Psychische ziekte ontstaat dus gemakkelijk, wanneer de omstandigheden ongunstig zijn. Dit leidt dan weer tot allerlei sociale 'oplossingen', waarvan opname in een psychiatrische kliniek er één is. Het lot van alle, ook de gezonde, bejaarden weerspiegelt zich in de geriatrische psychiatrie.

Williams (1960) beschrijft dit als volgt: 'Certain personality types have inherent difficulties with aging. If they also have poor health, economic insecurity, and a poor fit between their preferred interaction styles and the structure of the lifespace in which they are living, they will have a low morale and be unsuccessful in aging. These factors tend to cluster and to be cumulative in their effects. This creates the truly anomic group with a cumulative tendency to deviance, especially in the direction of withdrawal and dependency. In general, the evidence seems to indicate that persons characterized by this type of aging constitute a small but important minority group. They absorb a disproportionate amount of the energies of others and probably have a negative influence on the mental health of those who must deal with them.' In dit lange citaat wordt de pathogenese op meesterlijke wijze uiteengezet. De deterioratie wordt dus voorafgegaan door een periode waarin het leven van de patiënt gaat vastlopen. Deze periode, gekenmerkt door een 'low morale' is wellicht dezelfde, die oudere auteurs beschreven als een periode, waarin de patiënt opviel door zijn prikkelbaarheid, zijn onrust en zijn lichamelijke klachten (het hyperaesthetisch-emotioneel syndroom). Nu treedt vrij plotseling aan het licht, dat de patiënt zich in het leven niet meer kan handhaven. Eerst dan wordt het de buitenstaanders duidelijk, dat het leven voor de betrokkene onhoudbaar is geworden, dat hij ziek is. Zowel de zieke als zijn omgeving zullen dan trachten een verband te leggen tussen levensloop en lijden (v. d. Horst 1961). Deze behoefte is begrijpelijk. De conclusies waartoe men komt, zijn natuurlijk aanvechtbaar, maar zelden zonder waarde.

Ook wordt het lijden dikwijls in verband gebracht met één of ander trauma. Het kan dan echter zeer wel zijn, dat men eerst na het trauma op de persoon in kwestie is gaan letten! Toch betekent het trauma duidelijk een mijlpaal in de levensloop bij deze gevallen, hetgeen men niet over het hoofd mag zien. Dit stemt overeen met de beschouwingen van Post (1959). Hem viel op, dat psychische deterioratie niet geleidelijk, maar plotseling, optreedt. Er is een 'treshold', die plotseling wordt overschreden en deze 'treshold' wordt juist ten tijde van het trauma overschreden. De levensloop vertoont een scherpe 'knik'. Iedere gebeurtenis kan hiermee samenvallen. Zo ziet Busse (1954) de depressie ontstaan in aansluiting op 'a chain of thoughts', die weer het gevolg was van een traumatische gebeurtenis. Deze kan relatief onbetekenend zijn en door anderen worden miskend. De traumatische gebeurtenis zelf kan niet gescheiden worden van de persoonlijkheid, die erop reageert. Dat een gebeurtenis voor een bepaalde persoon zo'n betekenis kan krijgen, is slechts te verklaren door een bepaalde karakterstructuur aan te nemen en te letten op eerder opgedane ervaringen. Ruffin (1960) zegt: 'Im Altern ist immer biologische Reduktion *und* Sammlung von Schicksal und Erfahrung — als Last und als Aufgabe — enthalten'.

Wil men, zoals in onze bedoeling ligt, de pathogenese der psychiatrische ouderdomsziekten bestuderen, dan ligt het voor de hand zich eerst aan de hand van de literatuur te oriënteren over de factoren, die deze pathogenese bepalen. Zij zijn alle reeds ter sprake gekomen en zullen nog nader worden uitgewerkt. Het is echter niet duidelijk, op welke men speciaal de nadruk moet leggen. Weiss, Gildea, e.a. (1958) noemen als pathogene factoren: '*1.* acute or chronic physical disorder, 2. demonstrable impairment of braintissue, *3.* psychologic stress of aging, *4.* cultural attitudes'. In deze opsomming missen wij de invloed van de praemorbide karakterstructuur. De nadruk komt vooral te liggen op de somatische factoren.

Kassell (1957) onderscheidt: '*1.* brainpathology, *2.* emotional response to organic and functional changes and diseases of aging, *3.* degree of abnormality of the underlying personality, *4.* degree of interpersonal conflict, *5.* accumulated emotional traumata of living'. Dit schema is veel vollediger dan dat van Weiss e.a., maar lijkt ons niet eenvoudig te hanteren.

Rothschild (1956) geeft het meest bruikbare overzicht, waarschijnlijk omdat het steunt op onderzoek en minder op algemene beschouwingen. Volgens dit schema valt het materiaal uitéén in drie pathogenetische groepen n.l.: *1.* de ziekte is het gevolg van 'long-standing personality difficulties'. *2.* de ziekte ontstaat door 'psychologic stresses'. *3.* de ziekte ontstaat onafhankelijk van karakter en externe invloeden. De derde groep is dus gekenmerkt door *het ontbreken* van andere factoren dan somatische. Volgens Rothschild is deze derde groep groter dan de twee andere. Er is ook een correlatie met het klinische beeld. De patiënten van de derde groep 'are apt to show a picture of simple deterioration'. Paranoide en depressieve beelden zou men vooral in de eerste groep ontmoeten. Rothschild begreep wel, dat ook voor de derde groep de pathogenese wel eens slechts schijnbaar eenvoudig zou kunnen zijn: 'the expression of complete surrender to the appalling isolation and the completely meaningless existence which often constitute the setting for the psychosis. Although these patients display little evidence of personal factors in the psychosis, it should be noted that many of them come to psychiatric hospitals only after they have reached an advanced state of senile mental deterioration'.

Rothschild verwierp het denkbeeld de psychische ouderdomsziekten naar de pathogenese in te delen, hoewel dit min of meer voor de hand ligt. Het veronderstelt immers een geheel andere gang van zaken dan in de psychiatrie gebruikelijk is. Toch opent deze indeling wel degelijk perspectieven. Het moet de moeite waard zijn een groot materiaal naar deze richtlijnen te bewerken. Een poging daartoe wordt in het volgende hoofdstuk beschreven.

III. EEN ONDERZOEK NAAR DE PATHOGENE FACTOREN IN DE PSYCHIATRIE VAN HET SENIUM

1. DOEL EN OPZET VAN DE STUDIE

Zoals in de laatste paragraaf van het voorgaande hoofdstuk werd betoogd, moet het de moeite waard zijn de moderne hypothesen aangaande de pathogenese aan een groot patiëntenmateriaal te toetsen. Hoe verkrijgt men nu dit grote materiaal?

Er zijn in principe twee mogelijkheden. De eerste houdt een geduldig verzamelen in van nieuwe gevallen, die alle op de zelfde wijze worden bewerkt. Een dergelijk onderzoek vindt men bij Sjögren (1956). Het spreekt vanzelf, dat het zo jaren duurt tot men een grote hoeveelheid ziektegeschiedenissen bijeen heeft gebracht. Door het nauwkeurige en van te voren geheel uitgestippelde onderzoek verkrijgt men bovendien een overstelpende overvloed van gegevens. Dit vereist soms weer een groep van wetenschappelijke bewerkers. De tweede mogelijkheid houdt in, dat men reeds afgesloten ziektegeschiedenissen bewerkt. Men kan dan alleen bewerken, wat men in deze ziektegeschiedenissen aantreft en dit is meestal veel minder dan men wel zou wensen, omdat de ziektegeschiedenissen niet met het oog op een speciaal onderzoek zijn geschreven.

Gaupp heeft reeds in 1905 een opsomming gegeven van de nadelen verbonden aan deze wijze van werken (de 'Inventar-aufnahme'). In de eerste plaats geeft het onderzoek niet het werkelijk voorkomen van ziekten onder een bepaalde groep van de bevolking weer. Iedere opname is het resultaat van zeer vele factoren, waaronder de ziekte soms één der onbelangrijkere is. Een tweede bezwaar geldt voor de ziektegeschiedenissen zelf. Deze zijn niet door één of enkele artsen geschreven, maar door zeer vele artsen. Deze hebben zeker lang niet alle oog gehad voor zaken, die men later wil onderzoeken. Ook heeft men door onervarenheid en gebrek aan interesse wel belangrijke gegevens over het hoofd gezien.

Deze bezwaren gelden zeker ook voor het onderhavige onderzoek. Slechts een enkele maal was het mogelijk een (voorzichtige) conclusie te trekken betreffende psychisch gestoorde bejaarden in het algemeen. Zeer zeker werden wij gehinderd door de soms summier bewerkte ziektegeschiedenissen, waardoor ongetwijfeld vele waardevolle gegevens verloren zijn gegaan, zodat wij ons moesten beperken tot gegevens die men in nagenoeg alle ziektegeschiedenissen aantreft. Dat wij dan toch de 'Inventaraufnahme', de inventarisering, als methode gevolgd hebben, staat in verband met de onmiskenbare voordelen, die deze methode biedt. Zij maakt mogelijk snel een overzicht te krijgen van wat in de kliniek aan patiëntenmateriaal aanwezig is. Daarbij komt nog, dat geen enkele ziektegeschiedenis bewerkt is met het oog op bepaalde uitkomsten. Hoe dikwijls vindt men niet datgene, wat men zoekt! Ook is het onmogelijk belangrijke, niet in het onderzoek passende gegevens onbewust over het hoofd te zien. De methode heeft dus voordelen, indien men de restricties tenminste onderkent.

Onze ziektegeschiedenissen werden gekozen uit de groep 'leeftijd ouder dan 65 jaar', d.w.z. in het jaar van opname moest de betrokken patiënt tenminste de 66-jarige leeftijd bereiken. De '65-jaar grens' werd voor het onderzoek gekozen, omdat zij in het merendeel der literatuur wordt aangehouden en niet omdat zij wetenschappelijk van veel waarde kan worden geacht. Indien men het zeer ruim ziet, begint de ouderdomspsychiatrie reeds na het 50e jaar. Ziet men het daarentegen zeer eng, dan laat men de ouderdom eerst met 75 jaar beginnen! Voor beide standpunten is veel te zeggen. Het komt ons voor, dat de 65-jarige leeftijd een soort tussenpositie vertegenwoordigt. Ons patiëntenmateriaal bestaat uit 500 mannelijke patiënten (groep M) en 500 vrouwelijke (groep V).

Een belangrijk punt van onderzoek is het opsporen van verschillen tussen mannen en vrouwen in de geriatrische psychiatrie.

Het patiëntenmateriaal werd nogmaals verdeeld in twee groepen van 500 patiënten. Eén groep werd opgenomen in de jaren vóór de oorlog (1927-1939) en één groep na de oorlog (1946-1958). Beide groepen werden gecodeerd met de letters O en N. Er zijn dus tenslotte vier groepen, ieder van 250 patiënten, voorgesteld door de letters VO, MO, VN en MN.

Wij hebben dus ook een greep gedaan uit de ziektegeschiedenissen van vele jaren geleden. De reden daarvan is, dat voor de oorlog veel meer bejaarden in de kliniek zijn opgenomen dan na de oorlog. Wij konden berekenen, dat het aantal opgenomen bejaarde mannen in de periode 1927-1939 ± 1050 bedraagt. Voor vrouwen is dit aantal ± 1200. Na de oorlog (1946-1958) werden slechts ± 450 bejaarde mannen en ± 300 vrouwen opgenomen.

Wij meenden hieruit te mogen concluderen, dat de groep van voor de oorlog (O) een getrouwer beeld geeft van de maatschappelijke verhoudingen dan de groep van na de oorlog (N). Een vergelijking tussen beide groepen is dus zonder twijfel van waarde.

De oorlogsjaren 1940-1945 werden buiten beschouwing gelaten, omdat wij vreesden, dat de abnormale omstandigheden in die jaren van invloed zijn geweest op tal van gegevens, terwijl het ons doel is een zo algemeen mogelijk beeld te ontwerpen. Tenslotte nog enkele opmerkingen over de kliniek, waarin de patiënten werden opgenomen. De neuropsychiatrische kliniek van het Wilhelmina-Gasthuis ('paviljoen 3') is een Universiteitskliniek d.w.z.: zij dient voor de wetenschappelijke vorming binnen het verband van de Gemeentelijke Universiteit van Amsterdam. Dit houdt in, dat zeer velen hebben meegewerkt aan de opstelling van de te bestuderen ziektegeschiedenissen. De kliniek heeft weinig of geen invloed op de aard van het aangeboden patiëntenmateriaal. De Afdeling Geestelijke Hygiëne van de GG en GD te Amsterdam beslist daarover in hoofdzaak.

Dat na de oorlog zo veel minder bejaarden zijn opgenomen dan voor de oorlog is een gevolg van plaatsgebrek binnen de kliniek en in andere psychiatrische centra in het land. Daardoor zijn niet alleen minder bejaarden opgenomen, hun verblijfsduur in de kliniek werd bovendien veel langer. Daar het aantal bejaarden in de stad Amsterdam in de loop der jaren gestaag is toegenomen, kan men hier met goed recht van een 'probleem' spreken, zo men het woord 'nood' niet wil gebruiken. Dit weerspiegelt zich in de ziektegeschiedenissen, waarin de onderzoeker een poel van ellende aantreft. Zij vormen een verzameling van de meest schrijnende noodtoestanden op ieder gebied.

Wij hebben zo veel als mogelijk was de pathogene factoren in de bewerkte ziektegeschiedenissen opgespoord. In de eerste plaats werd gezocht naar afwijkingen in de praemorbide karakterstructuur. Deze gevallen werden gecodeerd met de letter K.

Met P en M werden die gevallen aangegeven, waarbij een belangrijk psycho- resp. sociotrauma in het spel bleek te zijn.

De overige gevallen, waarbij K, P of M niet werden aangetroffen, werden gecodeerd met S. De groep S is dus (juist als bij Rothschild, II, 4) negatief gedefinieerd, als een groep, waarbij bepaalde factoren *ontbreken*.

Natuurlijk zijn er vele 'mengbeelden'. Men kan deze coderen als KP, KM, KPM en PM, of indien een andere (meestal somatische) factor een onmiskenbaar belangrijke rol speelt als KPS, PMS etc. Men krijgt op deze wijze heel wat combinaties (11 in totaal). Het is echter niet onze bedoeling al deze combinaties te onderzoeken. Wel waren wij geïnteresseerd in de combinaties KPS of KMS, omdat daarbij alle factoren gezamenlijk optreden.

Wij zijn er ons van bewust, dat deze bewerking veel subjectieve elementen bevat. Wat is tenslotte normaal, wat abnormaal, wat is belangrijk en wat onbelangrijk? Dit geldt vooral voor de factor S. Deze factor houdt een verzameling van factoren in, o.a. de natuurlijke veroudering. Men kan dus zeer wel bij iedere patiënt deze factor aannemen. Belangrijke afwijkingen op

somatisch gebied vormden echter onze richtlijn. In vele gevallen hadden wij daarbij steun aan onderzoekingsmethoden, vooral het electroencephalogram, het pneumencephalogram en het psychologisch testonderzoek.
De pathogenetische groepen kunnen dus weer samengevat worden in drie hoofdgroepen: bij de eerste (3) kan men het beeld geheel verklaren uit K, P of M, of een combinatie daarvan; bij de tweede (1) vindt men K, P. of M *niet*, bij de derde (2) kan men het beeld niet verklaren uit K, P, M, of een combinatie, maar komt daar nog iets bij.

Groep 2 stelt dus een tussenpositie voor. Vooruitlopend op de mede te delen resultaten, kunnen wij zeggen, dat groep 2 inderdaad daaraan beantwoordt. Steeds weer vond men de andere twee groepen als extremen en nam groep 2 een tussenpositie in.

Natuurlijk was het gehele materiaal daardoor nog niet ingedeeld. In een neuropsychiatrische kliniek worden ook patiënten opgenomen met neurologische aandoeningen. Bij onze patiënten betrof het hier meestal commotio's en contusio's, een enkele keer een ander beeld. Over het algemeen werden deze psychiatrisch gezonde bejaarden buiten beschouwing gelaten (groep N1). De symptomatische beelden hadden wij bij de groep S kunnen onderbrengen. Wij hebben dit echter om voor de hand liggende redenen niet gedaan. Bovendien hebben wij een splitsing in deze groep trachten aan te brengen. Aan de ene zijde staan de zuiver symptomatische psychosen (Ss). Aan de andere zijde staan de zgn. 'terminale beelden' (St). Wij verwijzen hiervoor naar II, 3.

Is men nu zover, dan blijven toch nog enkele gevallen over (groep X). Deze groep omvat beelden, die niet nauw samenhangen met het senium. Het betreft hier lijders aan schizofrenie, manisch-depressieve psychose en allerlei chronisch neurotische toestanden. De ziekte is bij hen soms ver voor het senium ontstaan. Natuurlijk vormen zij zowel geriatrisch als psychiatrisch een zeer belangwekkend vraagstuk (zie Müller, 1959). Wij hebben echter van een bewerking afgezien, omdat dit, toch in wezen globale, onderzoek zich daartoe slecht leent.

Enkele gevallen van dementia paralytica, in de zin van Kirschbaum (1930), de zgn. seniele paralyse, werden samengebracht in de groep Sp. Het betreft hier geen defecttoestanden van de dementia paralytica, maar nieuw ontdekte gevallen na het 65e jaar. Deze gevallen komen bij vrouwen niet voor.

Hieronder worden de gegevens betreffende de pathogenese in een tabel samengevat.
Een statistische analyse van deze tabel volgt hieronder (nadere gegevens over de hierbij gebruikte methoden vindt men in IV, 1).

Bij deze en volgende analyses wordt bij iedere uitspraak, die het resultaat is van statistische toetsing de overschrijdingskans k opgegeven, die als volgt kan worden geïnterpreteerd: k⩽0,001: er is een zeer sterke aanwijzing; 0,001<k⩽0,01: er is een sterke aanwijzing; 0,01<k⩽0,05: er is een aanwijzing; 0,05<k⩽0,10: er is een zwakke aanwijzing, dat de uitspraak juist zou zijn.

TABEL 1

	1	2	3	X	Ss	St	Nl+Sp	Totaal
MN	46	46	57	27	14	16	44	250
MO	91	36	34	22	15	34	18	250
M	137	82	91	49	29	50	62	500
VN	42	63	41	35	14	14	41	250
VO	101	31	9	39	8	32	30	250
V	143	94	50	74	22	46	71	500
M+V	280	176	141	123	51	96	133	1000

De verdeling van het patiëntenmateriaal naar de pathogenese

Vergelijken wij nu in voorgaande tabel MN en MO, dan blijkt, dat de pathogenese in beide groepen verschilt (k = 0,00005). Met name geldt dit voor de factoren 1 (k = 0,0008) en St (k = 0,005).

Vergelijken wij VN en VO, dan blijkt ook hier de pathogenese te verschillen (k<0,00001), met name voor de factoren 1 (k<0,00001), St (k=0,00001) en X (k = 0,002).

De strengere selectie na de oorlog heeft dus tot gevolg gehad, dat minder patiënten werden opgenomen met een 'eenvoudige' pathogenese. Dit wijst in de richting van geheel andere criteria voor opname. De tabel geeft steun aan de veronderstelling van Rothschild (1956), dat bij ziektegevallen in de maatschappij de enkelvoudige pathogenese (code: S) overweegt. Verder heeft men na de oorlog minder patiënten opgenomen, die sub finem vitae waren. Deze zijn waarschijnlijk thuis gebleven en daar overleden. Waarom de gevallen X vóór de oorlog meer voorkwamen bij vrouwen, werd ons niet duidelijk. Vergelijken wij verder MO en VO, dan verschilt ook hier de pathogenese (k = 0,0005). Dit geldt vooral voor de factor 3 (k = 0,0008). Vergelijking van MN en VN levert echter niets op: de pathogenese verschilt voor beide groepen niet aantoonbaar (k = 0,25). Dit laatste is wellicht het gevolg van de strengere selectie. De minder geselecteerde groepen MO en VO doen vermoeden, dat een pathogenese, welke berust op andere dan somatische factoren alléén, meer voorkomt bij de man. Er is waarschijnlijk een belangrijk verschil tussen mannen en vrouwen in het senium. De bejaarde man lijkt ons veel eerder dan de vrouw, het slachtoffer van ongunstige levensvoorwaarden.

2. EEN STUDIE VAN HET PRAEMORBIDE KARAKTER BIJ LIJDERS AAN PSYCHISCHE AFWIJKINGEN IN HET SENIUM (FACTOR K)

Veel van wat wij bij de mens in het senium observeren, is in werkelijkheid de vrucht van het leven in vroegere levensperioden. De 'aanpassing' in het senium wordt dus hoofdzakelijk bepaald door de structuur van de mens, zoals deze zich eerder in het leven heeft gevormd. Dat iemand in de ouderdom een goede aanpassing bereikt, is geen toeval. De mens in zijn levensontwerp leeft naar de ouderdom toe. De mens in het senium is de zelfde mens als vóór dat levenstijdperk.

Dit lijkt als van-zelf-sprekend, maar waarom is het dat toch niet? Al te zeer is men geneigd de oude mens als een op zichzelf staande verschijningsvorm te zien. Men ziet hem de jeugd van vroeger niet aan. Men moet zich dwingen in hem het kind terug te zien, de jongere, de in het leven staande volwassene. Zijn gedrag, zijn gehele zijn, wekt geen herinnering aan voorgaande levensperioden. Daarom is het nodig, dat men sinds de oudheid (Cicero, Plato), wijst op het belang van de karakterstructuur, zoals deze reeds vóór het senium tot uiting kwam.

Ook de geriatrische psychiatrie worstelt met dit probleem. De betekenis van de karakterstructuur, voor een geslaagde aanpassing in het senium, wordt algemeen erkend. Het heeft geen zin hiervoor talloze onderzoekers te citeren. Ook neemt men, op een enkele uitzondering na, wel aan, dat de seniele neurosen en psychosen iets met de praemorbide karakterstructuur te doen hebben. Wij willen beginnen met enige algemene opmerkingen betreffende dit vraagstuk te maken.

Allereerst de vraag: wat is 'karakter' of 'karakterstructuur'? Deze vraag kan men verschillend beantwoorden. Een zeer volledig antwoord geeft Gitelson (1948): 'Character is the person's habitual mode of reaction to problems. It is his habitual mode of entering into and participating in relationships with other people. It is his habitual outlook on life. Finally, it is the person's habitual attitude towards himself, his picture of and evaluation of himself, his moral-ethical attitudes and his method of dealing with his primitive impulses and instincts. Character is, in short, the over-all adaptive pattern of the person.' De nadruk in deze definitie ligt dus op aanpassing ('adaptation'). De mens past zich aan door een bepaald 'habitual', patroon van reacties. In het geval, dat in dit patroon geen verandering optreedt, zal blijken, dat het in de ene situatie beter voldoet dan in de andere. Dat wil ook zeggen: in de ene levensperiode zal het beter voldoen dan in de andere.

Wij stoten nu als vanzelf op onze tweede vraagstelling: verandert dit reactiepatroon gedurende het latere leven? Voor de Amerikaanse auteurs (Kuhlen, 1945, 1959; Kelly, 1955) is dat een groter probleem dan voor ons. William James deed immers de uitspraak, dat de 'personality' na het 30e levensjaar niet verandert. Deze stelling, Kuhlen b.v. ziet dat zeer wel in, is in zijn algemeenheid zeker onjuist. De mens is geen statisch verschijnsel. Iedere nieuwe situatie moet steeds opnieuw worden beheerst. Het leven zelf houdt verandering in. Het senium is een voorbeeld van een nieuwe situatie, waarbij een soepele aanpassing van groot gewicht is. Niet voor niets is 'rigidity' een voor het senium, maar natuurlijk ook voor eerdere levensperioden, een ongunstige karaktereigenschap. Iedere nieuwe aanpassing moet als het ware geleerd worden. Daarbij vormen eerder aangeleerde patronen een belemmering (Mangan, Clark, 1958).

Een derde vraag, die wij ons moeten stellen, is de volgende. Betekent een slechte aanpassing in vroegere levensperioden tevens een slechte aanpassing in de ouderdom? Of omgekeerd: waarborgt een goede aanpassing vroeger een goede aanpassing in het senium? Men is geneigd vooral deze laatste vraag bevestigend te beantwoorden (Kuhlen 1959, Havighurst, Albrecht 1953, Cavan, Burgess e.a. 1949, Kelly 1955, Goldfarb 1955). Toch spreekt dit allerminst vanzelf. Veel is afhankelijk van de eisen, die men stelt. Betekent 'aangepast' hetzelfde als 'successful'? Ongetwijfeld zijn er mensen, die zich in het senium wel weten aan te passen, al is dat misschien niet op die wijze, die men het beste acht. Zij hebben soms in eerdere levensperioden meer moeilijkheden veroorzaakt. Vele mensen met een weinig ideale karakterstructuur kunnen zich in het senium toch wel, soms met enige moeite, handhaven (Breen 1960). Omgekeerd zijn er mensen, die in vroegere jaren niets opvallends vertoonden voor hun omgeving, maar die toch het ouder worden niet aankunnen. Zij waren zonder twijfel vóór het senium 'goed aangepast'. Sommigen van hen bereikten in hun leven heel wat, maar stortten in ouderdom in (Wayne 1953). Bovendien hangt nog zeer veel af van toevallige omstandigheden. Een weinig ideale karakterstructuur voldoet in het senium wellicht nog onder de best denkbare omstandigheden, terwijl 'heel normale mensen' onder erbarmelijke omstandigheden onaangepast raken. In een groter materiaal als het onze vindt men van dit laatste veel voorbeelden. Vandaar ook, dat betere sociale zorg voor bejaarden zo'n dringende noodzaak is. In ieder geval moet men ook wat de betekenis van het praemorbide karakter betreft op zijn hoede zijn voor overdrijvingen (Diethelm, Rockwell 1943). Zeer veel in het senium is afhankelijk van de directe omstandigheden buiten en binnen de mens, d.w.z. niet alleen de uitwendige omstandigheden tellen mee, maar ook de lichamelijke toestand, waarin de mens verkeert. De betekenis van de lichamelijke, vooral cerebrale, factoren in de ouderdom mag dan vroeger overdreven zijn en vooral in het geheel der pathogene factoren overschat, dat neemt niet weg, dat zij een mens psychisch ziek kunnen maken, wat voor karakterstructuur deze ook bezit. Aan de andere kant echter betekenen somatische factoren het zelfde als zuiver uitwendige omstandigheden, indien men stelt, dat een geringe beschadiging bij een weinig ideale karakterstructuur reeds onaangepast gedrag veroorzaakt, terwijl zelfs grove beschadigingen bij een ideale karakterstructuur geen afwijkingen in het gedrag tot gevolg hebben.

Somatische factoren zijn in de psychiatrie van relatief belang. Zo komt het ook, dat zij door de één in betekenis overschat en door de ander in betekenis onderschat worden (Ehrentheil 1958).

Ziet men het nu zo, dan lijkt het wel onwaarschijnlijk, dat een bepaalde karakterstructuur gekoppeld is aan beelden als seniele depressie, seniele dementie, arteriosclerotische dementie etc. In al deze gevallen gaat het om mensen met verminderde reserves, die daarmee toch de moeilijkheden van het senium het hoofd moeten bieden. Primair is dus de opgave gesteld door het senium zelf: het probleem van 'successful' tegenover 'unsuccessful aging'.

Opnieuw worden wij zo geconfronteerd met het probleem der dementie, vooral dat der seniele dementie. Is het een ziekte, een degeneratie als de ziekte van Pick, of is het een wijze van reageren, een vorm van psychisch abnormaal verouderen, of is het beide?

Is arteriosclerotische dementie een ziekte, of een wijze van reageren op die ziekte, of voor een deel althans een gevolg van veroudering etc.? Het zijn vragen, waarop wij het antwoord schuldig moeten blijven.

Pogingen om de praemorbide structuur van de dementia senilis af te grenzen van die gevonden bij involutiepsychosen en dementia arteriosclerotica zijn op zijn minst genomen niet overtuigend, vooral waar het de eerste twee betreft (Sands, Rothschild 1952, Rothschild 1944). Bij de dementia arteriosclerotica wordt wel gewezen op agressiviteit als een karaktertrek bij vele patiënten (zie ook Clow 1940). Men vraagt zich hierbij af, of dit overeenkomt met de agressiviteit, die men wel bij lijders aan essentiële hypertensie veronderstelt.

Natuurlijk is het onjuist om een karakterstructuur te kenschetsen door één enkel kenmerk. Wil men bepaalde karakterstructuren beschrijven dan moet men een zo volledig mogelijk patroon van reacties en gedragingen ontwerpen. Pas veel later kan men dan op enkele trekken wijzen, die sommige gevallen gemeen hebben en daar conclusies aan verbinden. Zonder meer te stellen, dat het praemorbide karakter van de patiënt met dementia arteriosclerotica 'agressief' is, leidt tot niets en verdient zeker geen navolging.

Het is nu onze bedoeling te komen tot een beschrijving van karakterstructuren, die als ongunstig beschouwd kunnen worden voor een geestelijk normale ouderdom. Wat vinden wij daarover in de geriatrische literatuur? Allereerst beschrijvingen van gunstige karaktertrekken, als tegenstelling bijzonder leerzaam.

Volgens Sands en Rothschild (1952) vallen geestelijk gezonde bejaarden op door hun onafhankelijkheid van anderen. In vroegere levensfasen hebben zij zich wel aan anderen gebonden, maar nooit te sterk. Daardoor verdroegen zij verliezen gemakkelijker. Zij hebben vrede met zichzelf en bezien hun verleden met toegeeflijkheid. Dit is ook Williams (1960) opgevallen.

Obrecht (1951) vond bij zijn gevallen als karaktertrekken: 'ein gütiger Humor, eine stille Zufriedenheit, Bescheidenheit und Demut und vor allem eine tiefe Herzensgüte'. Het zijn opgewekte, werkzame mensen, die veel voor anderen deden zonder dat zij aan die anderen neurotisch gebonden waren. Hun streefniveau bleef steeds aangepast aan hun mogelijkheden. Zware psychotraumata en ernstige stress-toestanden verdroegen zij goed. Hun relaties met echtgenoten, kinderen en andere familieleden waren over het algemeen uitstekend. Terecht zegt Busse (1954) dat de verstandhouding tussen de bejaarde en zijn kinderen een belangrijke aanwijzing vormt voor de persoonlijkheid van de bejaarde vóór het bereiken van het senium.

Flanders Dunbar (1959) acht van groot belang het ontbreken van autoriteitsconflicten. In het verkeer met de medemens komen dan deze conflicten minder voor, wegens een zich onttrekken aan situaties waarin die conflicten een rol spelen. De kandidaten voor een geslaagd senium richten hun leven zo in, dat zij niet verwikkeld raken in allerlei stress-situaties, niet omdat zij niet opgewassen zijn tegen deze situaties, maar omdat zij hun omstandigheden zo gunstig mogelijk kiezen. Schept de mens niet in hoge mate zijn eigen levensomstandigheden? Ligt het geheim van het geslaagde senium niet in het behouden vermogen tot zelfverwerkelijking? In ieder geval mist men dit in hoge mate bij de mislukte aanpassingspogingen van onze patiënten.

Welke zijn nu de voor het senium ongunstige karakterstructuren? In de eerste plaats noemen wij de vondst van Meggendorfer (1926). Volgens deze vroege onderzoeker zouden lijders aan dementia senilis voor een groot deel 'schizoide psychopathen' geweest zijn. Hij veronderstelt daarom een verwantschap tussen schizofrenie en dementia senilis. Opmerkelijk in dit verband is het door Kallmann, Jarvik (1959) genetisch aangetoonde verband tussen schizofrenie en involutiepsychosen. Schizoide trekken in de karakterstructuur zijn wellicht ongunstig voor een normale ouderdom.

Welke mensen beschouwt Meggendorfer als 'schizoide psychopathen'? Hij noemt de volgende karaktereigenschappen: 'misstrauisch, schrullenhaft', maar ook: 'ruhig, ernst, grüblerich veranlagt, sich kein Vergnügen gönnend', en ook 'still, sanft, ernst, wunderlich, nervös, zurückgezogen, sehr solide, verschlossen, immer leicht erregbar, empfindsam, explosible, sehr passiv, eigensinnig, pessimistisch, ohne Freude, mit den Kindern streng, selbst roh'. Het blijkt wel, dat 'schizoide psychopathie' in de zin van Meggendorfer een zeer heterogeen begrip vormt. Later tracht hij dan ook het gevondene als volgt te omschrijven: 'Es sind vor allem psychisch hyperästhetische Menschen, die zum Teil durch ihr scheues, zum Teil aber auch durch ihr aggressives Verhalten auffallen. Bei den meisen vermisst man Hinweise auf eine etwa in der Tiefe lebende autistische Persönlichkeit.' Daardoor voelt Meggendorfer zich weer genoopt afstand te nemen tot het begrip schizoide psychopathie: '... dass es sich meist nur um eine oberflächliche Ähnlichkeit und nicht um eine echte schizoide Psychopathie handelt'. Toch verklaart in onze tijd Riemer (1950): 'Histories of patients showing clear-cut, senile disturbances give frequent records of previous mental attacks of a schizophrenic nature which accurred in the presenile years or in early adolescence or adulthood, with resolution of the attacks and subsequent return to previous states of mental health'.

Een tijdgenoot van Meggendorfer, B. Schulz (1930), gelooft niet aan een verwantschap tussen dementia senilis en schizofrenie. Wel hebben beide ziekten gemeen, dat men in de familie der patiënten opvallend veel zonderlingen aantreft. Bij de paranoide beelden in de ouderdom vindt men praepsychotisch 50% zonderlingen tegenover 31% uitgesproken schizoiden. Williams (1960) spreekt over 'the schizoid mechanism of withdrawal'. Deze acht hij bijzonder ongunstig voor een normale ouderdom.

Samenvattend kan men opmerken, dat schizoide kenmerken in het karakter blijkbaar veel voorkomen in de voorgeschiedenis van onze patiënten. Waarschijnlijk is de opgave, die het senium stelt, voor deze groep zeer zwaar.

In de literatuur over dit onderwerp ontmoet men nog een tweede karaktertype met meer psychasthene kenmerken. Malamud, Sands e.a. (1949) beschrijven dit type als volgt: 'a lack of plasticity, restriction of interests, the exaggerated sense of responsibility and of his own importance in the scheme of things, clashing wit a realization of failure and displacement'. Deze mensen neigen tot starre gedragspatronen, die soms een dwangmatig karakter aannemen (Wayne 1955, Riegel 1959). Een dergelijke patiënt vindt men fraai weergeven in de publicatie van Blajan-Marcus (1959), waarbij de vele schuldgevoelens opvallen t.a.v. vroegere misstappen. Deze patiënten hebben geen vrede met zichzelf en met het eigen verleden.

Nog een derde karaktertype komt in de literatuur naar voren. Waren de twee eerstbeschreven typen gekenmerkt door een grote mate van onafhankelijkheid t.a.v. anderen, het derde type valt juist op door een overgrote afhankelijkheid van anderen. Gingen de 'schizoiden' hun eigen gang en trachtten de 'psychasthenen' alles zelf te regelen en te domineren, het derde, 'afhankelijke' type voelt daartoe geen behoefte. Zij komen vooral naar voren in de publicaties van Goldfarb (1953). Deze patiënten eisen steeds zorg en bescherming van anderen en handhaven zich vrij goed zo lang deze gegeven wordt. Zij zijn in hoge mate veeleisend en egoïstisch en gaan niet zelden, ondanks hun afhankelijkheid, toch hun eigen gang. Behalve dan bij Goldfarb worden zij in de literatuur zeer zelden genoemd. Lewis en Goldschmidt (1943) noemen deze groep van patiënten 'the timid type' en stellen haar tegenover 'het domineering type'. Zij beschrijven 'the timid type' als: 'retiring, weak, helpless, over-sensitive'. Dat wij dit sterk afhankelijke karaktertype zo weinig in de literatuur ontmoeten, is wellicht te verklaren door een minder frequent voorkomen. In het, aan het onze, zeer verwante onderzoek van Achaintre en Bonhomme (1957) vonden zij slechts éénmaal een dergelijke karakterstructuur op 23 (vrouwelijke) patiënten met praemorbide afwijkingen van het karakter: '. . . enfant gâtée, son mari la traitait comme telle . . .'.

Dit onderzoek is daarom zo van belang voor ons, omdat het slechts vrouwelijke patiënten betreft. In andere publicaties worden conclusies getrokken ongeacht het geslacht van de patiënten. Zoals meestal in de psychiatrie domineert het mannelijke. Achaintre en Bonhomme kwamen echter door hun onderzoek tot het opstellen van een ander type. Dit achtten zij voor de vrouw althans bij uitstek de praepsychotische persoonlijkheid van de dementia senilis. Zij geven de volgende beschrijving: 'Dans 15 cas, soit 64%, ces démentes seniles ont été, durant toute la vie, extrêmement autoritaires, dominatrices, dures, presque sauvages, et cela dans tous les domaines; ne toléraient pas de conseils, mais avaient par contre un esprit de contradiction poussé; elles ne cédaient que très rarement, elles étaient cassantes; si on n'opposait plus ou moins à leurs façons de voir ou de faire, elles pouvaient devenir violentes, en tous cas très pénibles. Elles étaient, par ailleurs, extrêmement femmes fortes, énergiques, menant toutes leurs affaires avec rapidité et effacacité. Certaines ont même tenu des postes importants au point de vue professionnel. Enfin, elles étaient facilement centrées par rapport à elles-mêmes, sans être d'ailleurs méchantes femmes ou particulièrement egoïstes. Elles pouvaient être tres bonnes même, mais il fallait toujours que les autres cèdent et rentrent dans leur jeu, même si elles se dévouaient pour leur cause.

Le caractère entier, rigide, est peut-être la simple traduction de cet égocentrisme; il est intense et quand même comparable à la psycho-rigidité d'un paranoïaque.'

Wij hebben Achaintre en Bonhomme uitvoerig geciteerd, omdat hun publicatie de enige is, waarin dit type beschreven wordt. Men vindt dit niet terug bij de man. De praemorbide structuren verschillen dus bij de man en de vrouw. In het eigen onderzoek komt dit duidelijk naar voren. Dat Achaintre en Bonhomme dit niet hebben vermeld, zal wel daarop zijn terug te voeren, dat hun onderzoek slechts vrouwelijke patiënten omvat.

Hoe veelvuldig wordt nu een afwijkende praemorbide structuur gevonden bij lijders aan psychische ouderdomsziekten? Omdat men uitgaat van verschillende groepen, zal deze vraag moeilijk te beantwoorden zijn aan de hand van gegevens in de literatuur vermeld.

Bij arteriosclerosis cerebri vond Clow (1940) op 100 onderzochte patiënten een afwijkende praepsychotische karakterstructuur bij 50 tot 60% der patiënten. Eveneens bij arteriosclerosis cerebri vond Rothschild (1944) een percentage van 40-50%. Volgens B. Schulz (1930) is 50% der paranoide psychosen in het senium 'zonderling'. Voor alle groepen gestoorde bejaarden vonden Lewis en Goldschmidt (1943) iets meer dan 50% afwijkende praemorbide karakterstructuren. Volgens hen is dit percentage bij mannen en vrouwen nagenoeg het zelfde.

In het reeds genoemde onderzoek van Achaintre en Bonhomme (1957) werden bij vrouwelijke patiënten met dementia senilis ook weer ongeveer 50% afwijkende karakterstructuren gevonden. Alle onderzoekers vinden dus een nagenoeg zelfde percentage, maar hun schattingen betreffen verschillende groepen. Bovendien zijn in geen enkel geval meer dan 100 patiënten onderzocht. De opgegeven ramingen zijn dus zeer globaal.

Bovendien moet men zich afvragen, of de gevonden percentages significant verschillen van percentages gevonden bij geestelijk niet gestoorde bejaarden. Uit theoretische overwegingen is men geneigd deze vraag zonder meer af te doen. Toch is zij het waard gesteld te worden. Ook het eigen onderzoek kan daarover geen uitsluitsel geven. In de literatuur zijn ons slechts twee publicaties bekend, waarin deze vraag, ook statistisch, bewerkt wordt.

Pappas en Silver (1958) vergeleken 33 patiënten met 33 normale bejaarden. Zij vonden significante verschillen wat betreft 'interpersonal relationships', 'family relationships', 'marriage' en 'attitude toward late life'. Daarnaast waren er nog verschillen t.a.v. 'health' en 'disturbing events in late life'.

Wat de 'interpersonal relationships' betreft, merken Pappas en Silver het volgende op: 'During adulthood the patients related to others in a narcissistic, dependent or aggressive manner. In addition, the two groups reacted in a significantly different way to authority. The patients were conforming and submissive, the control subjects accepted authority as a necessity. Patients had significantly fewer close friends.'

Het andere recente onderzoek is dat van Vispo (1962). Dit werd zeer zorgvuldig uitgevoerd. Het betreft hier lijders aan 'functional psychoses' (in de zin van Roth). Vispo komt hierin tot de ondubbelzinnige uitspraak, dat inderdaad patiënten en normalen wat hun praemorbide persoonlijkheid betreft, significant verschillen. De aard van zijn onderzoek brengt mee, dat hij er niet in slaagde een beschrijving te geven van karakterstructuren, die in het senium bijzonder gevaar liepen.

Het eigen onderzoek (factor K)

Wij hebben getracht in ons materiaal de afwijkende praemorbide structuren terug te vinden en in te delen. Het is niet gelukt een indeling te maken, die voor vrouwen en mannen gelijk geldt. Daarom zullen zij afzonderlijk worden besproken. Wij hebben ons beperkt tot die gevallen, waarbij de praemorbide structuur *duidelijk* afwijkend was en hebben ook die ziektegeschiedenissen ter zijde gelaten, waarbij te weinig gegevens ter beschikking stonden. Ongetwijfeld houdt dat in, dat wij enkele gevallen hebben gemist. Deze leggen echter niet zo veel gewicht in de schaal. In de gevallen immers, waarbij de structuur zeer afwijkend was, waren ook meer gegevens vermeld. Er is een duidelijke correlatie tussen de graad van de afwijking en de hoeveelheid der gegevens. In de groepen, opgenomen na de oorlog (N), is meer aandacht besteed aan de praemorbide karakterstructuur en zijn dus meer gevallen vermeld, met een structuur, die niet zo in het oog lopend van de norm afweek. Wij zullen nog zien welk gevolg dit had voor de gegevens uit het onderzoek verkregen.

Het viel niet moeilijk bij de mannelijke patiënten een indeling te maken in vier verschillende karaktertypen (in het vervolg aangegeven met K1, K2, K3 en K4), terwijl slechts een enkel geval niet te rubriceren bleek (Ko). Wij geven allereerst een beschrijving van deze karaktertypen bij de man.

Het type K1. Het komt overeen met het 'psychasthene' type ons bekend uit het literatuuroverzicht. Het zijn starre 'rigide' mannen met een sterk ontwikkeld 'Ideaal-Ik'. Het streefniveau ligt hoog, maar door een gebrek aan fantasie en souplesse bereiken zij dikwijls niet wat zij verwachten. Het zijn goede vaklieden, die niet gaarne van werkkring veranderen. Zij worden daar gewaardeerd, maar maken zelden belangrijke promotie. In hun werk en ook daarbuiten zijn zij nauwkeurig, soms uiterst nauwkeurig en ordelijk. Zij houden zich streng aan regels en regelmaat. Toch valt op, dat enkelen in hun voorgeschiedenis episoden vertonen, die in het beeld niet passen. Het betreft hier kleine ontsporingen op sexueel en ander terrein (vgl. Blajan-Marcus 1959, K. Stern, Menzer 1946). Hun huwelijksleven is echter onbesproken en wordt over het algemeen 'goed' genoemd. Het zijn meestal prima huisvaders in die zin, dat zij regelmatige, zuinige kostwinners zijn. Toch houden zij zich in het gezinsleven meestal afzijdig. Zij hebben ook zelden vrienden, maar worden over het algemeen 'gewaardeerd'. Aan het verenigingsleven nemen zij meestal niet deel. Strijdvaardig zijn zij niet. Soms doen zij zich soepeler voor dan zij zijn. Hobby's en liefhebberijen hebben zij niet veel. Indien zij deze hebben, volgen zij daarin het zelfde starre patroon als in hun werk. Soms hebben zij een voorkeur voor wandelen en vissen. Een teamsport (voetballen, tennissen) trekt hen niet. Zij zijn matig in spijs en drank. Enkelen zijn regelmatige bezoekers van café's, die dan op vastgestelde tijden worden bezocht. Goede opvoeders zijn zij niet. Zij missen daartoe weer de vereiste souplesse. Het wordt hen al vlug te veel. In wezen zijn zij astheen, d.w.z.: zij zijn niet opgewassen tegen het ongewone, het plotselinge, dat de gevestigde orde doorbreekt. Hun humeur is kalm en evenwichtig, maar als het hun te veel wordt, kunnen zij gemakkelijk woedend opstuiven. Daarom worden zij ook wel beschreven als 'driftig'. Deze driftbuien zakken meestal snel af, maar zij neigen daarna tot een zekere wrok. Zij hebben ook een sterk geheugen en vertellen graag van 'vroeger'. Niet zelden komen zij uit kleine verhoudingen, kenden soms in hun kinderjaren bittere armoede. Zelden komen zij uit 'broken homes'. Zij zijn zeker niet ziekelijk en klagen weinig. Zij zijn daar ook trots op. Ziekte ondervinden zij als een narcistische krenking. Ook oud-worden of gepensioneerd-worden vatten zij gemakkelijk zo op. Er is daarbij een duidelijke weerstand waar te nemen tegen de eigen onbewuste passieve instelling. Over de toekomst maken zij zich soms veel zorgen, maar door hun te kort schieten in de creatieve sfeer, weten zij daaraan zelden een bevredigende vorm te geven.

Het is begrijpelijk, dat deze mensen gemakkelijk in de ouderdom vastlopen. De doorbreking van de gewone situatie, het narcistische trauma, de gedwongen afhankelijkheid zijn voor hen moeilijk te verwerken. Bewuste doodsproblematiek ontmoet men bij hen zelden. Dit wordt ongetwijfeld verdrongen. Zij worden daarbij ook niet geholpen door hun religiositeit, die nimmer boven het getrouw naar de kerk gaan uitgaat. Door hun gebrek aan binding zijn zij niet zelden onkerkelijk.

Samenvattend kan men zeggen, dat het hier starre onbuigzame karakters betreft, die neigen tot een sterke gewoontevorming en die niet in staat zijn tot een bevredigend tussenmenselijk contact.

Het type K2. Dit type komt overeen met het 'schizoide' type ons bekend uit het literatuuroverzicht. Het betreft hier mensen, die opvallen door hun afzijdig staan in de wereld. Zij worden door anderen 'wonderlijk' en 'vreemd' genoemd. Het contact met anderen is dan ook geringer dan bij het type K1. Zo blijven zij niet zelden ongehuwd, of huwen zij eerst laat. Dat zij geen lid zijn van verenigingen spreekt wel vanzelf. Ook zijn zij niet bijzonder werkzaam en wisselen dikwijls van beroep. Soms parasiteren zij op anderen.

Soms leven zij in hun hobby's een eigen leven. Een enkele keer is de karakterstructuur zo afwijkend, dat zij met enig recht voor defectschizofrenen gehouden kunnen worden, vooral wanneer zij vroeger voor een psychotische fase werden verpleegd. Dit laatste is echter een hoge uitzondering. Waar duidelijk een defectschizofrenie bestond, is patiënt ondergebracht in groep X en verder buiten beschouwing gelaten. De groep K2 is heterogeen, maar goed te kenschetsen als 'zonderling'. Zij hebben duidelijk narcistische trekken, terwijl hun bestaan een bedreigd bestaan is. Dit laatste treedt duidelijk naar voren in het senium. Dan reageren zij niet zelden zeer paranoid. Deze mensen, die altijd hun eigen gang gingen, zien zich in de ouderdom geconfronteerd met voor hen onoplosbare problemen. De grotere afhankelijkheid van anderen, die dan niet kan worden ontgaan, is voor dit type onverdragelijk. Blijkbaar is hier sprake van een zich onbewust, soms ook bewust, afkeren van de ander. Het komt mij voor, dat zij daarin overeenkomst vertonen met lijders aan schizofrenie.

Het type K3. Van beide voorgaande typen kan men zeggen, dat zij een zekere onafhankelijkheid handhaven. Zo neigt het type K1 tot het domineren van anderen, terwijl het type K2 al bijzonder opvalt door een van anderen onafhankelijke levenswandel. Toch kan men bij beide gemakkelijk een onbewuste passieve instelling aantonen, zodat men met goed recht van een 'afweerhouding' mag spreken. Het derde type mist deze karaktertrek. Deze mensen zijn onverbloemd passief en afhankelijk. Dit patroon kan op velerlei wijzen verder zijn uitgewerkt. Het meest extreme is de werkeloze parasiet, die zich laat verwennen en verzorgen. Dit betreft natuurlijk slechts enkelen. Die gevallen komen het type K2 zeer nabij. Meestal echter is de sociale aanpassing wel beter. In hun beroep presteren zij niet veel. Niets wordt maar enigszins sthenisch aangepakt. Soms vallen psychasthene trekken op, zoals bij het type K1. Thuis worden zij verzorgd door de echtgenote, die een typische moederrol vervult. Zij blijven ook soms lange tijd in het ouderlijk huis wonen. Met het huisgezin bemoeien zij zich weinig of niet. Buitenshuis wordt geen activiteit ontplooit. Meestal gelukt het deze mensen tijdens hun leven dit bestaan op te bouwen. Is eenmaal dit levenspatroon tot stand gekomen dan handhaven zij zich vrij goed. Alles hangt er nu van af, of zij in het senium dit patroon nog langer kunnen volhouden. Het plotseling wegvallen van de verzorgende instanties brengt hen gemakkelijk in een toestand, waarbij anderen genoopt zijn zich met hen bezig te houden. Kan men hun dan het gevoel geven, dat verder voor hen zal worden gezorgd, dan schikken zij zich spoedig in een nieuwe situatie. Hierbij valt op hoe weinig gehecht deze mensen aan anderen zijn. Het gaat niet om de persoon, het gaat alleen om de verzorging, die niet zelden afgedwongen wordt.

Het type K4. Hierover kunnen wij kort zijn. Het zijn onmiskenbare psychopaten, die zich niet aan de maatschappelijke normen konden of wilden storen. Meestal betreft het alcoholisten. Men kan zich afvragen in hoe verre zij iets gemeen hebben met het type K2, dat zich evenmin aan algemene normen veel gelegen laat liggen. Soms is ook een verwantschap met het type K3 onmiskenbaar. Indien alcoholisme een belangrijke rol speelt, betekent dit een bijkomende ongunstige somatische factor. Deze zullen wij later bespreken. Waarschijnlijk maakt zij, dat deze mensen in de ouderdom zich niet kunnen handhaven, terwijl overigens psychopaten weinig in het patiëntenmateriaal worden gevonden.

Overgangstypen. De bovenstaande globale beschrijvingen zijn min of meer steeds van toepassing. Natuurlijk voldoet niet ieder geval volledig aan één beschrijving. Niet omdat het dan een geheel ander type zou betreffen: de beschreven eigenschappen ziet men in allerlei combinaties optreden. Tussen de verschillende typen bestaan dus overgangen. Wij zullen nog genoeg in de gelegenheid zijn hier op te wijzen.

In de navolgende casuistiek zullen wij een beeld trachten te ontwerpen der verschillende karaktertypen.

Type K1

Casus MN/97/18069 (code Ks) betreft een man van 82 jaar. Patiënt was advocaat en schreef een boek over zeerecht. Hij is weduwnaar en leeft alleen.

Zijn karakter wordt als volgt beschreven: Hij is altijd een moeilijke man geweest, eigenzinnig, wantrouwig en toch ook goedgelovig. Hij is een sthenische, dominerende persoonlijkheid, die liever 10 km omloopt dan één stap te doen, die hem niet zint. Hij is een harde werker, goedhartig en redelijk, maar zeer strikt gebonden aan de door hem gestelde normen, ook voor anderen. Hij is 'allergisch' voor plat spreken. Het ergste, dat er bestaat, is een 'rijkgeworden proleet'.

Ondanks, dat hij volgens anderen sinds zijn 72e jaar aftakelde, deed hij nog tot zijn 79e jaar zijn praktijk. Hij leeft alleen en vervuilt, want hulp wenst hij niet.

In zijn psychose echter loopt hij naar de buren, bonst op de deuren onder het roepen van: 'Ik ben dood, ik ben dood'.

Casus MN/101/17510 (code Ks) is een man van 69 jaar. Hij is gehuwd, leeft met zijn vrouw samen. Het echtpaar is kinderloos.

Hij is een typische psychastheen: zeer precies, accuraat, netjes, en zindelijk met contrôledwang. Hij is echter ook gevoelig, kwetsbaar en achterdochtig. De moeilijkheden ontstonden na een logeerpartij. Patiënt vond de kinderen daar te druk, verliet 's nachts het huis en liep ± 30 km om thuis te komen. Sindsdien was hij depressief, hypochonder en suicidaal.

Casus MN/107/17590 (code Kms) is 66 jaar oud en gehuwd. Patiënt ging altijd volledig op in zijn werk, waaraan hij hoge eisen stelde. Hij is daarbij zeer precies en zuinig. Hij heeft geen hobby's en geen vrienden. Hij is een echte 'zwartkijker', die tegenspoed niet kan verdragen. In de omgang is hij kalm en rustig, maar hij wordt ook openhartig en hartelijk genoemd.
Patiënt raakte op zijn werk spoedig vermoeid in de laatste jaren, zodat men bepaald werk voor hem moest uitzoeken. Bovendien overleed zijn patroon. Hij ging toen werk verzuimen, maar thuis verveelde hij zich. Tenslotte kwam het tot een tentamen suicidii met gas. Patients commentaar daarover later: 'Een vreemde neemt niet de moeite om het voor een ouwe vent uit te zoeken'.
Deze casus is belangwekkend wegens de rol, die de dreigende pensionering in dit geval speelt.

Casus MN/115/15718 (code MK). Deze patiënt is 68 jaar en afkomstig uit een zeer armoedig gezin met een blinde vader. Hoewel hij vrij intelligent is, bracht hij het nimmer verder dan 'sjouwer'. Patiënt heeft slechts *f* 100.— pensioen per maand.
Toen patiënt pas getrouwd was, 25 jaar oud, nam hij de traploper op, omdat deze anders te veel sleet! Hij was ook verder zeer precies en zuinig, altijd bezorgd voor de toekomst. Alles was hem te duur. Hij bleef het liefste maar thuis, zijn vrouw moest hem steeds aansporen iets te ondernemen.
Patiënt is depressief gestemd na zijn pensionering. Hij was trouwens nooit opgewekt. 'Hij lachte nooit.'
Na zijn pensionering, waar hij onder leed, begon patiënt te tobben, wat gezien het geringe inkomen niet verwonderlijk is. Toen de huishuur verhoogd werd; gaf patiënt het op en deed een tentamen suicidii.

Casus MN 156/18432 (code MK) is eveneens na een tentamen suicidii opgenomen. Hij werkte nog steeds als procuratiehouder bij een firma, ondanks zijn 73-jarige leeftijd. Hij was echter al ruim een half jaar thuis, omdat hij het werk niet meer aankon. Ondanks 50 jaar trouwe dienstbetrachting is er geen pensioen in het vooruitzicht. Patiënt schaamt zich erg, dat hij niet meer werken kan en is bang dat men hem voor een simulant zal houden. Ondanks zijn 50-jarige dienst is hij bang voor zijn directeur. Hij durft deze over zijn moeilijkheden niet te spreken.
Aan zijn vrouw heeft hij daarbij niet veel, want deze is stokdoof, hetgeen

patiënt erg irriteert. Hij is trouwens thuis nooit 'gemakkelijk' geweest: zuinig, precies, 'lastig', 'verwend'. Vrienden had hij niet. Wanneer de directeur van patiënt pensioen toezegt, verlaat hij in goede stemming de kliniek.

Casus MN/161/18110 (code KSMP) is een man van 68 jaar, die sinds zijn 65e reeds vier maal in de kliniek werd opgenomen. 'Het werk was zijn trots'. Hij is 'akelig netjes' en 'ruimde steeds op'. Hij wordt beschreven als kalm en gesloten. Vrienden had hij niet. Wel is deze patiënt ouderling, maar hij vat alles op als plicht. Echt godsdienstig is hij niet. Bovendien kan hij de laatste jaren niet meer naar de kerk, omdat hij daar steeds moet huilen (affectlabiliteit, doodsproblematiek?). Hij gaat bovendien nooit ergens heen, hij zit altijd thuis, is 'een man voor zijn gezin'.
Hij is ook erg angstig, heeft een phobie voor water, durfde nooit op een boot te gaan. Hij is ook erg bang voor ruzie: bij een twistgesprek stopt hij de vingers in zijn oren. De ziekte is ontstaan, nadat hij bijna in het water terecht kwam, terwijl hij daar vreselijk bang voor is! Bovendien kwam dit ongeval gelijk met zijn pensionering. Deze drukt hem erg. Hij wordt hypochonder, depressief en vooral radeloos angstig. In zijn psychose ziet hij steeds artsen met lange messen, die hem willen afslachten.
Er zijn allerlei kleine symptomen, die op arteriosclerosis cerebri wijzen. Bij luchtencefalografie vindt men een atrofia cerebri.

Casus MN/166/19315 (code Ks) is een 68-jarige man, die volgens het psychologische onderzoek een zeer geringe dementie vertoont. Hij lijdt aan een typische jaloersheidswaan. Zijn vrouw was altijd al bang voor deze koppige, gesloten, uiterst preciese man. Zijn gehele leven was hij jaloers en achterdochtig.
Veertig jaar voor opname zou hij zijn vrouw betrapt hebben bij overspel. Dit was waarschijnlijk een fictie, maar het neemt niet weg, dat patiënt daar veertig jaar lang over heeft lopen broeden en wrokken! Toch was hij zeer goed voor zijn gezin en van onberispelijk gedrag. De laatste tijd waren er strubbelingen met zijn dochter over geldzaken.
In de omgang met anderen was hij naïef. Hij liet zich gemakkelijk imponeren.
Als hobby heeft deze man veel aan de duivensport gedaan. Hij hield dit op oudere leeftijd niet vol. Er zijn vele subjectieve klachten, die aan arteriosclerosis doen denken, terwijl daar objectief niet veel van blijkt. Deze patiënt voelt zich 'oud geworden'.

Casus MN/180/18514 (code Kmps) is 68 jaar oud en een geval van 'pseudodementie'. Hij bezit volgens zijn vrouw een 'prachtig karakter', een 'schat van een man'. Zijn vrouw is 'zijn alles'. Hij is eerst op 59-jarige leeftijd ge-

huwd. Hij is braaf en eerlijk, maar ook 'ontzettend precies', piekert veel en lijdt aan twijfelzucht. De laatste tijd wast hij opvallend veel zijn handen. Van huis uit zuinig, gaat hij nu gebukt onder financiële zorgen. Door pensionering is hij werkeloos en dit drukt hem zeer.
Ondanks dat hij 'een schat van een man' genoemd wordt, is hij ook nerveus en snel geprikkeld.
De ziekte ontstaat, wanneer zijn vrouw twaalf dagen naar haar familie gaat en patiënt alleen thuis is. Hij raakt dan in de war: hulpeloos, angstig, onrustig en paranoid. Hij voelt zich 'vervuild'.
Het psychologisch onderzoek en het EEG zijn vrijwel normaal te noemen. Bij luchtinsufflatie vindt men wel wat verwijde ventrikels.

Casus MN/200/18646 (code SPK), 66 jaar oud, lijdt aan een vitium cordis met emfyseem. Opname in een interne kliniek verdraagt hij niet. Hij wordt daar onrustig en spreekt over suicide. Hij trekt zich zijn ziek-zijn erg aan. Het karakter van patiënt wordt beschreven als kalm en rustig, maar met een neiging tot zwaartillendheid. De stemming was nooit vrolijk. Hij is ijverig en zeer goed voor zijn gezin.
Opvallend is een periode, waarin hij niet wilde werken. Hij was toen ongeveer 50 jaar oud. Het is niemand duidelijk geweest, waar dat aan lag.
Patiënt is weer afkomstig uit een armoedig gezin.
In deze casus bestaat zeker een somatische invloed, want niet alleen heeft patiënt een hartlijden, ook het E.E.G. vertoont tekenen van een cerebrale atrofie.

Casus MN/203/19034 (code KP). Ook deze man van 68 jaar lijdt aan een paranoid beeld, dat reeds drie jaar bestaat. Nadat drie maanden voor opname de echtgenote was overleden, nam patiënt zijn intrek in een rusthuis. Hij werd opgenomen wegens een tentamen suicidii met gas.
Deze man wordt beschreven als een 'stijfkop', vol met wrok. Na zijn huwelijk brak hij met zijn ouders en zijn zusters. Het is een erg preciese man. Hij is 'wisselend gestemd' en gedraagt zich in gezelschap 'neutraal', d.w.z. dat hij haast niet deelneemt aan een gesprek en dat hij zijn mening daarbij niet gelden laat. Hij heeft dan ook weinig kennissen. Als liefhebberijen worden nog wel schaken en dammen vermeld.
Ook deze patiënt vertoont tekenen van cerebrale atrofie op het E.E.G.

Casus MN/205/18640 (code Ks) heeft reeds de leeftijd van 83 jaar bereikt. Deze man gaat volgens zijn familie de laatste twee jaar geestelijk achteruit. Nu is sinds drie weken de echtgenote bedlegerig, waardoor patiënt erg 'uit zijn doen' is geraakt. Dat is ook wel begrijpelijk, want patiënt heeft zich altijd door haar laten 'vertroetelen'. Hij reageert met suicide-dreigingen en

dat is niets nieuws, want twee jaar tevoren heeft hij dat ook gedaan, toen hij last kreeg van galstenen. Het is ook sinds die tijd, dat hij zou 'aftakelen'. Ondanks zijn passieve instelling t.a.v. zijn vrouw, wordt hij beschreven als een kortaangebonden, driftige man met een zeer sterk plichtsgevoel. Hij was actief en had ook veel vrienden. Hij tuinierde en blies de tuba in de harmonie, maar zeer typerend deed hij daar na zijn 63e niets meer aan, zat de hele dag thuis en liet zijn vrouw voor hem sloven.
Patiënt wordt weer sterk suicidaal, wanneer men tijdens de opname de dood van zijn vrouw meedeelt. Tot ieders verbazing echter is hij enkele dagen daarna de mededeling vergeten.

Casus MN/250/19469 (code KPMs) is 70 jaar oud en gehuwd. Deze man was wel zeer ijverig: hij stond iedere ochtend veel te vroeg op, om maar niet te laat te komen. Het was een ideale werknemer, die ook zeer slecht op zijn pensionering reageerde. Overigens kwam deze eerst op 70-jarige leeftijd en nadat patiënt steeds meer moeite met het werk had gekregen.
Deze man is ook erg angstig voor de 'oude dag', voor pijnen en ziekten in het algemeen. Zijn enige dochter is naar Curaçao vertrokken kort voor zijn opname en dat is mede een zware slag. Bovendien doemen allerlei financiële zorgen op.
Patiënt was altijd een zenuwachtige, goedige man, die zich zelf wel goed in de hand had. Hij deed zich flinker voor dan hij was. Hij was echter erg angstig, zo hield hij zich in de afgelopen oorlog geheel 'afzijdig'.
Opmerkelijk is ook zijn instelling t.a.v. zijn vrouw. Hij is van haar afhankelijk, maar voelt zich ook voortdurend te kort gedaan. Hij is zo agressief tegenover haar ingesteld, dat hij in zijn ziekte heel erg angstig is haar 'iets aan te zullen doen'.
Het ziektebeeld is onbestemd depressief en instabiel.
Patiënt reageert goed op imipramine.

Epicrise. Deze gevallen illustreren goed het karakter, dat op blz. 115 werd beschreven. Alhoewel alle patiënten de psychastene, overmatig nauwkeurige en dwangmatige trekken gemeen hebben, zijn er onderling ook belangrijke verschillen in b.v. de ernst van deze psychasthene symptomen.
Ten opzichte van de andere karaktertypen bestaan vloeiende overgangen. Zo heeft casus MN/97 een sterk schizoide inslag en vallen de casus MN/203 en MN/205 op door hun afhankelijke, passieve instelling. Hoewel de meesten stug en moeilijk in de omgang zijn, wordt van MN/107 vermeld, dat hij een openhartige, hartelijke man was.
Pensionering speelt een belangrijke rol. Geen wonder ook, want de arbeid was een onderdeel van het levensritueel. Bovendien bracht pensionering in de meeste gevallen ook financiële zorg.

Vele patiënten worstelen met hun verdrongen doodsproblematiek, die in de psychose soms onverbloemd wordt geuit (MN/97). Volgens Vispo (1962) komt zij veel voor bij deze groep patiënten.
Ook zijn zij agressief ingesteld, iets wat soms weer in de psychose manifest wordt (MN/250). Dit hangt wellicht samen met een harde, armoedige jeugd (MN/115, MN/200).
Typisch is het ontbreken van een zinvolle vrije-tijdsbesteding. Waar deze al bestond (MN/166, MN/205), werd zij voor het bereiken van de ouderdom gestaakt, dus overeenkomstig de gegevens van Pappas en Silver (1958).
Ook met het verleden zijn de patiënten niet klaar gekomen, vergelijk b.v. het veertig jaren wrokken bij patiënt (MN/166).
Opvallend zijn de vele tentamina suicidii, waaruit de agressieve instelling spreekt. De meeste patiënten zijn depressief gestemd en vertonen typische seniele depressies. Alleen bij MN/200 kan men zich afvragen, of patiënt op zijn 50e jaar al niet iets dergelijks doormaakte. Het kan echter ook, en daar lijkt het meer op, een meer neurotische ontsporing zijn geweest, zoals men die bij dit type een enkele keer vindt.

Type K2

Casus MN/103/19279 (code PKs). Het betreft een 71-jarige man. Hij is reeds twintig jaar gescheiden en gaat met niemand om, zelfs niet met zijn enige zoon. Niemand mag iets voor hem doen. Zijn woning houdt hij zelf kraakzindelijk. Hij was wat 'eigenwijs', maar niet slecht voor mensen, die hij mocht. Over alle anderen 'liet hij zich minachtend uit'.
Als ontspanning leest en knutselt hij.
Wanneer negen jaar voor opname zijn been wegens arteriosclerose wordt afgezet, ontstaat een enorme preoccupatie met dit lijden. Hij verzet zich tegen het dragen van een prothese. Deze zouden geen van alle deugen. Patiënt kan daar eindeloze uiterst gedetailleerde verhalen over doen.
Wanneer hij tenslotte ook last van het andere been krijgt, wordt patiënt wegens een tentamen suicidii opgenomen.

Casus MN/127/18629 (code KMS). Patiënt is een man van 74 jaar en wegens zijn homosexualiteit een outcast. Hij is daarvoor reeds vijf maal veroordeeld.
Hij is een nerveuse en driftige man, die 'pedant' en 'kritisch' wordt genoemd. Hij voelt zich in hoge mate verongelijkt, mateloos verbitterd, een 'martelaar'. Steeds zijn er strubbelingen met de buren wegens zijn afwijkende neigingen. In 1948 kreeg hij ontslag uit zijn betrekking, waarop aansluitend hij symptomen ontwikkelde van de ziekte van Parkinson. Dit was een nieuwe reden tot verbittering.

Nu ook nog een prostaatcarcinoom daarbij komt, wordt patiënt hier opgenomen, omdat men deze afwijkende man elders niet wenst.
Diagnose: arteriosclerosis cerebri.

Casus MN/150/16770 (code KS). Van deze man van 69 jaar is bekend, dat hij in zijn jeugd geheelonthouder was, maar later potator werd, juist als zijn vader.
Dit nam niet weg, dat hij later bij een verzekeringsmaatschappij het tot hoofdinspecteur bracht, na een lange periode van twaalf ambachten en dertien ongelukken. Patiënt is verder lid van allerlei vrijdenkersverenigingen.
Het huwelijksleven was zeer onregelmatig, bij opname leefde hij met een concubine. Deze zegt van hem, dat hij een goed mens is, die veel voor anderen over heeft en zeer gezien is bij anderen.
Patiënt lijdt aan een hypertensie. Steeds herhalen zich kleine apoplectiforme aanvalletjes. Ook deze man wordt tenslotte in de kliniek gebracht, omdat men met hem niet goed raad weet.
Diagnose: hypertensieencefalopathie.

Casus MN/163/19445 (code K), is 66 jaar oud en uitgesproken het type van een schizoide psychopaat.
Op zijn 22e jaar is hij al eens in een psychiatrische inrichting geweest, omdat zijn (welgestelde) ouders geen raad wisten met deze zonderlinge, jongste zoon.
Patiënt is een schuwe, verlegen man, die door heel Europa heeft gezworven. Hij had overal baantjes gedurende korte tijd, hield het nergens lang uit. Hij schrijft gedichten, die een wonderlijke, spottende, ondertoon bezitten.
Ook was patiënt 'pietepeuterig precies' en zuinig.
Toen patiënt 53 jaar was, is hij gehuwd met een domme vrouw, om 'verzorgd te zijn voor de oude dag', maar dit huwelijk was geen succes, omdat patiënt steeds sterker zijn verloren 'vrijheid' miste. Hij werd toen zeer humeurig en lastig. De laatste drie maanden voor opname trad algeheel interesseverlies op, hij rook 'vieze luchtjes', ging tenslotte voedsel weigeren en werd opgenomen.
Op het E.E.G. en bij het psychologisch onderzoek vond men aanwijzingen voor cerebrale afbraak.

Casus MN/164/5786 (code K) is een man van 66 jaar, die op 45-jarige leeftijd verpleegd werd wegens 'hysterie'. Hij is sinds vele jaren alcoholist. Bij hem werd reeds jaren vóór opname longtuberculose ontdekt. De behandeling ('in wel 15 gasthuizen') is echter schromelijk mislukt, want patiënt kon bedrust en afzondering niet uithouden en liep weg om te drinken.
Hij heeft een 'heel moeilijk' karakter. Als de lasten hem thuis te zwaar

werden, liet hij zijn gezin aan zijn lot over en ging zwerven. Hij bleef dan wel eens twee jaar weg!
In alle werkkringen kwam het tot arbeidsconflicten. De longtuberculose is iets, wat patiënt geheel niet kan verwerken. Toen men hem in een ziekenhuis geheel onverwachts naar een t.b.c.-afdeling bracht, werd patiënt psychotisch. Daarbij geloofde hij, dat hij de tuberculose in het ziekenhuis had opgedaan. De doktoren zouden hem de bacteriën hebben ingespoten!

Casus MN/179/17068 (code KSpm). Deze alleenwonende weduwnaar is 78 jaar oud.
Hij wordt beschreven als een moeilijke, 'treiterende', man. Door allerlei scènes en suicide-dreigingen zette hij zijn wil door. Hij was overigens niet 'opvliegend', wel erg zuinig en had slechts voor één ding belangstelling: horoscopen. Vooral na de dood van zijn vrouw, twintig jaar voor opname werd deze hobby een soort obsessie. Patiënt kon nergens anders over spreken.
Aanleiding tot opname is een huiselijke twist met een inwonende familie. Plotseling wordt patiënt op straat verward en kan het huis niet meer terugvinden.
Patiënt bleek te lijden aan prostaatvergroting en vertoonde boezemfibrilleren.

Casus MN/183/17747 (code KS). Patiënt werd op 67-jarige leeftijd opgenomen na een tentamen suicidii (met mes en schaar).
Deze stille, teruggetrokken man wordt beschreven als goedig, zeer zuinig, heel vriendelijk en met een sterk ontwikkeld rechtvaardigheidsgevoel. Hij neigt sterk tot wrok.
Hij werkt al niet meer sinds zijn 55e jaar, omdat hij fouten ging maken op kantoor. Hij bracht sindsdien de dag door met het schrijven van allerlei verwarde opstellen ter verbetering van de wereld.
Langzaamaan deterioreerde hij steeds meer en bij opname breekt men zich het hoofd over dit wonderlijke geval, dat men tenslotte toch onder de dementia arteriosclerotica rangschikt (bij ons gecodeerd als Sch., zie later).
Patiënt is wel uiterst verward. Aan zijn verhalen is geen touw vast te knopen. Hij uit allerlei bizarre waandenkbeelden. Het beeld lijkt veel op de 'seniele paranoia' beschreven door G. Jelgersma (1911).
Bovendien vindt men lichte neurologische afwijkingen en een duidelijk verhoogde bloeddruk (bij opname 200/130).

Casus MN/194/18762 (code KMS). Deze patiënt van 70 jaar heeft een wonderlijk leven achter de rug. Hij was de jongste van zes kinderen en werd door zijn vijf oudere zusters om het hardst verwend. Op zijn 20e jaar werd hij veroordeeld voor zakkenrollen, maar kwam sindsdien niet met de straf-

rechter in aanraking. Zijn familie schaamde zich zo voor het vergrijp, dat zij van Amsterdam naar Haarlem verhuisde.
Zijn huwelijksleven was ook al geen succes. Hij huwde een vrouw met twee natuurlijke kinderen, die hij echtte, hoewel hij niet de vader was. Hij hield op een 'eigenaardige' wijze van zijn vrouw, maar zijn vrouw haatte hem en tenslotte verliet zij hem. Geen wonder, want patiënts karakter wordt beschreven als zelfzuchtig, gierig en zeer zwaarmoedig. Hij bedierf iedere betere stemming. Aan zijn kinderen liet hij zich niets gelegen liggen.
Patiënt vereenzaamde op oudere leeftijd, voelde zich te veel en kwam tenslotte tot suicide. Patiënt wilde n.l. in een bejaardentehuis worden opgenomen, maar werd daarvoor geweigerd. Na de opname is hij bij een zoon ingetrokken.

Casus MN/197/15675 (code K) is een man van 66 jaar, die eveneens wegens een tentamen suicidii werd opgenomen. Patiënt is gehuwd, maar leeft meestal alleen, een enkele keer bezoekt hij zijn vrouw. Hij gedraagt zich 'vreemd' en 'hautain'.
Hij is van rijke huize en leefde van zijn geld.
De laatste vijf jaar kreeg patiënt 'genoeg van het leven'.
Zijn kinderen waren onder dak, zijn bezittingen veilig gesteld. Nu wilde hij er 'tussen uit slippen'.
Halve maatregelen nam patiënt hierbij niet: hij nam sublimaat in en stak zich in de borst.
Hij is in de kliniek overleden.

Casus MN/217/16618 (code PSK), is 75 jaar en een lijder aan essentiële hypertensie (bloeddruk bij opname 230/120). Hij heeft een vergroot hart en vertoont restverschijnselen van een apoplexia cerebri.
Hij was een harde werker, die zich van bakkersknecht opwerkte tot eigenaar van twee bakkerijen. Hij hield echter reeds op 55-jarige leeftijd op met werken, nadat hij voor enkele duizenden guldens was opgelicht.
Hij wordt beschreven als driftig, heerszuchtig en koppig. Zelf was patiënt 'strikt eerlijk'.
Hij is tweemaal gehuwd geweest. De eerste echtgenote is overleden, maar voor haar dood leefde hij al tien jaar van haar gescheiden en leefde hij met een 17 jaar jongere vrouw samen, bij wie hij regelmatig kinderen verwekte. Slechts op aanraden van een dominee huwde hij haar. Het huwelijk bleek zeer slecht. Patiënt was 'mensonwaardig' en mishandelde zijn vrouw. Patiënt was ziekelijk jaloers, betichtte haar van overspel. Zijn slechte huwelijk weet hij bovendien aan zijn schoonouders en aan een nicht.
Toch was patiënt zeker niet 'asociaal'. Hij was voorzitter van een geheelonthoudersvereniging en regisseur bij het amateurtoneel.

Toch vereenzaamde hij, door iedereen gehaat. De enige, die het nog wel voor hem opnam was zijn oudste zoon. Toen deze kwam te overlijden decompenseerde patiënt volledig.
Hij werd depressief, verlangde naar de dood, bleef te bed en weigerde alle voedsel.

Casus MN/218/18662 (code KS) is 71 jaar en lijdt evenals de vorige casus aan hypertensie (bij opname was de bloeddruk 200/120). Ook hij heeft een vergroot hart en toont de restverschijnselen van een doorgemaakte apoplexie. Ook deze man was ziekelijk jaloers en verder heerszuchtig, eigenzinnig en driftig.
Patiënt zou al als kind zeer opvallend zijn geweest: toen hij een broertje kreeg, wilde hij een jaar lang bijna niet eten! Er viel met patiënt niet te praten, terwijl hij zelf aan zijn gevoelens geen uiting kon geven.
Hij maakte 10 weken voor opname een herpes zoster door en reageerde op de pijn zeer abnormaal. Zo dreigde hij suicide te plegen 'door zich aan stukken te snijden'. Ook raakte hij in de war: 'Als hij in de straat ziet graven, denkt hij het graven van een graf te zien'. Hij tracht zich door voedselweigering dood te hongeren.

Casus MN/241/19387 (code Ks). Deze man van 67 jaar bezat wel een uiterst narcistische structuur. Hij hield zich van anderen afzijdig, achtte zich ver boven anderen verheven. Hij ging slechts om met vrouwen, die hem adoreerden. Toch was patiënt een verstokte vrijgezel, die eerst op zijn 59e jaar huwde. Van enig sexueel leven was echter geen sprake. Hij maakte zijn vrouw wijs, 'dat een theosoof zo iets niet doet'.
Hoewel hij weinig ambitieus was, maakte deze man op zijn werk goed promotie.
Zijn enige ontspanning was het lezen van boeken over Oosterse godsdiensten, theosofie en vegetarisme.
Acht jaar voor opname kreeg patiënt een 'hartaanval' en hield sindsdien een diëet. Zes jaar daarna krijgt hij een populair artikel over hartziekten in handen. Er ontstond toen een sterke preoccupatie met zijn lijden. Hij vermagerde tot een skelet door een zelf opgelegd diëet.
Langzamerhand werd patiënt achterdochtig, hetgeen verbeterde toen hij zich beter ging voeden. Tenslotte echter werd hij zo paranoid, dat hij moest worden opgenomen.

Casus MO/209/12361 (code K) heeft reeds de 84-jarige leeftijd bereikt.
Het was een egoïstische man, die 'als kind behandeld moest worden'. Hij leefde geheel naast zijn gezin. Hij had geen belangstelling voor vrouw en kinderen. Moeilijkheden moesten verzwegen worden, want patiënt werd snel driftig en vertelde bovendien alles aan anderen.

Na zijn 45e jaar wilde hij niet meer werken. Hij liet zijn vrouw en dochters de kost verdienen.
Hij maakte naar buiten een redelijke indruk, maar in werkelijkheid interesseerde hem niets. Thuis zat hij maar wat te suffen. Tenslotte wordt hij opgenomen wegens zijn woedeaanvallen. Hij is daarbij vooral verbaal agressief. In zijn psychose vertelt patiënt, dat vrouw en dochters zijn overleden, hoewel dat niet het geval is.

Epicrise. Ook deze groep van patiënten vormt een heterogeen geheel, maar waarin ook gemeenschappelijke kenmerken zijn aan te wijzen.
Door hun gestoorde contact met de medemens worden deze patiënten in de ouderdom dikwijls het slachtoffer van een drukkende vereenzaming (MN/103, MN/127, MN/194, MN/217).
Hun narcistische instelling leidt gemakkelijk tot een lichamelijke preoccupatie (MN/103, MN/164, MN/241).
Ht huwelijksleven is onregelmatig, soms zijn er duidelijke afwijkingen op sexueel gebied (MN/127, MN/150, MN/194, MN/197, MN/217, MN/241).
Zij zijn jaloers en paranoid, hun onafhankelijkheidsstreven verbergt soms duidelijk een onbewust sterk gebonden zijn (MN/163, MN/217, MN/218, MN/241).
Er schuilt een duidelijke orale factor in de voedselweigeringen (MN/217, MN/218, MN/241), de suicide met sublimaat (MN/197), de geremde of juist ontremde-agressieve verbale expressie (MN/163, MO/209).
Doodsproblematiek, zoals veelvuldig aangetroffen bij het type K1, komt hier minder voor. Alleen bij MN/218 komt zij aan het licht, wanneer patiënt stratenmakers voor doodgravers aanziet.

Het type K3

Casus MN/138/18146 (code KMS). Deze patiënt is 71 jaar, lijdt aan essentiële hypertensie (bij opname 210/120) en maakte drie jaar te voren een apoplexie door.
Hij wordt beschreven als overgevoelig en sentimenteel. Meestal was hij vrolijk gestemd. Hij was ook niet overdreven nauwkeurig, maar had wel een sterk gevoel voor de 'waarheid'.
Thuis speelde hij de despoot en werd daarbij zeer snel geprikkeld.
Hij had geen vrienden, maar was zeer sterk aan zijn vrouw gebonden. Hij wenste geen kinderen om haar niet met anderen te moeten delen.
Na de apoplexie deterioreert het gedrag verder. Hij wordt steeds driftiger en zo jaloers, dat hij brult van woede, wanneer zijn vrouw met iemand anders spreekt. Zij mag zich met niemand bemoeien.

Na een heftige ontstemming over het kopen van een nieuwe overjas wordt patiënt opgenomen.

Casus MN/188/18921 (code PMSK). Deze 77-jarige patiënt was 'geen zelfstandig type', maar afhankelijk van zijn vrouw, die thuis de broek aan had. Patiënt had trouwens ook wel een duwtje nodig, anders kwam hij tot niets. Verder was het een rustige, weinig spraakzame man. Hij was ijverig en zeer precies en werkte altijd met plezier. Toch was hij meestal pessimistisch gestemd.

Wanneer zijn vrouw, drie jaar voor opname, sterft, zondert patiënt zich meer en meer af, hoewel hij bij zijn zoon inwoont.

Omdat hij de hele dag maar 'zit te zitten', irriteert hij zijn schoondochter voortdurend. Geen wonder, dat hij zich op den duur te veel voelt en tenslotte een tentamen suicidii doet.

Casus MN/190/18770 (code KPMs) is een man van 77 jaar, die beschreven wordt als 'kinderlijk geestelijk onvolwassen en naïef'. Ook hij steunde grotendeels op zijn vrouw.

Na de dood van zijn vrouw, vier jaar voor opname, wordt patiënt psychotisch. Hij meende toen, dat hij eveneens gestorven was. Later herstelde patiënt weer.

Na het overlijden van de echtgenote, trok hij in bij een alleen wonende dochter. Zij was de gehele dag van huis vanwege haar werk. Langzamerhand gaat patiënt achteruit. Hij wordt onrustig, wantrouwend, suicidaal en ook erotisch ontremd ten opzichte van de dochter, bij wie hij in huis woont.

Casus MN/202/16641 (code KPMs) is bij opname 69 jaar oud en vier jaar te voren weduwnaar geworden.

Het betreft hier een 'wilszwakke' man, die 'aan de leiband van zijn vrouw liep' en alle moeilijkheden aan haar overliet.

Patiënt gebruikte veel alcohol, hetgeen na de dood van zijn vrouw ernstiger vormen aannam.

Hij vervuilde en raakte in de schulden.

Toen de deurwaarder bij hem aanklopte, zag patiënt geen uitkomst en deed een tentamen suicidii.

Casus MN/215/17951 (code PKs) is een man van 72 jaar, die beschreven wordt als een verwende, kinderlijke, klagelijke man, die zich minderwaardig voelde. Hij was altijd erg kleinzerig en precies.

Aan zijn acht jaar oudere vrouw was hij sterk gebonden. Toen zij, vijf weken voor zijn opname, overleed, voelde hij zich erg eenzaam en kwam

hij tot een tentamen suicidii met gas. Dit gaf hij ook toe, toen hij uit het coma weer bijkwam. Daarna echter ging hij sthenisch ontkennen, dat hij zelfmoord had willen plegen, hetgeen ook door zijn kinderen onwaarschijnlijk werd geacht. Ook de behandelende artsen in de kliniek begonnen tenslotte te twijfelen, hoewel de latere verklaringen van patiënt ons niet geloofwaardig toeschijnen.
Dit sthenisch ontkennen van soms gemakkelijk te bewijzen vergrijpen ziet men meer in de ouderdom (zie I, 2).
Een analoog geval is mij uit eigen ervaring bekend.

Casus MN/244/16167 (code PMK) is 67 jaar oud en wordt door zijn echtgenote een 'zoeker' genoemd. Hij is dan ook zowel Vrij Metselaar als N.S.B.-er geweest. Na de oorlog is hij eerst tien maanden in een kamp voor politieke deliquenten gekomen.
Daarna kon hij niet meer aan de slag komen. Zijn vrouw en hij leefden onder slechte omstandigheden op een zolder. Zijn (zeventien jaar jongere) vrouw moest de kost verdienen.
Dit alles kan patiënt niet aan. Het afhankelijk-zijn van zijn vrouw drukt hem niet, maar wel is hij erg bang, dat indien zij niet meer zal kunnen werken, zij ook niet langer meer voor hem zal kunnen zorgen.
Tenslotte wordt patiënt wegens een depressie opgenomen.

Epicrise. Bij de beschreven gevallen is sterke afhankelijkheid, ook in materieel opzicht, een op de voorgrond tredende karaktertrek. Deze afhankelijkheid, berust dikwijls op een pathologisch gebonden-zijn aan een ander en kan leiden tot ziekelijke jaloersheid (MN/138).
Meestal gelijkt zij echter op kinderlijk egoïsme, waarbij het verzorgd-worden op de voorgrond staat.
Men noemt deze gevallen dan ook dikwijls 'wilszwak, kinderlijk, naïef en egoïstisch'. (MN/188, MN/190, MN/215, MN/244).
Het despotisme van geval MN/138 steekt bij de andere gevallen af. Men zou dit daarom onder het type K2 kunnen rangschikken, ware het niet, dat bij het type K2 dergelijke sterke bindingen geen regel zijn.
Opvallend is, binnen het beschreven gedragspatroon, het alcoholgebruik van MN/202, hetgeen gezien de achtergronden van het alcoholisme, ons niet verwondert.
De opname staat in vier gevallen in verband met het overlijden van de echtgenote (MN/188, MN/190, MN/202, MN/215).

Type K4

Casus MN/118/898 (code SK) heeft bij opname reeds de 84-jarige leeftijd

bereikt en werd in zijn goede dagen 'de koning van de Jordaan' genoemd. Patiënt was een uitgesproken psychopaat, die herhaalde malen wegens dronkenschap en diefstallen werd veroordeeld.
Hij werd reeds in 1917 (tweede opname in 1958) in de kliniek verpleegd wegens 'psychopathie en imbecillitas'. Dat laatste is zeker niet juist. Patiënt gold voor één van de beste straatventers in Amsterdam, maar had geen schoolopleiding, omdat hij het op school niet had kunnen uithouden.
Hij gebruikte zeer veel alcohol en gold voor agressief en vechtlustig. Het huwelijksleven was slecht, maar toch had zijn vrouw nog een matigende invloed op hem.
Toen zij drie jaar voor opname stierf, verkocht hij op de dag van haar begrafenis al het huisraad en sliep vervolgens op stro op de grond. Hij ging meer dan ooit drinken en raakte steeds meer aan lager wal.

Casus MN/111/19348 (code Kp). Ook deze man van 70 jaar heeft geen schoolopleiding genoten en komt uit een zwak-sociaal milieu. Ook hij dronk veel en kwam geregeld in aanraking met de politie.
Juist als in de voorgaande casus had de vrouw van patiënt een matigende invloed op hem, die wegviel toen zij, twaalf jaar voor patiënts opname, stierf. Deze raakte toen steeds meer aan de drank en werd tenslotte opgenomen.

Casus MN/184/18586 (code KS) betreft een man van niet minder dan 88 jaar. Hij komt voort uit een asociaal milieu van woonwagenbewoners. Na een korte periode als matroos te hebben gevaren, nam hij een baan aan de wal. Hij werkte echter vrijwel nooit en bracht het grootste deel van zijn leven in de gevangenis door. Hij dronk zeer veel. Hij was driftig en agressief en mishandelde zijn vrouw regelmatig.
Dit wangedrag nam met de leeftijd eer toe dan af.
Patiënt werd opgenomen, nadat hij zijn vrouw met een breekijzer bedreigde. De achtergrond daarvan was, dat zij sexuele omgang met hem weigerde. Begrijpelijk, want al dertig jaar lang sliep het echtpaar gescheiden.

Casus MO/134/7685 (code Sk) is 79 jaar oud. Reeds dertig jaar voor opname moest hij verpleegd worden wegens een opwindingstoestand ten gevolge van een lijden aan de knie.
Ook deze patiënt is agressief en onbeheerst. Wel hield hij van 'gezelligheid'. Lichamelijk lijdt patiënt aan decompensatio cordis. Dit verbetert de stemming natuurlijk niet. Zo komt hij er toe zijn vrouw te bedreigen met de woorden: 'Als ik dood ga, ga jij ook!'

Casus MO/179/10341 (code PKS) is een 76-jarige man, die wordt beschreven als 'altijd al vreemd en moeilijk'.
Hij is alcoholist (gewezen café-houder).

Hij is weduwnaar en woont bij een zoon in, waar hij een zekere machtspositie heeft, omdat deze zoon financiëel afhankelijk van hem is. Dit leidt tenslotte tot zijn opname. Om het in patiënts eigen woorden weer te geven: 'Gister kwestie gehad met mijn kleindochter van vijftien jaar over geldzaken. Een kleinzoon van achttien zei: "Wat grootvader zegt, komt altijd verkeerd uit". Toen gaf hij mij een duw, toen ik daartegen opkwam. Ik geef hem en haar zakgeld, ik geef 30 gulden kostgeld. Mijn schoondochter loopt met een brief van echtscheiding in haar zak. In februari heeft zij gezegd: "Wat ben ik in een secretenboel verzeild geraakt." Toen hij (de kleinzoon) mij een duw gaf, greep ik een mes. Toen is hij met mijn zoon naar de dokter gegaan om mij krankzinnig te verklaren.'

Epicrise. Bovenstaande casus demonstreert fraai, hoe bij deze mensen, dikwijls eerst op zeer hoge leeftijd, moeilijkheden ontstaan, die te wijten zijn aan het psychopathische, agressieve karakter en aan omstandigheden inherent aan het senium. Er is slechts een matige dementering, misschien iets meer uitgesproken bij MO/134, die ook een hartafwijking heeft.
Vereenzaming speelt een rol bij MN/118 en MN/111, sexuele nood bij MN/184 en slechte huiselijke omstandigheden bij MN/179.
Het gaat wellicht toch te ver, om met K. F. Scheid (1933) aan te nemen, dat het bij deze gevallen primair gaat om het toenemen der psychopathische trekken. Wij krijgen veel eer de indruk, dat het de levensomstandigheden zijn, die deze persoonlijkheden te zwaar vallen. Vroeger waren er dan nog allerlei uitweg-mogelijkheden, zoals zwerven, vechten en drinken, maar in de ouderdom laten deze de mens in de steek. De conflicten, die het gevolg zijn, leiden gemakkelijk tot psychiatrische opnamen onder de diagnose 'arteriosclerosis cerebri'. Deze berust dan echter op slechts weinig of in het geheel geen objectieve gegevens.
In casus MO/134 beluistert men weer doodsproblematiek in de afgunstige woorden van de patiënt. Onverdraaglijk is het idee van de eigen dood tegenover het leven van de ander.
Een argument voor onze opvatting is het relatief weinig voorkomen van deze gevallen. Indien de ouderdom een toenemen zou inhouden van psychopathische trekken, dan zou men deze beelden ongetwijfeld meer ontmoeten.

Wij zullen nu overgaan tot de bespreking van de abnorme praemorbide karakterstructuren, zoals deze bij de vrouwelijke patiënten worden aangetroffen.

Het ligt voor de hand een zelfde indeling te volgen als bij de mannelijke patiënten. Het is ons echter al snel gebleken, dat dit slechts zeer ten dele mogelijk is.

Aan de literatuur over dit onderwerp hadden wij hierbij weinig steun. Slechts de publicatie van Achaintre en Bonhomme (1957) betreft vrouwen; de andere onderzoekingen zijn duidelijk meer op de man ingesteld. Dit verwondert niet. De vrouw in het senium speelt haar rol meer op de achtergrond. Terwijl de man als het ware overbodig wordt en daardoor problemen schept, blijft de vrouw beter in het gezin en in de maatschappij geïntegreerd.

Aan de andere kant echter komen toch geestelijke ouderdomsziekten meer bij de vrouw voor (Müller 1959). Zij dragen echter, zoals wij reeds gezien hebben (III, 1), een enigszins ander karakter, omdat somatische en constitutionele factoren (S) een belangrijker rol spelen. Bij de man vindt men juist eerder een overwegen van het reactieve en het karakterogene moment.

Wat nu de indeling der abnorme praemorbide structuren betreft: het type K4 vindt zijn pendant bij de vrouw niet of zo weinig, dat wij het buiten beschouwing lieten. De andere typen zijn de volgende.

Het type K1 toont weer, als bij de man, een psychasthene inslag. Het zijn onzelfstandige, zachtaardige vrouwen, die hun huishouden met grote ijver en nauwkeurigheid voeren. Het kost hun echter duidelijk inspanning.

Zij treden weinig op de voorgrond en volgen hun echtgenoten, die het duidelijk voor het zeggen hebben. Zij zijn meestal bij vrienden en kennissen bemind en geëerd, hoewel zij zelf niet gemakkelijk met anderen in contact treden. Zij zijn schuw en verlegen. Wanneer vreemden hun huis betreden, nemen zij niet aan het gesprek deel, maar zullen eerder op de achtergrond 'de boel redderen'.

Deze zachte vrouwen worden ook niet zelden door hun kinderen in hoge ere gehouden en met een zekere toegeeflijkheid behandeld. Zij neigen tot tobben en voelen zich gemakkelijk schuldig. Misstappen uit het verleden worden slecht verwerkt en blijven een bron van onrust.

Het spreekt vanzelf, dat zij ook zuinig zijn en zeer bezorgd voor de toekomst. Wanneer grote moeilijkheden opdoemen, zijn zij daartegen slecht opgewassen. Zij neigen dan tot apathie en depressie en laten zich onder die omstandigheden leiden door degene, die het heft in handen neemt.

Toch zijn zij dikwijls ook niet vrij van een stille koppigheid. Het moeilijk verwerken kan leiden tot wrok.

In hoeverre komt nu type K1 bij de vrouw overeen met het type K1 bij de man? Beide vertonen een psychasthene inslag en een zeer bekrompen levensvoering. De man kan echter een meer eigen weg gaan, hetgeen de vrouw in haar gezin niet mogelijk is. Zij blijft veel meer ondergeschikt en afhankelijk. Zij speelt binnen het gezin ongeveer de rol, die de man speelt binnen zijn werkkring. De man kan thuis gemakkelijk volharden in een pseudo-sthenische houding.

De man kan zich van zijn gezin losmaken en speelt zo bij de opvoeding een geringe rol. De vrouw echter blijft juist binnen het verband van het gezin en mist de mogelijkheid zich aan haar plichten te onttrekken.

Toch is haar leven ook meer beschermd, vooral indiėn zij een sthenische echtgenoot trof, terwijl de man, ook al valt hem dat moeilijk, voor alles de rol van kostwinner toevalt.

Het type K2 bij de vrouw komt overeen met het karakter, zo fraai beschreven door Achaintre en Bonhomme (zie blz. 113). Het zijn dominerende vrouwen, die onverzettelijk hun wil doorzetten. Zij hebben duidelijk een veel slechter contact met anderen dan het type K1.

Zij treden wel veel sthenischer op, maar in werkelijkheid verbergen zij een asthene inslag, die bijvoorbeeld tot uiting komt in bepaalde psychasthene trekken, zoals overdreven zuinigheid, ijver en zindelijkheid.

Zij hebben een jaloerse en achterdochtige inslag, waarbij een meer oraal element naar voren komt in hun voortdurend (kwaad)-spreken van anderen. Zij praten over het algemeen trouwens opvallend veel. Evenals het type K2 bij de man, is een narcistische instelling onmiskenbaar en deze treedt binnen het gezin ook gemakkelijk aan het licht. Komt de man eerder in botsing met zijn omgeving b.v. op zijn werk, de vrouw daarentegen wordt niet gemakkelijk geremd.

Juist als voor het type K1 bij de vrouw geldt, dat de levensvoering zeer benepen is. Er is weinig interesse voor anderen en zaken, die hen niet betreffen. Mede daardoor is het lang niet eenvoudig de typen K1 en K2 van elkaar te onderscheiden. Men vindt vele gevallen waarbij men met goed recht mag twijfelen.

Belangrijk is voor deze vrouwen, dat zij het gekozen levenspatroon in het senium kunnen voortzetten. Deze levensfase eigent zich daartoe echter allerminst. Ziekte en dood leggen dan beperkingen op. Indien de vrouw weduwe wordt, is niet zelden de gedwongen samenwoning met haar kinderen, die haar weinig waarderen, een voortdurende stress-situatie voor alle partijen.

Veel moeilijkheden zijn ook binnen het bejaarden-tehuis met deze vrouwen te verwachten. Dit komt overeen met de beschouwingen van Goldfarb en medewerkers daarover gegeven.

Het type K3. is het 'enfant gâtée' van Achaintre en Bonhomme. Zij zijn passief en inactief en laten hun plichten liever aan anderen over. Evenals bij het type K3 bij de man staat het als-een-kind-verzorgd-willen-worden op de voorgrond. Niet zelden blijven deze vrouwen daarom in het ouderlijk huis en huwen zij niet. Indien zij al gehuwd zijn, laten zij hun huishouden graag aan anderen over b.v. aan hun moeder of aan hun man. Kinderen wensen zij niet. In ieder geval wordt het kindertal graag beperkt gehouden.

Tegenover anderen kunnen deze vrouwen dikwijls de schijn ophouden levendig en vlot in de omgang te zijn. Tegenover hun huisgenoten zijn zij dikwijls prikkelbaar, lastig en vooral: veeleisend. Ondanks dat zij steeds door ieder naar de ogen worden gezien, voelen zij zich bewust of onbewust te kort gedaan en ten achter gesteld. Zij zijn dus allerminst tevreden.

Er bestaan ook hier overgangen naar het type K2, omdat immers dit gedragspatroon eveneens een vorm van domineren inhoudt, zij het op een geheel andere wijze. In de psychiatrie ontmoet men dit type regelmatig in allerlei schakeringen. Zij hebben n.l. sterk de neiging tot klagen en doen zich gaarne hulpbehoevend voor. Ook door de arts willen zij verwend en verzorgd worden. Daarom treft het, dat men dit type in ons materiaal zo weinig vertegenwoordigd vindt. Blijkbaar is dit gedragspatroon in het senium beter vol te houden. Wij denken daarbij aan de waarschuwing van Overholser tegen het verwennend element, dat in de moderne bejaardenzorg schuilt.

Het type K1

Casus VN/15/17538 (code KPMs) is een vrouw van 67 jaar. Patiënte wordt beschreven als een werkzame vrouw met een zacht en goed karakter. Zij was 'aantrekkelijk' van aard, d.w.z. zij was spoedig gedrukt en trok zich alles erg aan. Zij was altijd vol zorg geweest voor anderen en daarbij meestal opgewekt gestemd.

Reeds op 18-jarige leeftijd kreeg zij de zorg over acht jongere broers en zusters, nadat haar moeder in een psychiatrische inrichting was opgenomen. Patiënte is mede daarom eerst op haar 38e jaar gehuwd met een acht jaar jongere man. Deze eiste eveneens veel van haar zorg op. Kinderen had het echtpaar niet. Volgens haar toenmalige huisarts zou zij zeer wel kinderen hebben kunnen krijgen, indien zij zich maar aan een kleine operatie had onderworpen. Zij schrok daarvan echter terug uit angst dan *te veel* kinderen te krijgen. Had immers de dokter niet gezegd: 'Een kleine operatie en jij kunt kind na kind krijgen!'?

Tien jaar voor opname zijn twee jongere zusters van patiënte overleden. Zij kon daar slecht overheen komen.

Nu, acht weken voor opname, overleed haar broer. Bij een bezoek aan familieleden hoorde zij veel 'nare dingen' betreffende ziekte en dood van die broer.

Daarna werd patiënte zo depressief, dat zij moest worden opgenomen.

Casus VN/45/15579 (code KPs) is een vrouw van 71 jaar, die hier tweemaal werd opgenomen, de eerste maal op 66-jarige leeftijd (in 1948).

Patiënte wordt dwangmatig-precies genoemd. Bij kleine foutjes raakt ze al in paniek.

Ze is nerveus, zwaartillend en zeer eenzelvig, stil en mensenschuw. Ze is uiterst zuinig, op het gierige af en daarbij jaloers en kwaaddenkend. Patiënte was zeer gebonden aan haar man en (enige) zoon. Op haar schoondochter is zij jaloers.

Sinds de evacuatie in de oorlog is deze vrouw 'geknakt'. Haar huis betekende zo veel voor haar. Bovendien woonde haar zoon in het huis naast haar. Patiënte reageerde met heimwee en werd later depressief, zodat zij moest worden opgenomen. Een jaar later deed zij een tentamen suicidii bij het overlijden van haar man. Zij werd in een rusthuis geplaatst, maar de stemming verbeterde allerminst. Geplaagd door chronische rheuma wordt zij steeds depressiever met hypochondere inslag. Zij is daarbij zeer jaloers op andere rusthuisbewoonsters, die nog wel goed ter been zijn. Op den duur is zij in het rusthuis niet langer te handhaven.

Casus VN/46/16768 (code SKp) is bij opname 71 jaar. Zij komt in de kliniek wegens een tentamen suicidii.

Zij werd n.l. tot wanhoop gedreven, omdat zij allerlei stemmen hoort, die haar van ontrouw betichtten met een zekere heer V. Dit zou reeds 34 jaar tevoren hebben plaats gevonden! In werkelijkheid was van zo iets nooit sprake. Wel ging zij in die tijd vriendschappelijk om met iemand van die naam.

Patiënte wordt beschreven als een goedige, domme vrouw. Zij is zeer nerveus en 'kan niets uit handen geven'. Ze is wat prikkelbaar en achterdochtig.

Patiënte heeft met haar man twee jaar lang in Amerika gewoond, maar kon daar niet wennen.

Zij is bijzonder bang voor de dood en dat is nog toegenomen, nadat men een diabetes mellitus bij haar constateerde.

Toen ook de man nog een rustkuur voor een ulcus ventriculi moest ondergaan, kreeg patiënte een delirante psychose, waarbij zij tot het bovenvermelde tentamen suicidii kwam.

Casus VN/50/16204 (code PSK) betreft een vrouw van 66 jaar, die van een chirurgische kliniek wordt overgeplaatst.

Haar karakter wordt beschreven als niet erg vrolijk, zeer zorgzaam, zeer 'aantrekkelijk' en gevoelig. Ze is erg precies en neigt tot contrôledwang.

Deze vrouw begon reeds twee jaar voor opname tekenen van geheugenzwakte te vertonen.

Patiënte's verhaal luidt als volgt: Naar aanleiding van een drukkend gevoel in de rechter borst bezocht zij haar huisarts, die haar zonder meer mede-

deelde, dat zij aan kanker leed en haar een 'opname-brief' meegaf. Huilend ging patiënte bij de dokter weg en liep volkomen in de war de verkeerde richting uit. Nadat men haar de weg had gewezen, vond zij wel haar huis weer terug. Eenmaal in de chirurgische kliniek raakte zij 'in de war', zodat zij overgeplaatst moest worden.
Twee dagen na opname in onze kliniek schrijft de behandelende arts: 'Is enorm vergeetachtig momenteel. Zegt zelf in de war te zijn, omdat een andere patiënte op zaal zo ziek is; meent daarbij, dat haar man ziek is. Is absoluut vergeten, dat ze hier is opgenomen in verband met het knobbeltje in haar borst en deelt mee, dat ze er van af ziet hier langer te blijven. Wordt zij aan haar ziekte herinnerd, dan reageert ze met een: 'O ja, dat is waar ook'. Na de operatie merkt patiënte op: 'Zo, nu kunnen we binnenkort de reis naar Amsterdam eens maken!'
'Maar daar bent u toch?'
'O ja, ik dacht gewoon even, dat ik bij mijn dochter in Limburg was.'
Bij het ontslag is het psychische beeld duidelijk verbeterd, hoewel patiënte onmiskenbaar dement is. De depressie en de carcinofobie zijn verbleekt. Patiënte is blij, dat zij er zo goed af is gekomen en vertrekt opgewekt naar huis.

Casus VN/70/17138 (code KS) is een 73-jarige ongehuwde, alleenstaande vrouw.
Zij is nerveus en goedig, zeer precies en 'houdt van opschieten'. Zij heeft veel vrienden en heeft een goede verstandhouding met haar familie, die haar noch dement noch paranoid acht. Wel is ze matig begaafd en heeft een zeer beperkte gezichtskring.
Patiënte heeft de laatste tijd een slechte verstandhouding met haar buren. Zij meent, dat zij voortdurend geplaagd en bestolen wordt. Zij reageert daarop zeer heftig, zodat de buren bang voor haar zijn. Tenslotte doet patiënte in haar wanhoop een tentamen suicidii.
Zij heeft daarvoor wel reden, want zij meent, dat zij van diefstal wordt beschuldigd en dat de politie gelooft, dat zij een prostituée is.
Ondanks dat zij ook tijdens opname nog paranoid blijft, is haar commentaar later: 'Als je altijd allenig bent, prakkizeer je van alles aan je hoofd'. Ze noemt verder haar buren lastig en stug. Ze gunnen haar het leven niet.

Casus VN/139/16547 (code KPs) betreft een vrouw van 71 jaar.
Haar karakter wordt beschreven als zacht en vriendelijk. Zij is behulpzaam, eerlijk en trouw. Toch is zij ook nerveus en prikkelbaar en geneigd tot neerslachtigheid.
In haar huishouden is zij 'zeer netjes'. In haar huwelijk is zij frigide en hangt zij aan haar kinderen. Ook roddelt zij graag over anderen.

Acht maanden voor opname kreeg patiënte een conflict met haar 41-jarige zoon, die bij haar inwoonde. Deze wilde n.l. gaan trouwen met een Amerikaanse vrouw, die hij ontmoet had in een café. Dit zinde patiënte allerminst. Wanneer dan bovendien de schoonmoeder van een andere zoon plotseling sterft, 'vlucht patiënte in haar ziekte': een geagiteerd, depressief beeld, paranoid en hypochonder gekleurd.
Na enige tijd verlaat zij de kliniek in verbeterde toestand.
Tijdens haar opname is bovendien haar echtgenoot nog plotseling overleden. (Men stelde de diagnose hier op 'arteriosclerotische zwaktetoestand'. Patiënte heeft een essentiële hypertensie.
Dement is zij niet. Op haar 50e jaar had zij ook reeds een inzinking. Een goed voorbeeld van de zeer moeilijke diagnostiek bij psychische afwijkingen in het senium).

Casus VN/212/17618 (code Ks) is een vrouw van 67 jaar, die beschreven wordt als werkzaam en 'opgeruimd'.
Zij was altijd wat gejaagd: alles moest 'vlug', alles moest 'opschieten'. Zij kon niet stilzitten, niet eens een boek lezen. Zij had nergens interesse voor dan voor haar huishouden, waarin zij zeer precies en schoon was.
Patiënte wilde nooit meer dan één kind, omdat zij zo tegen de bevalling opzag. Later kon zij haar zoon niet afstaan en was zij zeer jaloers op haar schoondochter.
Ruim een jaar voor opname werd haar gedrag langzamerhand steeds onrustiger, geagiteerd, maniform.
Ze was daarbij prikkelbaar en zeer jaloers op andere vrouwen, 'die nog konden werken'. Ze sloeg op de ramen (waarbij ze wel oppaste die niet te breken) onder het roepen van: 'Ik moet me uiten'.
Na de opname tracht zij te dissimuleren en komt zij steeds weer terug op haar (geïdealiseerde) verleden. Later gaat zij weer verbeterd terug naar huis.

Casus VO/108/12235 (code PK) is bij opname 66 jaar oud en was altijd zeer nerveus en 'zwaar op de hand'.
Dit nam de laatste vijf jaar nog toe na het overlijden van haar man. Kinderen had het echtpaar niet.
Zij trok in bij familie, maar deze kon haar 'gezeur' niet uithouden. Zo kwam zij er toe een kamer te huren, waar zij de eenzaamheid echter niet kon verdragen.
Na enige tijd ontvingen familieleden een briefkaart, waarop zij schreef, dat zij zich niet goed voelde. In werkelijkheid echter had zij slaappoeders ingenomen!
Deze, volgens de behandelende artsen, niet demente vrouw vertoonde na opname een paranoid beeld. Zij is bang, dat haar buren haar naakt door de

stad zullen rijden en dat men haar in de winkels geen levensmiddelen meer wil verkopen.

Casus VO/196/12337 (code PKs) heeft reeds de 87-jarige leeftijd bereikt. Deze 'bescheiden en tevreden' vrouw, de weduwe van een alcoholist, plaatste zich altijd op de achtergrond. Zij was nerveus en altijd bang uitgelachen te worden. Zij voelde zich minderwaardig en was meestal somber gestemd en zwaartillend.
Tot twee maanden voor opname bestierde patiënte nog haar eigen huishouden. Ze was graag alleen, zo vrij mogelijk. Toen haar visus echter steeds afnam, trok zij in bij een dochter, maar daar kwam zij tot niets. Zij werd angstig, onrustig en depressief, voelde zich moe en slap en verlangde naar de dood.
De angst voor algehele blindheid verlamde patiënte. De behandelende arts schrijft: 'Haar klacht is dus reëel, de reactie er op dement'.
De dochter echter twijfelt, of zij wel zo slecht ziet! Kan haar moeder immers niet een gesmeerde van een ongesmeerde boterham onderscheiden?

Epicrise. In alle hier boven beschreven gevallen komt duidelijk het psychasthene karakter van deze groep patiënten naar voren.
Deze vrouwen hebben geen greep op het leven. Het zijn figuren op de achtergrond, die echter niet zelden op de hun eigen wijze een stempel op het gezin drukken.
Opvallend is hun asthenie in het huwelijk. Zij huwen laat, of in het geheel niet en hebben dikwijls geen of slechts één kind (VN/15, VN/45, VN/70, VN/139, VN/212, VO/108).
Men vindt weer opvallend veel doodsproblematiek, die soms onverhuld aan de dag treedt (VN/15, VN/46, VN/50, VN/139), maar ook dikwijls paranoid is verwerkt (VN/70, VO/108). In die laatste gevallen beschuldigt de patiënte anderen haar naar het leven te staan of haar het nodige te onthouden.
In de paranoische verwerkingen speelt (meer dan bij de man) een erotisch element een rol (VN/46, VN/70, VO/108).
Invaliditeit en dreigende invaliditeit is belangrijk bij VN/45 en VO/196, waarbij de mate van invaliditeit van weinig invloed lijkt te zijn. Bovendien is zij bij VO/196 moeilijk vast te stellen. Men kent de zelfde twijfel bij het 'Oost-Indisch doof' zijn.
Interessant is geval VN/50. Deze vrouw moet reeds dement zijn geweest. Zij 'gebruikt' echter haar dementie om de slagen van het noodlot op te vangen. Is alles in orde, dan blijkt de dementie minder diep. Deze was dus, voor een deel althans, psychogeen. Dat het optreden van haar huisarts zeer afkeurenswaardig is, spreekt vanzelf.

Vele patiënten werden weer wegens een poging tot zelfmoord opgenomen. Uit de beschreven gevallen blijkt, dat suicide en doodsproblematiek elkaar wonderlijk genoeg niet uitsluiten. Integendeel: men krijgt zelfs de indruk dat tussen beide een relatie bestaat!

Het type K2

Casus VN/27/16447 (code PKs). Patiënte is bij opname 66 jaar oud.
Zij was altijd een eigenzinnige, egocentrische vrouw, 'moeilijk' en snel gepikeerd. Aan de andere kant was zij nerveus, zwaar op de hand en erg precies. Indien haar iets niet beviel, verloor zij haar zelfbeheersing, zodat zij steeds naar de ogen gezien moest worden door haar man en enige dochter. Een verblijf in een Japans interneringskamp doorstond zij goed. In 1947 echter, wanneer haar man overlijdt en haar dochter gaat trouwen, wordt zij depressief. 'Zij kan niet tegen eenzaamheid.'

Casus VN/36/15915 (code KS), een vrouw van 78 jaar oud werd bij ontslag uitgeboekt als 'hysterie'.
Het betreft hier een ongehuwde vrouw, die beschreven wordt als bazig en hoogmoedig. Zij had altijd veel conflicten met anderen. Zij gedroeg zich meestal wat 'opgewonden', dichtte veel en deed veel 'wijsgerige' uitspraken. Patiënte kleedde zich opvallend.
In een rusthuis kon zij zich niet aanpassen. Zij voelde zich vereenzaamd en tekort gedaan, ging paranoid en hypochondrisch reageren.
Tenslotte stortte zij zich van een keldertrap als poging tot suicide. Daarbij liep zij een bekkenfractuur op. In de kliniek echter zegt zij best te kunnen lopen en wil zij het bed verlaten.
Deze patiënte lijdt bovendien aan essentiële hypertensie.

Casus VN/37/17208 (code SKP) is de oudste patiënt uit ons materiaal. Zij is bij opname 97 jaar!
Patiënte is er een voorbeeld van, dat men, ook met een afwijkende persoonlijkheid, een zeer gevorderde leeftijd kan bereiken. Hoge ouderdom is blijkbaar niet alleen het voorrecht van de gerijpte mens.
Haar zoon zegt van patiënte: 'Moeder is een haatzaaier'. Zij was wel altijd vitaal, 'vief', werklustig en helder, maar ook opvliegend, wispelturig, kwaaddenkend en bazig. Zij was religieus en daarbij zeer preuts. Haar man zat onder de plak, patiënte moest steeds haar zin hebben.
Haar eigengereidheid blijkt wel uit het feit, dat zij zelfs voor haar kinderen nimmer een arts consulteerde.
Nadat haar man drie jaar tevoren overleed, werd zij paranoid en angstig.
In een rusthuis bleek zij niet te handhaven.
Een maand na opname overleed patiënte aan een bronchopneumonie.

Casus VN/64/1619 (code KS) betreft een vrouw van 68 jaar, die reeds op 31 jarige leeftijd verpleegd werd wegens een conversiehysterie.
Het had patiënte in het leven ook niet mee gezeten. Afkomstig uit een zeer armoedig gezin was zij 'op de centen, als de duivel op een ziel'. Het was een bazige vrouw, die haar zin tot het uiterste wilde doordrijven. Als dat niet lukte, viel ze flauw.
Ze was buitengewoon driftig en opvliegend. Haar huwelijk was een mislukking. Zij ergerde zich steeds aan haar man, die volgens haar niet precies genoeg was op 'haar boel'. Zelf was zij uiterst nauwkeurig, zo zelfs, dat zij het niet prettig vond als haar kleinkinderen kwamen, want 'die zaten overal aan'.
Patiënte is in een slechte lichamelijke toestand door een rheumatoide arthritis, door cataract en diabetes. Eerst werd zij daarvoor op een interne afdeling opgenomen, waar zij al spoedig psychotisch werd. In deze psychose was zij gedesoriënteerd en leefde zij lang achtereen in het verleden (een meer presbyofreen beeld dus).
Later (in de psychiatrische afdeling) bleek zij meer paranoid met erotische belevingen. Zij durft niet in een kamertje alleen te zijn en ziet allerlei sexuele uitspattingen voor zich afspelen. Later zakt dit weer af, maar de paranoidie verdween niet geheel.
Uitermate verbitterd is patiënte over het feit, dat zij met haar rheumatische handen toch de was moet doen.

Casus VN/74/17539 (code KPs) is bij opname 70 jaar oud.
Ook zij is een egoïstische, egocentrische vrouw, zeer precies en zwaartillend. Ze kon met niemand omgaan, stond geheel op zichzelf, was 'stokerig' en bemoeizuchtig. Geld speelde in haar leven een belangrijke rol.
Met haar jongere, vitalere man was de verstandhouding slecht. Toen deze echter plotseling stierf, raakte zij uit haar doen, gedroeg zich dysfoor en afwerend en had daarbij veel wroeging.
Ook in de kliniek gedraagt deze vrouw zich zo afwerend, dat het niet goed mogelijk blijkt haar te onderzoeken. Men krijgt echter de indruk, dat zij niet zeer dement is, maar zich ‚pseudodement' gedraagt. Ook het E.E.G. is maar licht gestoord.

Casus VN/126/16795 (code K) is een vrouw van 76 jaar.
Patiënte werd sinds enkele maanden paranoid t.o.v. de buren, waarschijnlijk wel met enig recht. Zij reageerde met het schrijven van talrijke querulante brieven, zodat men ging 'ingrijpen', maar in een rusthuis bleek patiënte niet te kunnen aarden. Zij is buitengewoon gehecht aan het eigen woninkje, zo zelfs, dat een neef van haar aan de behandelende arts schrijft: 'Wordt er zodanig ingegrepen, dat zij haar eigen wereldje mist, dan zal zij spoedig,

denkelijk zeer kortstondig reeds, afsterven, hetgeen toch geenszins de bedoeling zal zijn van de geneeskunde'.
Het betreft hier een excentrieke, lastige vrouw, die met niemand om kan gaan en die het in haar jeugd al niet thuis kon uithouden. Werken deed zij eigenlijk nooit, omdat het haar in geen enkele werkkring langere tijd beviel. Toch schijnt zij vroeger aan haar moeder wel zeer gebonden te zijn geweest. Gehuwd is zij nooit.

Casus VN/182/15713 (code KPs) is bij opname 71 jaar oud.
Zij verbleef in een rusthuis, maar kon zich daar niet aanpassen. Ze kan nu eenmaal niet afhankelijk zijn van anderen, hoewel ze geen keus heeft vanwege haar reuma. Zo komt patiënte tot een tentamen suicidii met rattenkruit.
Patiënte had altijd al een lastig karakter en kon met niemand goed opschieten. Niemand deugde in haar ogen. Het was een zeer heerszuchtige vrouw, ijdel en trots, maar ook zeer actief in het hotelbedrijf van haar man. Haar huwelijk was zo slecht, dat een van haar zoons reeds op 15-jarige leeftijd het huis ontvluchtte.
In 1939 overleed haar 'lievelingszoon'. Sindsdien ging zij 'piekeren' en was zij depressiever gestemd.
Nu, in de laatste tijd voor opname (1948), komt daar nog bij, dat een andere zoon Nederland voorgoed wil verlaten.

Casus VN/226/17110 (code Ks). Patiënte werd hier op 77-jarige leeftijd opgenomen, maar was zo eigenaardig, dat men kan overwegen, of hier een schizofrene procespsychose in het spel is.
Zij verliet al op haar 9e jaar de school wegens onenigheid met een onderwijzer. Een beroep oefende zij niet uit. Zij leefde na de dood van haar ouders van haar geld.
Tweemaal verbrak zij een verloving, omdat zij terugschrok voor een eventuele bevalling. Zij meende immers, dat men daar 'emmers vol bloed' bij verloor!
Zij was uiterst zuinig en uiterst achterdochtig. Een nieuw gekochte mantel deed zij eerst na vijf jaar aan.
Het laatste halfjaar voor opname werd zij psychotisch en meende, dat er dat er 'geesten' in haar bed zaten en barricadeerde haar deur met kranten. Zij vervuilde geheel.
Over de dood (zij was altijd al bang voor de oude dag) zegt patiënte in de kliniek het volgende: 'De radio was van de week ook zo mooi over dat de kinderen alleen blijven als de ouders gaan scheiden, de dood is erger. Ik wou maar het liefste dood. Ik heb het meeste verdriet over het einde; dat ik niet weet, wat het eind zal zijn van het lied.'

Casus VO/117/8625 (code KS), betreft de moeder-overste van het Bagijnhof, een scrupuleuse, overdreven vrome vrouw van 67 jaar.
Zij was abnormaal driftig en heerszuchtig. Bovendien was zij wispelturig, humeurig, opvliegend en wantrouwig.
Patiënte heeft bij opname een tensie van 275/125 en wordt opgenomen wegens haar toenemende onrust, afgewisseld met buien van neerslachtigheid.

Epicrise. Uit de besproken gevallen komt naar voren hoe heterogeen deze groep van samenstelling is.
Men vindt zeer schizoide persoonlijkheden (VN/36, VN/126, VN/226) naast typen welke meer in het bijzonder door Achaintre en Bonhomme zijn beschreven (fraaie voorbeelden hiervan: VN/182, en VO/117).
Ook psychasthene trekken zijn opvallend (VN/27, VN/64, VN/74).
Alle patiënten hebben echter gemeen, dat de aanpassing aan anderen zeer gebrekkig is. Er is hier sprake van een narcistische instelling, die soms op een meer sociale wijze dan op een minder sociale wijze, tot uiting komt. Wel is er in een enkel geval (VN/182/VN/74) sprake van een zekere binding aan een kind of een echtgenoot, maar deze is zeer onvolkomen en neurotisch ambivalent.
De psychasthene trekken verraden een in wezen zwak staan tegenover de taken van het leven.
De gehele geesteshouding geeft gemakkelijk aanleiding tot het ontstaan van paranoid psychotische constructies.
Dit type vrouwen valt wel bijzonder op door de slechte aanpassing binnen het rusthuis (VN/36, VN/37, VN/126, VN/182).
Afhankelijk van anderen loopt uit op conflicten (VN/64).
Doodsproblematiek vindt men weinig, vereenzaming speelt eerder een rol. Opvallend is het probleem van de dood bij VN/226. Het sterven vergelijkt de patiënte hier met een kind, dat door de ouders verlaten wordt. Het sterven is een in de steek gelaten worden, een onverzorgd achter blijven.

Het type K3

Casus VN/77/17081 (code SKP) betreft een vrouw van 68 jaar, die na de dood van haar echtgenoot buitengewoon snel psychisch achteruit gaat.
Ze was werkzaam, nauwkeurig, goedig en erg eigenwijs. Ze 'hing enorm' aan haar man, met wie zij een zeer besloten leven leidde.
Na de dood van haar man werd zij toenemend paranoid met delirante symptomen. Zo zag zij allerlei dieren, b.v. ratten. Patiënte zag 'heren' staan, die haar toeriepen haar te willen trouwen, zodat zij schatrijk zou worden. Zij hoorde haar buurvrouw zeggen: 'Je komt er niet uit, je verdient te verhongeren'.

Naar aanleiding van deze wel zeer snelle deterioratie bij een nog vrij jonge vrouw, stelde men in de kliniek de diagnose: M. Alzheimer. Men mag echter ook stellen (en wij doen dat liever), dat patiënte een snelle dementering vertoont, grotendeels als reactie op het overlijden van haar man. Gezien de karakterstructuur en het levenspatroon is voor deze laatste zienswijze veel te zeggen.

Casus VN/95/17615 (code PKs) is een vrouw van 69 jaar, bij wie een jaar voor opname een mammacarcinoom is geconstateerd. Zij is daarvoor geopereerd, maar kan haar ziek-zijn niet verwerken. Bij haar ontwikkelt zich vervolgens een geagiteerd-depressief beeld.
Patiënte is een van die vrouwen, die het ouderlijk huis nimmer verlaten en die na de dood van de ouders het oude leven samen met de eveneens ongehuwde zusters voortzet.
Ze was overdreven godsdienstig, langzaam en precies in haar werk. Ze was altijd 'zwak' geweest en had 'staal geslikt' haar leven lang. Ze was niet driftig, maar meestal somber gestemd. Men vertelt van haar, dat zij erg aan 'ochtendziekte' leed. Met anderen ging ze niet veel om: iedereen vond zij 'oppervlakkig'.
De depressie vertoont opvallende waaninhouden. Zo gelooft patiënte dat haar zusters wegens haar zonden moeten sterven. Maar een andere keer, gelooft zij, dat haar zusters haar dit aandoen om haar te straffen. Bij iedere medische ingreep, ook de kleinste, meent zij dat men haar wil doden.

Casus VN/105/16593 (code PK) is een zwak begaafde vrouw van 67 jaar. Ze wordt beschreven als goedig, vriendelijk, opgeruimd en tevreden. Ze is altijd bang in het donker geweest en was vooral bang voor 'dokters'.
Patiënte steunde geheel op haar moeder en later op haar zuster.
Reeds 35 jaar voor opname is zij overspannen geweest na een oorziekte.
Nadat drie jaar voor opname een glaucoom werd gevonden, is haar visus sterk verminderd. Bij opname is zij aan één oog blind, aan het andere is de visus nog slechts 1/3.
Na opname in de kliniek weigert patiënte voedsel, omdat slikken slecht voor de ogen zou zijn. Ze is negativistisch en theatraal. Later vertelt ze, dat door het slikken haar mond zal verrotten en dat haar rechteroog correspondeert met het linker gedeelte van haar mond.

Casus VN/112/17445 (code KPMs) betreft een vrouw van 73 jaar.
Ook zij heeft haar hele leven in hetzelfde huis gewoond.
Ze werd in de jeugd al schromelijk verwend en bij haar broers en zusters voorgetrokken.
Ze wordt beschreven als vrolijk, lief en opgeruimd met veel vrienden. Toch

is zij ook jaloers, heerszuchtig en ijdel. Als zij haar zin niet krijgt, dreigt ze met suicide!
Zij is tenslotte vastgelopen, nu zij financiële moeilijkheden heeft gekregen en het ouderlijk huis moet worden verkocht.
Met de zuster, met wie ze samenwoont, is de verstandhouding niet goed.

Casus VN/235/15564 (code Kps) is een vrouw van 69 jaar.
Over haar karakter vinden wij het volgende meegedeeld. Patiënte was zeer aan de ouders gebonden en wilde liever bij hen blijven wonen dan zelf huwen. Ze was stil en teruggetrokken en kon niet tegen 'harde woorden'. Zij had last van zwaarmoedige buien en was zeer precies met een neiging tot controledwang. Haar heftige 'sympathieën en antipathieën' waren niet voor correctie vatbaar.
Na de dood van haar ouders leefde zij nog jaren samen met een vriendin, aan wie zij erg gehecht was. Toen dat ook eindigde, begon voor patiënte een hele lijdensgeschiedenis met depressies en mislukte suicides.
Tenslotte wordt zij weer opgenomen wegens een depressie, die is ontstaan na een verhuizing van haar buren. Zij had zich aan de kinderen zo sterk gehecht.

Epicrise. In de bovenbeschreven gevallen komt duidelijk naar voren hoe infantiel-afhankelijk dit type patiënten reageert. Er is veel overeenkomst met het type K3 bij de man, hoewel de vrouwen meer neiging hebben in hun omgeving te domineren.
De veranderde situatie in het senium maakt, dat deze mensen zich niet langer kunnen staande houden. Een goed voorbeeld daarvan is VN/235. Eenmaal in de kliniek vraagt men zich wel eens af, waarom deze patiënt nu juist moest worden opgenomen. Een dwingende reden van opname lijkt dan niet te bestaan (VN/112!). Dit is echter iets, wat wij meer vonden bij deze patiënten. Niet zo zeer de psychopathologische fenomenen leiden dan tot opname, maar veel eerder de moeilijke karakterstructuur, waarmee men op een gegeven ogenblik niets weet te beginnen.
Bij geval VN/77 vinden we weer doodsproblematiek in de vorm van verhongeren. Het is alsof de buurvrouw zegt: 'Blijf in je kist en verhonger daar!'
VN/95 toont duidelijk een reactie op de dreigende dood. Niet zij, haar zusters moeten sterven. Later gelooft patiënte, dat het haar zusters zijn, die haar willen doden. Melancholische zondewaan, agressie en paranoidie liggen in dit geval vlak naast elkaar.
VN/105 reageert op de dreigende blindheid met voedselweigering, een symptoom, dat wij meer ontmoetten in verband met doodsproblematiek en suicide-tendens. Zoals de psychoanalyse ons leert, zijn zien en eten, het oog en de mond, verwant op oraal niveau.

Uit de voorgaande casuïstiek is wel duidelijk naar voren gekomen, dat een indeling in verschillende groepen van abnorme praemorbide karakterstructuren geenszins eenvoudig is, maar toch ook weer niet geheel onmogelijk.

Een bekrompen narcistische instelling, een psychasthene of algemeen asthene structuur bevorderen een gezond senium niet. De karakterstructuur leidt bovendien in deze gevallen tot dikwijls slechte sociale omstandigheden, vooral vereenzaming. Het slechte en het kinderloze huwelijk, maar ook het huwelijk, waarin een infantiel-afhankelijke relatie bestaat, zijn een gevolg van de in wezen neurotische levensvoering en op hun beurt eveneens een belemmering voor een evenwichtige ouderdom. Psychotraumata en stresssituaties treffen deze patiënten zwaar. In vele gevallen ontstaat de stresssituatie uit het gebrekkige levenspatroon.

Vispo (1962) vond, dat psychotraumata bij patiënten met een voor het senium ongunstige structuur in aantal en in aard niet significant verschillen met traumata geleden door een 'normale' groep. Wat ziekte en invaliditeit betreft spreekt dat wel vanzelf. Voor de rest moet men toch een zekere reserve betrachten.

Overvloedig is de doodsproblematiek bij deze groep bejaarden. Het is verbazingwekkend, dat men daar vroeger niet meer oog voor heeft gehad. Tegenwoordig echter is men algemeen tot de erkenning van dit feit gekomen (Vispo 1962). Hier ligt nog een rijk terrein van onderzoek niet alleen voor de geriatrische psychiatrie, maar ook voor de psychiatrie in het algemeen.

Tot slot nog een enkele opmerking over de gebrachte casuïstiek. Het was niet de bedoeling ziektegeschiedenissen in extenso weer te geven. Het materiaal eigent zich daartoe trouwens niet. Wij hebben getracht een indeling te geven van abnorme praemorbide karakterstructuren. Daardoor is veel onvermeld gebleven.

Wij zijn ons er bovendien van bewust, dat waar naar een oplossing gestreefd wordt van één probleem, tal van andere, onvermoede problemen aan de dag treden, die evenzeer om een oplossing vragen.

In het voorafgaande werd getracht een indeling te maken tussen de verschillende praemorbide karakterstructuren. Wij hebben gezien, dat het niet mogelijk bleek daarbij mannen en vrouwen aan elkaar gelijk te stellen, hoewel een zekere overeenkomst tussen de typen K1, K2 en K3 bij man en vrouw onmiskenbaar is.

Het is nu onze bedoeling de karaktertypen in verband te brengen met andere gegevens uit het onderzoek en zo meer steun te vinden voor de voorgestelde indelingen.

Wij zullen daarbij mannen en vrouwen afzonderlijk behandelen. Het zal ons dan mogelijk zijn nog verder in te gaan op de verschillen, die in de ouderdom tussen man en vrouw bestaan. Allereerst een overzicht van het aantal gevonden afwijkende praemorbide structuren en hun mogelijke indeling.

TABEL 2

	Type K					Totaal K	Niet-K	Totaal	% K
	1	2	3	4	0				
MN	30	25	20	5	7	87	62	149	58,5
MO	3	15	5	7	5	35	126	161	21,7
M	33	40	25	12	12	122	188	310	39,4
VN	34	35	13		8	90	56	146	61,6
VO	5	14	—		3	22	19	141	15,6
V	39	49	13		11	112	175	287	39,0

Voorkomen en verdeling van abnorme praemorbide karakterstructuren in het patiëntenmateriaal (de groepen X, Nl, Ss en St zijn buiten beschouwing gelaten)

Bij beschouwing van deze tabel, valt in de eerste plaats op het grote verschil tussen MN en MO en evenzeer tussen VN en VO, wat het aantal abnorme structuren betreft. Dit is duidelijk een gevolg van de aard van het patiëntenmateriaal en daarnaast van een verschillende bewerking. Het type 2 immers, dat zowel bij de man als bij de vrouw veel opvallender is, komt relatief bij MO en VO meer voor. Men heeft dus vroeger minder oog gehad voor abnorme structuren als K1 en K3. Dit is ons bij de bespreking van de theorieën van Meggendorfer (III, 2) ook reeds opgevallen. Men is in de loop der tijden blijkbaar kritischer geworden!

Door dit alles is een opgave van het aantal patiënten met de factor K in de pathogenese van zeer weinig belang. In de kolom (% K) gaven wij dit aantal weer in percentages van het aantal patiënten van de gehele groep, waarbij echter de ondergroepen N1, X, Ss en St buiten beschouwing werden gelaten. Het percentage voor M en V blijkt nu nagenoeg hetzelfde. Veel waarde hechten we daar niet aan. De betekenis van het karakter is bij vrouwen en mannen waarschijnlijk niet zeer verschillend.

De invloed van het psychotrauma. In de bewerking van ons materiaal hebben wij veel aandacht besteed aan aantal en aard der geleden psychotraumata, waar deze tenminste voor het ontstaan van het ziektebeeld van belang konden worden geacht.
Men vindt de traumata in de code terug onder de letters P of M, al naar gelang het meer een psychotrauma of een 'sociotrauma' betrof (zie hiervoor III, 3 en 4). Nu blijkt, dat de combinatie K met P of/en M betrekkelijk veel

voorkomt, maar niet gelijkelijk verdeeld over de verschillende karaktertypen.

Laten wij dat eerst bezien bij de man. Men vindt in totaal van K1, K2 en K3 respectievelijk 33, 40 en 25 gevallen. Een combinatie met de factoren P of M, psycho- of sociogenese, vindt men resp. in 17, 14 en 17 gevallen. In percentages uitgedrukt: voor K1: 51,5%, voor K2: 35% en voor K3: 68%.

Statistisch vindt men een aanwijzing, dat de kans op de combinatie KP of KM van de onderscheiden karakterstructuren afhankelijk is (k = 0,03). Er is een zwakke aanwijzing (k = 0,06), dat voornoemde kans voor K2 het kleinste is.

Bij de vrouw vindt men als totalen voor K1, K2 en K3 resp. 39, 49 en 13. De combinatie met P of M vindt men in resp. 15, 17 en 9 gevallen (38,4, 34,7 en 69,2%).
Er is statistisch een zwakke aanwijzing, dat de kans op de combinatie KP of KM voor K1, K2 en K3 niet dezelfde is (k = 0,07). Met name zou deze kans voor K3 groter zijn (k = 0,07).

K2 wijkt dus vermoedelijk bij de mannelijke patiënten af, K3 bij de vrouwelijke patiënten. De karaktertypen bij mannen en vrouwen mag men dus niet zonder meer aan elkaar gelijkstellen!

Abnorme karakterstructuur en leeftijd bij opname. Verdeelt men het materiaal in drie leeftijdsklassen: 66 t/m 70, 71 t/m 75 en ouder dan 76 jaar, dan is de leeftijdsverdeling voor de mannelijke patiënten met karakterstructuur K1 resp. 13, 13 en 7 (totaal 33 patiënten). Dezelfde verdeling voor K2 is: 27, 5 en 7 (totaal 39 gevallen). Terwijl voor K3 geldt: 10, 11 en 4 (totaal 25 patiënten). Er bestaat statistisch een aanwijzing (k = 0,03), dat er een verband bestaat tussen leeftijd bij opname en karakterstructuur. Speciaal de leeftijdsgroep 71 t/m 75 jaar en de karakterstructuur K2 vertonen een afwijkend beeld (k = 0,03, resp. 0,02).

Nadere beschouwing leert ons, dat de patiënten met K2 opvallend vroeg in de kliniek komen: 27 van de 39 behoren tot de leeftijdsklasse 66 t/m 70 jaar. Het type K2 neemt daardoor, ook wat de leeftijd betreft, een wat afzonderlijke plaats in. Mannen met deze karakterstructuur handhaven zich blijkbaar in het senium moeilijk. Hun karakter leidt waarschijnlijk eerder tot een (slecht verdragen) vereenzaming. Bij de vrouw levert een dergelijke analyse niets op.

Er bestaat geen aantoonbaar verband tussen het karaktertype en de leeftijd bij opname (k = 0,35).

Karaktertype en klinisch beeld. Het ligt voor de hand te veronderstellen, dat het karaktertype iets te maken heeft met het klinische beeld bij opname. Van de mannelijke patiënten met het type K1 werden 18 van de 33 wegens een depressie opgenomen (54,5%). Voor K3 is dat 13 van de 25 gevallen (52%). De depressie komt minder voor bij K2: 11 van de 40 gevallen (27,5%).

Statistisch is er inderdaad een aanwijzing, dat er verband bestaat tussen het al dan niet voorkomen van beeld D en de verschillende karaktertypen (k = 0,04). Met name voor K2 is de verhouding afwijkend (k = 0,03).

Bij de vrouw is het verschil iets minder duidelijk. Voor K1 vinden wij op 39 gevallen 21 depressieve beelden (53,8%), voor K3 vinden wij op 13 gevallen 10 depressies (76,9%). Voor K2 echter bedraagt het percentage 36,7% (18 op 49 gevallen).

Statistisch is er weer en aanwijzing, dat er verband bestaat tussen het al dan niet voorkomen van beeld D en de verschillende karaktertypen (k = 0,03). Er is een zwakke aanwijzing, dat met name K2 afwijkt (k = 0,06).

In het gehele patiëntenmateriaal werden 90 mannen wegens een depressie opgenomen, 42 daarvan (46,7%) hadden een afwijkende praemorbide karakterstructuur. Bij de vrouwen bedraagt dit percentage 46,2% n.l. 49 op 106 gevallen. Deze percentages zijn wel opvallend gelijk! Ook wat de andere beelden betreft, vindt men tussen mannen en vrouwen opvallend weinig verschil. Voor de paranoide beelden is het percentage voor mannen en vrouwen samen 33,8. Voor de dementia simplex-beelden is het percentage ongeveer 16,4 (n.l. voor M en V: 22 op 65 bij Pa; 30 op 183 bij Sn).

Uit het bovenstaande wordt zonder meer duidelijk, dat abnorme praemorbide karakterstructuren het belangrijkste zijn bij depressieve beelden. Ook voor de paranoide beelden lijken zij van belang te zijn. Voor het beeld van de dementia senilis simplex lijkt de praemorbide karakterstructuur duidelijk van veel minder betekenis. Het is echter niet uitgesloten, dat een meer gedetailleerde studie factoren aan het licht zal brengen, die bij dit onderzoek zijn gemist.

Karaktertypen en alleen-wonen. Wij hebben in dit onderzoek van alle patiënten de levensomstandigheden genoteerd. Het bleek ons, en wij zullen daarop nog uitvoerig terugkomen, dat alleen-wonen correleert met nog andere objectieve gegevens (IV). Men bedenke daarbij, dat bejaarde vrouwen in het algemeen veel eerder alleen wonen dan mannen. Volgens de Algemene Woningtelling 1956 wonen in Amsterdam 31,0% der bejaarde vrouwen en 11,1% der bejaarde mannen alleen (zie ook III, 4).

Wij zullen nu nagaan of het karaktertype iets te maken heeft met dit alleen-wonen. Het aantal alleen-wonenden bedraagt, wat de mannelijke patiënten betreft, bij K1: 5 (op totaal van 33: 15,2%), bij K3: 5 (op totaal van 25: 20%). Het type K2 echter telt 17 gevallen (op een totaal van 40 patiënten: 42,5%), die alleen wonen.

Statistisch is er een aanwijzing, dat er bij de man verband bestaat tussen alleen-wonen en karakterstructuur (k = 0,02). In het bijzonder K2 is afwijkend (k = 0,02). Dit karaktertype leidt blijkbaar eerder dan de andere tot een isolement in het senium, hetgeen ook te verwachten was.

Bij de vrouwelijke patiënten vinden wij voor K1: 7 alleen-wonenden op een totaal van 38 (18,4%). Voor K2 is dit percentage 36,2 n.l. 17 op 47 gevallen. Voor K3 is het percentage het hoogste n.l. 69,4 (9 op 13 gevallen). Statistisch bestaat er een sterke aanwijzing (k = 0,003), dat er een verband aanwezig is tussen alleen-wonen en karaktertype. Bij de vrouw vertoont het type K3 de grootste isolatie (k = 0,011). Dit laatste is veel moeilijker te verklaren. Waarschijnlijk decompenseren deze afhankelijke vrouwen gemakkelijk, indien zij door omstandigheden geïsoleerd raken.

Karaktertype en prognose. Onder 'prognose' wordt in deze studie verstaan de uitkomst van de behandeling. Is er verbetering opgetreden en waar is de patiënt heengegaan na ontslag? Wij zullen hier slechts de eventuele klinische verbetering bij ontslag nagaan.

Bij de mannelijke patiënten vinden wij het volgende. Van het type K1 blijkt 59,3% verbeterd (19 op 33 gevallen). Van het type K2 blijkt 61,5% verbeterd (24 op 33 gevallen). Van het type K3 blijkt 87,0% verbeterd (20 op 23 gevallen). Statistisch is er een zwakke aanwijzing, dat de kans op verbetering tijdens de opname met de karakterstructuur samenhangt (k = 0,06). Deze kans zou het grootst zijn voor K3 (k = 0,06). Wij zijn geneigd aan te nemen, dat bij dit type gemakkelijk een verbetering optreedt, indien de patiënt zich weer geborgen voelt in de kliniek.

Bij de vrouwen heeft men volgende uitkomsten. Van het type K1 blijkt 51,3% verbeterd (20 op de 39 gevallen). Van het type K2 blijkt 36,7% verbeterd (18 op de 49 gevallen). Van het type K3 blijkt 61,5% verbeterd (8 op 13 gevallen). Het ziet er dus oppervlakkig gezien weer naar uit, dat ook bij de vrouw K3 een gunstiger prognose bezit. Dit wordt echter door een statistische analyse *niet* bevestigd. Er is geen aantoonbaar verband tussen karakterstructuur en verbetering tijdens de opname (k = 0,18).

Samenvatting. Wij zullen nu voor de verschillende karaktertypen een overzicht geven van het gevondene.

Mannen. Het type K2 wijkt zeer waarschijnlijk op vele punten af van K1 en K3. Zij zijn bij opname jonger, terwijl de aanleiding tot opname minder schuilt in psycho- of sociotraumata. Bij opname zijn zij ook minder depressief gestemd dan de andere twee typen, terwijl hun levensomstandigheden, afgemeten aan het alleen-wonen slechter waren. K2 houdt dus een karakterstructuur in, die duidelijk apart staat.

Men mag echter twijfelen, of het zin heeft het type K3 apart te onderscheiden. Dit type valt alleen op vanwege een grotere kans op klinische verbetering.

Vrouwen. De onderscheiden karaktertypen verschillen op de onderzochte punten minder van elkaar. Zo vindt men geen aantoonbare verschillen t.a.v. leeftijden en prognose.

Wel blijkt, dat het type K3 meer dan de andere twee alleen woont en meer lijdt onder psycho- en sociotraumata.

Wat K2 betreft: het klinisch beeld bij opname is minder depressief gekleurd.

Vanzelfsprekend is een zeker voorbehoud t.a.v. dit alles op zijn plaats: de statistische analyse spreekt een enkele maal van een zwakke aanwijzing. Het lijkt ons echter niet onmogelijk, dat een diepergaande studie meer aan het licht zou brengen. Ook is een vergelijking tussen deze patiënten enerzijds en patiënten met een normale karakterstructuur en normale bejaarden anderzijds bij een toekomstig onderzoek gewenst. Bovendien was het bij dit gedeelte van het onderzoek wegens de geringe aantallen niet wel mogelijk de voor- en na-oorlogse groepen gescheiden te analyseren. Men zou daarom kunnen veronderstellen, dat de geconstateerde verschillen tussen de groepen K1, K2 en K3 geheel of ten dele worden veroorzaakt door verschillen in selectie vóór en na de oorlog. Het percentage voor- en na-oorlogse patiënten loopt in het bewerkte materiaal immers vrij sterk uiteen. Waar dit mogelijk was, worden de vóór- en naoorlogse groepen dan ook op dit punt vergeleken. Daarbij bleek, dat de gevolgde procedure de resultaten vermoedelijk niet in belangrijke mate beïnvloedt.

3. EEN STUDIE VAN HET PSYCHOTRAUMA ALS PATHOGENE FACTOR IN HET SENIUM (FACTOR P)

In de loop van het leven ondervindt de mens talrijke psychotraumata, die voor hem even zo vele opgaven vormen. Voor ieder mens is daarbij van het grootste gewicht, dat hij er in slaagt ondanks deze traumata het geestelijk evenwicht te bewaren. Niet zelden zal hij daarbij zijn toevlucht moeten nemen tot een schijn-oplossing, die hem op den duur eerder schaadt dan baat.

Zoals wij reeds bespraken, leeft de bejaarde een bestaan, waarin hij meer dan jongeren rekening moet houden met allerlei dreigingen, die zijn existentie in gevaar brengen. Hij zal zich daarom trachten los te maken van de dingen en personen om hem heen. Hij zal trachten reeds van te voren afstand te doen en daarin te berusten. Hij zal zo minder getroffen worden door de ernstige verliezen, die de ouderdom meebrengt (Sands, Rothschild 1952).

Deze 'normale' oplossing betekent afstand doen van het leven zelf, en bereidt voor op de dood. Zij is het omgekeerde van het 'to die with your boots on', waarbij de oudere mens ongeacht de dreiging het leven voortzet en tracht ieder verlies, iedere beperking, te compenseren.

Beide oplossingen hebben onmiskenbaar nadelen. De eerste leidt tot het opgeven van de levenstaak, tot doffe berusting, apathie en depressie.

De tweede verwordt gemakkelijk tot een opgeschroefd, neurotisch gedrag, waarbij de werkelijkheid uit het oog wordt verloren. Bovendien zal, indien de omstandigheden ongunstiger worden, een 'break-down' onvermijdelijk zijn.

Ieder psychotrauma in de ouderdom is een afschaduwing van de dood. Het brengt vereenzaming, materiële nood, inperking van activiteit, pijn en verlies van Lust. Ieder psychotrauma houdt doodsproblematiek in. De dood kunnen wij echter niet hanteren. Alleen in de suicide wordt de dood ontvlucht door haar te zoeken.

In hoeverre zijn geestelijke afwijkingen in het senium het gevolg van psychotraumata? Een psychotrauma betekent een dreigende verstoring van een précair evenwicht. Het psychotrauma zelf is daarbij verbonden met de persoonlijke en maatschappelijke levensgeschiedenis, die zoals wij hebben gezien ten nauwste bepaald is door wat men 'het karakter' noemt. Het psychotrauma is dus niet los te maken van de persoon, die eronder lijdt, en van de omstandigheden, waarin deze zich bevindt (Meyer 1956). Het psychotrauma verstoort het evenwicht, zowel psychisch als somatisch; zijn invloed kan zich zowel op geestelijk als op lichamelijk gebied manifesteren. Het psychotrauma leidt zo tot geestelijk of lichamelijk ziek-zijn, of tot beide.

Deze zienswijze, hoewel zij niet steunt op objectieve gegevens, wordt tegenwoordig in de geriatrische psychiatrie algemeen aanvaard (Rümke 1958). Er bestaat in de ouderdom een zeer nauwe samenhang tussen lichaam en geest; wat voor het psychotrauma geldt, geldt b.v. ook voor het somatotrauma. Stern, Williams e.a. (1951) spreken over 'somatic equivalents of grief reactions'.

Ondervonden geestelijk gestoorde bejaarden nu meer psychotraumata dan geestelijk gezonde bejaarden? Daarover bestaat geen eenstemmigheid. Pappas en Silver (1958) bevestigen dit, terwijl Vispo (1962) het ontkent. Deze laatste opvatting is o.i. toch minder waarschijnlijk. Naar onze overtuiging ontstaan geestelijk abnorme reacties eerder onder ongunstige omstandigheden. Bovendien leidt een afwijkend karakter (en Vispo gelooft toch, dat dit meer bij patiënten voorkomt) op zichzelf eerder tot psychotraumatische situaties.

Zowel Vispo als Pappas en Silver toonden aan, dat *de aard* der ondervonden psychotraumata bij geestelijk gezonde en zieke bejaarden dezelfde is. Het ligt ook voor de hand dit aan te nemen.

Sands en Rothschild (1952) menen, dat de psychogenese van wisselend belang is bij de verschillende ouderdomspsychosen. Psychogenie vindt men meer bij involutiepsychosen en bij dementia senilis, minder bij dementia arteriosclerotica. Het *aantal* ondervonden psychotraumata zou bij deze drie ziekten weer groter zijn dan bij een te vergelijken groep normale bejaarden. Juist voor arteriosclerosis cerebri geeft Clow (1940) echter aan, dat bij 76 van de 100 patiënten psychogene factoren een rol spelen. Waarschijnlijk berust dit verschil weer op een onzekere diagnostiek. In latere publicaties laat men deze dan ook in het midden (voor deze problematiek mogen wij verwijzen naar II, 3).

Afgezien van de genoemde publicatie van Clow vindt men in de literatuur geen poging om het aantal gevallen te bepalen, waarbij psychogenese in één of andere vorm een rol speelt. Wel vindt men veel over de aard der ondervonden traumata. Bij Clow (1940), Clow en Allen (1951), Himler (1951) en Pappas en Silver (1958) vindt men daarvan een vrij volledige opsomming.

De belangrijkste psychotraumata in de ouderdom zijn:

1. ziekte of dood van de echtgenoot of van een familielid;
2. ziekte en achteruitgang der lichamelijke en geestelijke vermogens;
3. financiële zorgen;
4. pensionering en gedwongen verhuizingen;
5. sexuele problemen.

Op de traumata in de sociale sfeer zullen wij in een volgende paragraaf terugkomen. Wij zullen nu eerst de psychotraumata in engere zin nader beschouwen.

Dood of ziekte van een echtgenoot of van een familielid. Wij vinden dit psychotrauma genoemd bij Cameron (1956), Ross (1954), Post (1958), Meerloo (1953) en Stern, Williams e.a. (1951). De laatstgenoemden wezen vooral op somatische afwijkingen, die met het verlies manifest werden of ontstonden. Ook beschrijven zij een geval van dementia senilis als gevolg van dit trauma. Zij werden verder getroffen door de neiging van de achtergeblevene de dode te idealiseren. Dit idealiseren gaat gewoonlijk gepaard aan 'an irrational hostility toward living persons, particularly in the patient's immediate environment'. Het spreekt vanzelf, dat dit laatste ook in de vorm van een sterke paranoidie aan de dag kan treden. Het idealiseren van de overledene treedt soms ook op, indien daartoe allerminst reden bestaat, b.v. indien de echtgenoot een alcoholist, of een uitgesproken psychopathische sadist was. In al die gevallen was sprake van een sterk neurotische huwelijksband. De vijandigheid t.a.v. de omgeving leidt tot een sterke vereenzaming van de achtergeblevene, die zich met een vervalst verleden afzondert.

Lichamelijke klachten, die ontstaan na de dood van een nabestaande, berusten volgens Stern, Williams e.a. althans voor een deel, op identificatie met de overledene. Deze identificatie treedt des te eerder op indien de overledene bejaard is. Daardoor komt het dan minder tot reacties van smart en schuldgevoel. De neiging tot 'somatiseren' van de psychische reactie zou sterker worden naarmate de betrokkene ouder is.

Verwant met deze beschouwingen zijn de opvattingen van Meerloo (1953). Hij beroept zich daarbij op de theorieën van Freud betreffende de melancholie. Indien de band met de overledene ambivalent was en de achtergeblevene niet in staat is zijn onbewuste gevoelens meester te blijven, treedt een idealiseren van de overledene op, terwijl de achtergeblevene zich identificeert met de eigen onbewuste haat-gevoelens. In dat geval neigt hij tot een haten van zichzelf, tot suicide en depressie.

Uit de bovenvermelde theorieën kan men dus afleiden, dat de dood van een nabestaande kan voeren zowel tot depressie als tot paranoidie, maar boven al tot vereenzaming. Meer dan op jongere leeftijd betekent een verlies op oudere leeftijd een beperking van de mogelijkheid tot tussenmenselijk contact. Sterfgevallen brengen ook niet zelden een ware revolutie in de levensomstandigheden teweeg. Huishoudens worden 'opgedoekt', de vertrouwde eigendommen worden voor een appel en een ei van de hand gedaan. Niet zelden volgt een ongewenst samenwonen met kinderen of andere familieleden. Vele bejaardentehuizen zijn verre van ideaal.

Het sterven van een echtgenoot betekent daarom veel meer dan het verlies van een beminde persoon alleen. Ook de eigen sterfelijkheid komt weer in het geding.

Bovenvermelde theorieën van psychoanalytische oorsprong geven slechts een deel weer van een wel uiterst samengesteld geheel. Het zelfde geldt voor het tweede grote psychotrauma:

Optredende ziekte(n) en invaliditeit. Hiervoor moge gewezen worden op de publicaties van Weiss, Gildea e.a. (1958), Litin (1957) en Nemiah (1957).

Dikwijls belangrijker dan de directe gevolgen van een ziekte voor een ouder mens zijn, volgens de mening van Weiss, Gildea e.a. (1958), de emotionele reacties op het lijden. De patiënt met een hartziekte lijdt niet alleen onder een slechtere zuurstofvoorziening van het cerebrum, maar ook onder de dreigende dood en de gedwongen immobilisatie.

Litin (1956, 1957) en Nemiah (1957) hebben deze secundaire gevolgen uitgebreid uitééngezet. Een ziekte heeft lichamelijke, emotionele en sociale consequenties, vooral wanneer zij meer chronisch verloopt. In dat geval gaat de betrokkene zich, zeer begrijpelijk, zorgen maken over de gevolgen van zijn afhankelijkheid van anderen. Zo komt hij er toe zijn emoties te verbergen en te trachten steeds opgewekt en geduldig te schijnen. Zo iemand is bang verlaten te worden indien hij zijn agressie toont. Deze houding zegt Litin, 'is perhaps as corrosive to the personality as any attitude imaginable'.

Afhankelijkheid houdt, volgens Nemiah (1957), de kans in afgewezen te worden. Dit roept weer gevoelens van woede en agressie op, naast gevoelens van depressie en angst. Buitengewoon kwetsbaar zijn personen, 'whose ideals of strength, independence and even-temperedness are exceptionally strong, demanding and inflexible'. Er is hier een conflict tussen de onbewuste neiging tot passiviteit en het daardoor overdreven groot onafhankelijkheidsstreven. Dit psychisme troffen wij reeds aan bij de bespreking gewijd aan de praemorbide karakterstructuren (II, 2).

De mogelijkheid ligt hier ook open om aan de onbewuste afhankelijkheidsbehoefte te voldoen. Dan is er sprake van *ziektewinst*. Dat deze een grote belemmering is van een eventuele revalidatie, spreekt vanzelf.

Een verdere mogelijke wijze van reageren is de zgn. '*denial of illness*' (Weinstein, Kahn 1955). Ernstige ziekteverschijnselen, zoals neurologische verlammingen, worden daarbij eenvoudig genegeerd.

Eén van onze patiënten, die geheel blind was, beweerde te kunnen zien! Een ernstige cerebrale stoornis is noodzakelijk om een dergelijke miskenning van de werkelijkheid mogelijk te maken. Indien men er aandacht aan schenkt, vindt men dit psychisme dikwijls bij bejaarde patiënten.

Daar ziekte en invaliditeit bij de oudere bevolking zeer veel voorkomt, moet men rekening houden met een belangrijke psychische belasting. Invaliditeit neemt immers met de leeftijd zeer snel toe (Diederich 1955). Vrouwen zijn meer ziek dan mannen en klagen verhoudingsgewijs ook meer (Schreuder 1955, Williams 1960, van Zonneveld 1958). Men kan dus verwachten dat men bij vrouwen meer psychische reacties zal aantreffen op ziekte en invaliditeit.

Verder moet men rekening houden met het feit, dat een opname van een bejaarde in een ziekenhuis, in de regel een belangrijke psychische belasting voor hen betekent. Het gevoel in gevaar te zijn neemt zeer sterk toe. Nog erger wordt dit, wanneer over operaties wordt gesproken. Een optredende delirante psychose zal dikwijls mede hierdoor verklaard kunnen worden. Zij is dus zeker niet het gevolg van de 'vreemde omgeving' alleen. Daarom breekt zij niet altijd na, maar juist dikwijls voor de operatie uit.

Op de betekenis van operaties, vooral in het gebied van de tractus urogenitalis, voor het ontstaan van involutie-psychosen, is mede door Malamud, Sands e.a. (1949) gewezen.

Natuurlijk is de lijst der mogelijke psychotraumata hiermee nog lang niet uitgeput. De andere dragen dikwijls een meer individueel karakter. Ziekte en dood blijven de belangrijkste psychotraumata voor de oudere mens.

Het verlies van kinderen, door huwelijken, verhuizingen en vooral ruzies, speelt vrij veel een rol in de pathogenese (Ross 1954, Busse 1954, Brouwer 1960, Post 1958). Daarop wordt over het algemeen vrij heftig gereageerd, want ondanks de wel vernomen tegengestelde mening, is onverschilligheid geen kenmerk van de ouderdom, maar van de jeugd. De oudere mens neigt er juist toe zich sterk te laten meeslepen door grote emoties (Olsen, Elder 1958).

Het eigen onderzoek

In de eerste plaats willen wij ons afvragen hoe veelvuldig de invloed van een psychotrauma bij onze patiënten kan worden aangetoond. Wij laten de groepen X en N1 daarbij buiten beschouwing.

In MN vinden wij op 179 patiënten bij 42 de factor P. (23,5%).
In VN „ „ „ 174 „ „ 49 „ „ „ (28,2%).
In MO „ „ „ 210 „ „ 34 „ „ „ (16,2%).
In VO „ „ „ 181 „ „ 17 „ „ „ (9,4%).

Er is dus een verschil tussen de groepen N en O, vooral waar het de mannelijke patiënten betreft. Zonder twijfel is dit een gevolg van andere criteria bij de opname.

In de groep O waren de gevallen aanzienlijk minder geselecteerd, daarom ook treft ons het verschil tussen VO en MO, waaruit wij geneigd zijn te concluderen, dat psychogenese een belangrijker factor is bij de man dan bij de vrouw (k = 0,066). Zoals wij nog zullen zien geldt dit nog veel sterker voor het sociotrauma. Ook uit deze gegevens komt dus de man naar voren als sterker reagerend op zijn directe omstandigheden (zie ook III, 1).

Men kan zich nu nog afvragen, of een bepaald trauma van overwegende invloed is bij een bepaalde karakterstructuur. De gevonden aantallen zijn echter te klein voor bewerking. Slechts één punt komt wat duidelijker naar voren. Zoals de lezer zich zal herinneren, kwam psychogenese minder voor bij het type K2 bij de man. Er zijn voor dit type 11 psychotraumata te registreren tegenover 25 psychotraumata bij de bijna even grote groep K1 en 22 psychotraumata bij de veel kleinere groep K3. In de categorie 'reactie op de dood van de echtgenote' vindt men voor K1: 7 gevallen en K3: 6 gevallen, voor K2 echter geen enkel geval. Wij mogen er echter op wijzen, dat het type K2 dikwijls ongehuwd blijft.

Voor alle patiënten, zowel mannen als vrouwen geldt, dat ziekte en dood van echtgenoten en naaste familieleden het meest voorkomende psychotrauma is. Dan volgen de reacties op ziekten en dreigende invaliditeit. Het zijn vooral de pijnlijke chronische ziekten, die van belang zijn, vooral chronisch reuma en arthrosis deformans. Er zijn echter ook wel onschuldiger afwijkingen, die deze rol spelen, b.v. ulcus cruris varicosum en haemorrhoiden.

Blindheid blijkt bijzonder gevreesd en natuurlijk ook carcinoom. Het lijkt ons van weinig waarde dit in getallen uit te drukken. Die ziekten immers, die pijn, invaliditeit en levensgevaar inhouden kan men, als het materiaal maar groot genoeg is, alle terugvinden.

Terwijl dreigende blindheid dikwijls sterke psychische reacties oproept, hebben doofheid of dreigende doofheid deze invloed in veel mindere mate. Dit in overeenstemming met de gegevens bij de literatuurstudie gevonden (zie I, 4). De overige psychotraumata hebben voor alles betrekking op dreigende vereenzaming. Daarbij zijn gemakkelijk drie groepen te onderscheiden *1.* vereenzaming door huwelijken van inwonende kinderen, *2.* vereenzaming door vertrek van nabestaanden, *3.* vereenzaming door twisten met kinderen en andere verwanten.

Dan zijn er nog enkele zeldzame traumata zoals ongelukken, ontdekking van kleine misdrijven en iets veelvuldiger: gedwongen plaatsing in een tehuis.

Tot slot een kleine casuïstiek betreffende de invloed van het psychotrauma, waarbij wij de nadruk legden op de zeldzamere traumata.

Casus MN/30/19083 (code PKS) betreft een man van 72 jaar, die sinds jaren lijdt aan een essentiële hypertensie. Hij was altijd ijverig, zuinig en nauwkeurig en spande zich voor allerlei doeleinden erg in, zonder zich daarmee echter vrienden te verwerven.

Op 53-jarige leeftijd moest patiënt zijn werk opgeven, omdat hij zijn reuk verloor (patiënt was gasfitter), hetgeen hem zeer aangreep.

Het heeft deze man niet meegezeten. Vijf jaar voor opname overleed zijn vrouw en twee jaar daarna kreeg hij een apoplexie, die door hem in verband wordt gebracht met de echtscheiding van zijn jongste dochter. Daar patiënt een liefhebber van wandelen was, werd hij door de apoplexie zeer getroffen en leed hij onder de gevolgen.

Weer later ontmoette hij een vrouw, met wie hij ging samen wonen, zonder haar te huwen (vanwege het 'dubbele pensioen'). Bij controle werd echter ontdekt, dat hij zijn slaapkamer met deze vrouw deelde, zodat het pensioen van de vrouw toch werd ingehouden. Patiënt schaamde zich over dit alles diep en verhuisde zelfs naar een andere buurt, waar hij niet kon aarden.

Toen patiënt bovendien ging opmerken, dat hij snel doof begon te worden, werd hij wanhopig en deed een poging tot zelfmoord.

In de kliniek vertoont hij een depressief beeld met typische ouderdomsproblematiek. 'Ik heb geen doel meer in mijn leven. Het vroegere doel was te eng, te beperkt.'

'Ik dacht het gevonden te hebben in die vrouw op mijn 71e jaar.'

Casus MN/235/18957 (code Ps) is een man van 79 jaar, die beschreven wordt als goedig en wat kinderlijk, maar over wie verder niets valt op te merken.
Enige maanden voor opname werd patiënt gedwongen te verhuizen, omdat de oude woning werd afgebroken. Sindsdien was patiënt gaan 'tobben'. Hij ging aan slapeloosheid lijden, durfde ook niet naar bed, omdat hij bang was dat hem iets zou overkomen.
Bovendien werd patiënt suf en vergeetachtig.
Hij is hersteld ontslagen toen een meer passende woning werd gevonden.

Casus MO/178/10451 (code SP) is 75 jaar oud, maar werd sinds zijn 73e jaar meerdere malen wegens tentamina suicidii opgenomen. Het praemorbide karakter zou niet afwijkend zijn geweest.
Patiënt lijdt aan een ernstige myodegeneratio cordis en is zonder enige twijfel vrij dement, hoewel deze dementie zeer wisselend is.
Zo valt ook te verklaren, dat patiënt zich hardnekkig van de domme houdt als hij gevraagd wordt naar zijn motieven voor een zelfmoord.
Tenslotte echter vertelt hij: 'Ik moet in de war zijn geweest. Reeds langere tijd was ik 's ochtends zenuwachtig en gejaagd. Ook om die benen (patiënt lijdt aan ulcera cruris). Die moest ik 's ochtends altijd verzorgen. De laatste ochtend zagen ze vuurrood. Ik ben daar erg van geschrokken en mijn vrouw vond me toen op de grond liggen. Hoe ik daar gekomen ben, weet ik niet' (tentamen suicidii met gas).

Casus MO/93/9433 (code P) betreft een reeds 84-jarige alleenwonende weduwnaar.
Een alcoholist is hij niet, maar toch is hij wegens dronkenschap en een twijfelachtige commotio opgenomen.
De dronkenschap bleek een middel om de pijn, veroorzaakt door haemorrhoiden, te ontkomen.

Casus MO/74/11244 (code SP) is een man van 70 jaar, die in een deplorabele lichamelijke toestand verkeert wegens een luetische aandoening van de aorta.
Toch is de depressie voor een groot deel reactief ontstaan. Twee jaar voor opname werd patiënt n.l. betrapt op een zedendelict met een meisje.

Casus MO/117/11146 (code PK) betreft een 'voorbeeldige' man van 72 jaar met vele psychasthene karaktertrekken.
Ziek is hij nooit geweest.
Daarom is patiënt ook zeer geschokt, wanneer bij hem een 'blaaslijden' wordt

geconstateerd. Hij wordt op slag depressief. Het 'blaaslijden' werd echter nooit weer aangetoond.

Casus VN/204/16711 (code PKS) is een vrouw van 79 jaar, bij wie psychasthene trekken samengaan met een sterke afhankelijkheidsbehoefte (zodat men twijfelt tussen de karaktertypen K1 en K3).
Haar lichamelijke toestand laat te wensen over. Zij lijdt aan een lichte diabetes en aan arteriosclerosis renum.
Reeds voor het overlijden van de echtgenoot (vijf maanden voor opname) had zij klachten over slapeloosheid en hoofdpijn. Na het plotseling overlijden van de man is het er niet beter op geworden. Bij haar kinderen kon ze het niet uithouden. Sterke doodsangst kwelde haar. Tenslotte liep zij het huis uit en sprong zij in de gracht.
Volgens de familie reageerde zij op de dood van haar man indertijd niet met waarneembaar verdriet. Zijn dood riep bij haar gevoelens wakker van hulpeloosheid, radeloosheid en eenzaamheid.

Casus VN/84/15197 (code Ps) is een weduwe van 68 jaar. Zij wordt beschreven als een opgewekt type, hoewel zij ook nerveus en driftig wordt genoemd.
Er zijn echter voortdurend moeilijkheden met haar psychopathische zoon. Wanneer deze er tenslotte toe komt ook zijn moeder in haar huis te bestelen, wordt patiënte depressief.

Casus VN/82/14951 (code PMS) betreft een vrouw van 66 jaar, die voor haar opname verblijf hield in een interneringskamp voor politieke delinquenten.
Zij is 'totaal in de war': depressief, paranoid en suicidaal.
Patiënte en haar man zijn in 1944 naar Duitsland gevlucht, maar na de oorlog hier teruggekomen en prompt gearresteerd. Na deze arrestatie leeft patiënte 'in een waas'. Zij leeft in de waan, dat haar man naar Rusland is gedeporteerd en dat een ander in zijn plaats in Nederland zal terechtstaan. Het is duidelijk, dat patiënte de scheiding van haar man, aan wie zij sterk gebonden was, niet kon verdragen.

Casus VN/52/15686 (code KPs) is een vrouw van 67 jaar met een typisch rigide karakterstructuur (type K1).
De depressie is het gevolg van een ernstig conflict met haar dochter, die een verhouding heeft met een man, terwijl haar eigen echtgenoot in de gevangenis zit. Die is als oud-N.S.B.-er veroordeeld tot zeven jaar gevangenisstraf, hetgeen niet wegneemt, dat patiënte nog steeds 'dol op hem is'.
Daarbij komt nog, dat patiënte zelf uit een gezin afkomstig is van een alco-

holistische vader en een zich prostituerende moeder. Nu wil zij haar kleinkinderen 'dit lot besparen'.
De depressie leidt tot opname, wanneer de dochter toch haar eigen weg gaat en haar kinderen verbiedt hun grootmoeder te bezoeken.

Casus VN/18/17551 (code PS) is een gescheiden vrouw van 78 jaar, die in huis is bij haar dochter.
Ondanks dat deze vrouw 'eigenlijk geen problemen' heeft, doet zij onverwachts een tentamen suicidii.
Bij nader inzien heeft zij daartoe toch wel een goede reden! Reeds zeven jaar is deze vrouw niet meer op straat geweest wegens een arthrosis deformans. Zij wilde niet in een invalidenwagentje rijden, 'want dan zouden de mensen dat zien'.
In de kliniek probeert men haar te mobiliseren, maar dat stuit op onvermoede tegenstand.
Duidelijk speelt daarbij een rol, dat patiënte vreest weer naar huis gestuurd te worden!

Casus VO/73/8375 (code PS) betreft een weduwe van 70 jaar, die bij haar dochter in huis woont.
Deze beschrijft haar als een opgewekte vrouw, die veel van grapjes hield en de dood van haar man goed kon verwerken.
Enkele maanden nadat zij bij haar dochter kwam, is patiënte erg geschrokken. Toen zij op een avond thuiskwam, viel zij over een hoop rommel. Er bleek te zijn ingebroken.
Sindsdien is patiënte sterk veranderd. Zij kreeg allerlei klachten, was veel minder opgewekt en ging 's avonds vroeg naar bed.
Enkele maanden daarna wordt zij getroffen door een apoplexie. De invaliditeit, die daar het gevolg van is, kan zij niet verwerken. Wegens haar onrust moet zij worden opgenomen. Bij opname vindt men dan bovendien een hartinfarct.

Epicrise. De casuïstiek geeft een goed beeld van de bonte mengeling van psychotraumata, die in de ouderdom van belang kunnen zijn. De wijze waarop het psychotrauma in de levensloop ingrijpt, is daarbij bovendien zeer verschillend.
MN/30 lijdt onder een veelheid van psychotraumatische factoren. De ondergrond wordt echter gevormd door de mislukte poging een nieuwe bevredigende levenssituatie op te bouwen. Dit verleent dit geval zijn tragisch karakter. De mislukking resulteert in een onverdragelijke stress-situatie.
Over het algemeen kan men opmerken, dat een psychotrauma dikwijls een stress-situatie doet ontstaan of versterkt. Het kan dan echter nog jaren duren eer de inéénstorting volgt.

Zo verdraagt VN/18 zeven jaren lang een martelende invaliditeit, waarvoor zij uit valse schaamte geen hulp zoekt. Het is duidelijk, dat voor haar deze invaliditeit een narcistische krenking betekent.

VN/84 leeft onder een voortdurende druk wegens de misdadigheid van haar zoon, maar stort eerst in, wanneer de zoon zich ook aan haar eigendommen vergrijpt.

Bij VN/52 komt de stress-situatie voort uit de moeilijkheden in het huwelijk van de dochter en de N.S.B.-schoonzoon. Deze moeilijkheden nemen grote vormen aan wegens de onverwerkte jeugdproblematiek van patiënte.

Bij MO/178 vormt het ulcus cruris, dat iedere ochtend door patiënt zelf moet worden verzorgd, een voortdurende belasting. Eerst later bezwijkt patiënt daaronder.

Een psychotrauma kan echter ook de vorm hebben van een plotseling optredend onheil, dat de continuïteit van de levensloop doorbreekt.

Bij MN/235 is het de gedwongen verhuizing, bij MO/74 het ontdekte zedendelict, bij MO/117 het op een onjuiste diagnose berustende 'blaaslijden'.

Zeer typisch in dit verband is VO/73, waarbij na een inbraak patiënte zowel geestelijk als lichamelijk snel ten gronde gaat. Wij kunnen ons voorstellen, hoe dit voorval het gevoel van veiligheid heeft ondermijnd, dat patiënte bij haar dochter weer had opgebouwd. Het is alsof de vijandige machten haar toeroepen: 'Ook daar zullen we je wel krijgen!'

Gezien de theoretische achtergronden is casus VN/204 van grote betekenis. Deze vrouw vertoonde geen verdriet na het overlijden van de echtgenoot. Wel wordt zij door doodsangst overvallen. De sterke identificatie met de man speelt hier wel zeker een rol. Zij wordt echter niet paranoid of depressief, maar onbestemd angstig met bewuste doodsproblematiek, die zij in een suicide tracht te ontgaan.

VN/82 toont een reactie op een zeer grote stress en zou evengoed in de publicatie van Kral (1951) over Theresienstadt kunnen voorkomen.

MO/93 tenslotte, die door lichamelijke pijnen in de drank vlucht, is een voorbeeld van een opname op zeer losse gronden, zoals men in deze groep patiënten wel meer vindt. Deze simpele casus moet men echter zien tegen een achtergrond van vereenzaming en verwaarlozing van de ergste soort.

4. EEN STUDIE VAN SOCIALE FACTOREN IN DE PATHOGENESE DER PSYCHISCHE AFWIJKINGEN VAN HET SENIUM (FACTOR M)

In de zevende paragraaf van het eerste hoofdstuk deden wij een poging het senium te zien tegen zijn maatschappelijke achtergrond.

Wij kwamen daarbij tot de volgende conclusies. De ouderdom is een levenstijdperk, waarin de mens zich slechts met moeite maatschappelijk kan staande houden. Veel is afhankelijk van zijn behouden arbeidskracht en prestige, maar ook van het verworven bezit en van een stabiel economisch en politiek bestel.

Wij zagen verder, dat in de huidige maatschappij deze opgave moeilijker en ook gecompliceerder is geworden. Aan prestige boeten de ouderen in: ervaring en geoefendheid spelen in een geïndustrialiseerde wereld een geringe rol. Vele tradities gingen verloren. Sociale zekerheid bleef een moelijk te bereiken doel, slechts voor weinigen weggelegd.

Familiebanden en -relaties kregen in de laatste eeuwen geleidelijk een andere betekenis. Grotere afstanden scheiden ouders en kinderen wat betreft woonplaats, levensgewoonten, beroepen en opvattingen.

De geriatrische psychiatrie is niet los te denken van al deze maatschappelijke factoren.

Het senium, dat voor allen, ook de meest bevoorrechten, een opgave betekent, wordt dat nog in hoger mate, indien de strijd om het naakte bestaan verloren dreigt te worden. Het moet daarom zonder meer begrijpelijk zijn, dat in de ouderdom 'sociale stress' een belangrijke factor is bij het ontstaan van geestelijke en lichamelijke ziekten. Deze sociale noodsituaties ontstaan, in de meeste gevallen, door financiële behoeftigheid, uitschakeling van het arbeidsproces, gedwongen verandering van omgeving en door verlies aan maatschappelijke contacten.

Wij zullen allereerst nagaan, wat wij in de geriatrische literatuur vinden over de invloed van deze factoren op het psychisch evenwicht en daarna onze eigen bevindingen meedelen.

Financiële nood. Deze factor is zonder twijfel de meest voorkomende. Het is niet moeilijk aan te tonen, dat het merendeel der bejaarden veel te geringe inkomsten heeft. Doorgaans leven zij armoedig. (Voor cijfers de Verenigde Staten betreffende, zie: o.a. Bowman 1959, Williams 1960, Gordon 1960, voor Amsterdam, zie: Rapport Gemeente Amsterdam 1962). Dit blijkt op mannen een grotere druk uit te oefenen dan op vrouwen (Mack 1953). Dit laatste geldt trouwens voor alle sociale factoren, Armoede isoleert de mens van anderen. Beter gesitueerde bejaarden onderhouden meer sociale contacten (id.) Na pensionering gaat (in Amerika) 2/3 der bejaarden in inkomen achteruit (Williams 1960).

Met ziekte bestaat ook een verband. Ziekte put immers de financiële reserves uit. Financiële nood belemmert het zoeken van adaequate hulp en maakt kostbare geneeswijzen onbereikbaar (Confrey, Goldstein 1960).

Vrije-tijdsbesteding en hobby's worden door gebrek aan geld bemoeilijkt (Williams 1960).

Williams en Quesnel (1942) vonden bij lijders aan dementia senilis, dat deze onder armoediger omstandigheden in de maatschappij leefden dan de doorsnee der oudere bevolking.

Pensionering, het verloren gaan van de werkkring. Dit probleem kwam reeds in I, 7 ter sprake. De betekenis van de pensionering is niet zo zeer overschat (von Hollander 1956) als wel onjuist beoordeeld. Clow en Allen (1951) vonden bij 67 neurotische patiënten slechts bij 10 invloed van pensionering of gedwongen verhuizing. Bij vrouwen speelt pensionering slechts zeer zelden een rol in de pathogenese (Williams 1960). Op alle psychisch gestoorde bejaarden vormen zij, die onder verlies van een werkkring lijden, slechts een kleine groep.

Daarom ziet men na het 65e jaar ook geen plotselinge, maar wel een geleidelijke stijging van het aantal suicides (Kruyt 1960). Dat wijst er dus *niet* op, dat geestelijke ziekten direct na pensionering ontstaan of verergeren.

Pensionering alleen maakt niet ziek (Busse, Dovenmuehle 1960). Mensen worden juist eerder gepensioneerd vanwege ziekte (Birren 1960, McMahan, Ford 1955, Wanklin, Egener 1958). Er zijn zelfs aanwijzingen, dat pensionering een gunstige invloed heeft op de gezondheid der betrokkenen (Shanas 1958). Of pensionering een psychotraumata betekent, hangt vooral af van de betekenis, die het werk heeft in de levensgeschiedenis en het levenspatroon van de gepensioneerde.

Zij, die geestelijk ziek worden, waren niet zelden ontevreden over hun betrekking, of stonden er ambivalent tegenover (Pappas, Silver 1958). Zij hadden de neiging met vrijwillig vervroegd pensioen te gaan en maakten doorgaans geen plannen voor het latere leven. (id., ook: Tuckman 1956). Veel mensen gaan graag met pensioen en slaan een aanbod om langer te blijven af (Sargent 1956). Voor vrouwen is dit regel (Williams 1960). Vooral de gehuwde oudere vrouw werkt niet graag meer. In dat geval is het nog moeten werken eerder een psychotrauma (Kutner, Fanshel e.a. 1956). Werken betekent voor de meeste mensen een noodzakelijk kwaad; zij laten het gaarne in de steek.

Bij hogere maatschappelijke posities hecht men meer betekenis aan de arbeid (Williams 1960). Deze maatschappelijk bevoordeelde groep ziet het werk eerder als een onmisbaar element van het bestaan. Het is wel duidelijk, dat het werk hier een belangrijke sublimatie-mogelijkheid biedt. Deze groep echter, en dit geldt vooral voor de intellectuelen, lijdt toch al minder onder pensionering, omdat zij eerder opnieuw werk kan vinden (Busse 1954). Ook in andere opzichten zijn zij veel beter af.

Pensionering staat dus niet los van de levensgeschiedenis, de maatschappelijke klasse en de gezondheidstoestand. Men mag aannemen, dat vroegtijdige, plotselinge, gedwongen pensionering psychotraumatisch werkt, vooral als ziekte of verdere ongeschiktheid voor het beroep daarbij een rol spelen (Cameron 1956).

Verder is de betekenis van het werk in ieder individueel geval belangrijk verschillend. Wij zagen reeds (III, 2) hoe dwangmatige karakterstructuren in hun werk een middel ter onderdrukking van hun onbewuste neurotische conflicten vonden.

Tenslotte hangt zeer veel af van het lot, dat de bejaarde na het verlies van zijn werkkring wacht. Zeer belangrijk is daarbij hoe zijn sociale omstandigheden worden. Pensionering is meer dan alleen verlies aan activiteit, zij betekent dikwijls ook: verminderde sociale status, verminderd inkomen tot armlastigheid toe, en vereenzaming (Tyhurst 1956).

Daarom is het onjuist, indien men verneemt, dat een patiënt na zijn pensionering geestelijk achteruit ging, deze achteruitgang te wijten aan de pensionering. Men moet dan nog een nauwkeurige analyse verrichten van persoonlijke factoren, van het werk en van de veranderde sociale status.

Wanneer Busse (1959) dus opmerkt, dat depressies eerder ontstaan bij mensen uit de lagere maatschappelijke klasse, die geen arbeid verrichten, dan is dat een ongeoorloofde vereenvoudiging van een uiterst ingewikkeld geheel.

Omgekeerd kan men dus nooit stellen, dat doorgaan met werken tot op zeer hoge leeftijd voor alle mensen juist is. Voor velen ligt de pensioengerechtigde leeftijd bij 65 jaar al te hoog, zeker voor vele vrouwen. Er is eerder behoefte aan een meer gevariëerde leeftijdsgrens, afgestemd op het individuele geval. Het is als regel onjuist de bejaarden te zien als een homogene groep.

Verder moet men terwille van de geestelijke hygiëne van de oudere bevolking met klem een verbetering van hun sociaal-economische positie bepleiten. De gevaren van 'overprotection' (Pomrinse 1958) moge men daarbij voor lief nemen.

Gedwongen verhuizingen. Het opbreken van het huishouden is dikwijls nodig om uiteenlopende redenen. Lichamelijke hulpbehoevendheid en financiële nood zijn daarvan wel de belangrijkste. Het is dus niet altijd in engeren zin een 'sociotrauma', tenzij dat men stelt, dat het de plicht is van de gemeenschap een bejaarde zo lang mogelijk in zijn eigen omgeving te laten en daarbij eist, dat hiertoe voorzieningen worden getroffen. Over de betekenis van dit trauma vindt men in de literatuur niet veel. Het opbreken van het oorspronkelijke huishouden begint eigenlijk al, wanneer het jongste kind de ouderlijke woning verlaat.

Het schijnt vooral de vrouw te zijn, die hieronder het meeste lijdt. Dit zou ook voor het uiteindelijke opbreken gelden. Volgens Meerloo (1955) en Huet (1954) zou deze gebeurtenis onbewust in verband gebracht worden met 'the final move'.

Vereenzaming. Eenzaamheid is geen socio- of psychotrauma, maar een, voor vele mensen, zeer moeilijk te dragen stress-situatie. 'Het is met name de eenzaamheid, die de existentiële nood bepaald', schrijft v. d. Horst (1961).

Eenzaamheid ontstaat natuurlijk niet door maatschappelijke factoren alleen, maar toch is het opvallend, dat deze daartoe in hoge mate bijdragen. De vereenzaamden vormen omgekeerd een belangrijk maatschappelijk probleem.

Volgens Cumming en Mc Caffrey (1961) is vereenzaming een natuurlijk ouderdomsverschijnsel, behorende bij een algemene inperking van de omgeving en de wisselwerking daarmee ('disengagement'). Zij stellen, dat zowel een te vroege als een te late 'disengagement' schadelijk werkt. In het laatste geval houdt de bejaarde, dikwijls noodgedwongen, vast aan taken, die door jeugdiger personen dienen te worden vervuld, zowel op het werk als in het gezin. De bejaarde wil ook rusten en bevrijd zijn van dagelijkse zorgen.

Te vroege 'disengagement' is een veel meer voorkomend probleem. Dan vindt men oudere mensen, die dikwijls tegen hun wil afgesneden zijn van het leven en die genoodzaakt zijn hun dagen eenzaam en nutteloos te slijten.

Het in de Engelse en Amerikaanse literatuur gebruikte begrip 'isolation' houdt deze toestand van ongewenste vereenzaming in.

De graad van 'isolation' kan men afmeten aan het aantal tussenmenselijke contacten, maar dit is moeilijk te bepalen bij een meer globaal onderzoek. Vandaar ook, dat men dikwijls afgaat op woonomstandigheden en het alleen-wonen als graadmeter gebruikt (Granick, Nahemow 1961). Natuurlijk is deze laatste maatstaf te grof. Men kan immers ook te midden van velen een 'isolate' zijn. Omgekeerd kan iemand, die alleen woont nog midden in het leven staan (Post 1951, Lewis, Goldschmidt 1943).

Toch zal dit laatste wel minder voorkomen. Het is immers zonder meer duidelijk, dat mensen, die alleen wonen, verstoken zijn van gemakkelijk bereikbaar contact met anderen. Zij zullen om contacten te leggen moeten afwachten wie bij hen komt, of er zelf op uit moeten trekken. Dit laatste valt vele bejaarden te zwaar, ook wegens lichamelijke gebreken. Bovendien zijn bejaarden, en daar zijn zij dikwijls zeer gevoelig voor, bij anderen al vlug 'te veel'. Vandaar ook, dat kinderen, die in de naaste omgeving wonen, voor deze groep bejaarden van zoveel betekenis zijn. Wonen bovendien broers, zusters of andere bejaarde familieleden in de buurt, dan zijn zij niet slecht af. Cumming en Mc Caffrey (1961) hechten aan dit laatste grote waarde.

Vereenzaming ontstaat door een veelheid van factoren, die met elkaar samenhangen. Wij zagen reeds (III, 2), dat er verband bestaat met de karakterstructuur. De beschreven abnormale karaktertypen hadden alle gemeen een bemoeilijkt contact met anderen binnen een zeer beperkte kring.

Patiënten met deze karaktertypen neigen dus in de ouderdom tot vereenzaming. Het aantal contacten door deze mensen in jeugdiger perioden onderhouden was waarschijnlijk minder dan gewoon.

Meet men de vereenzaming af aan het alleenwonen, dan mist men ongetwijfeld veel belangrijke gegevens. Wij zullen daarop aan het einde van deze paragraaf, bij het eigen onderzoek, nog terugkomen.

Volgens Williams (1960) zou ook het aantal vereenzaamden met de leeftijd toenemen. Dit lijkt voor de hand liggend. De dood ontneemt immers de bejaarde steeds meer leeftijdsgenoten, ook in de nauwe kring van gezin en familie. Met de leeftijd stijgt het aantal weduwen en weduwnaren (Streib, Thompson 1960).

Vereenzaming treedt meer op bij armlastigen (Mack 1953, Gruenberg 1954, Williams 1960, Foskette 1955), minder bij goed gesitueerden (Kutner, Fanshel e.a. 1956) en intellectuelen (Drietomszky 1962). In de gevallen dat vereenzaming optrad bij leden van hogere sociale klassen, werd zij volgens Brown (1960) wel moeilijker verdragen.

Lichamelijke ziekte en invaliditeit hebben geen duidelijke invloed op de vereenzaming (Williams 1960). Zieke of gebrekkige bejaarden eisen daardoor immers meer aandacht op. De ziekte biedt mogelijkheid tot contact, zodat dikwijls ziektewinst een factor wordt, waar men rekening mee moet houden. Doofheid, meer dan blindheid, doet ieder mens vereenzamen. Volgens Kutner, Fanshel e.a. (1956) hebben vereenzaamden een slechtere gezondheid dan niet-vereenzaamden. Zij zouden echter over het algemeen minder klagen. Al met al wordt niet duidelijk hoe lichamelijke ziekte en vereenzaming zich tot elkaar verhouden.

Veel duidelijker is dat t.a.v. psychische ziekten. Niet alleen voeren geestelijke afwijkingen tot vereenzaming, maar omgekeerd bevordert eenzaamheid het ontstaan van deze afwijkingen.

Volgens Williams en Jaco (1958) hebben ongehuwden, weduwen en weduwnaren in het senium drie maal zo veel kans psychotisch te worden Post (1951, 1958) komt tot dezelfde conclusie bij een vergelijk van een groep bejaarde patiënten met een overeenkomende normale groep. Dit werd eveneens aangetoond door Lewis en Goldschmidt (1943).

Wanklin en Egener (1958) vonden bij geestelijk gestoorde bejaarden eerder een beperkte schoolopleiding en een neiging tot ongehuwd blijven dan bij normale bejaarden. Ook gingen de patiënten over het algemeen vroeger met pensioen.

Volgens een rapport, uitgebracht op het vijfde driejaarlijkse congres van 'the International Association of Gerontology' te San-Francisco (1960), zou bij geestelijk gestoorde bejaarden, in tegenstelling met een vergelijkbare groep geestelijk gezonde bejaarden, het contact met het nakomelingschap na het 50e jaar reeds sterk verminderen.

In Frankrijk tenslotte vonden Achaintre en Bonhomme (1957) bij een groep vrouwen, lijdende aan dementia senilis, 8% gescheiden en 15% ongehuwd gebleven vrouwen, terwijl voor geheel Frankrijk voor die leeftijdsklasse de percentages respectievelijk 3 en 9 bedragen.

Er is dus een relatie tussen geestelijke afwijkingen en vereenzaming, maar deze relatie is geenszins eenvoudig. Daarvoor is de vereenzaming zelf te veel het resultaat van talloze, ook zeer individuele, factoren.

Tenslotte willen wij bovendien in de herinnering roepen, dat maatschappelijke factoren, zoals alleen-wonen, de opnamekans sterk bevorderen, onafhankelijk van de aard en de ernst van de psychische afwijkingen. Daarom is het noodzakelijk zeer voorzichtig te zijn met het trekken van vergaande conclusies.

Het eigen onderzoek

Allereerst hebben wij getracht cijfers te verzamelen betreffende de 'sociotraumata' (factor M). Hieronder vallen voor de man o.a. financiële zorgen en verlies van de werkkring. Voor de vrouw werden bovendien de gedwongen verhuizingen afzonderlijk nagegaan.
Wegens de grote verschillen in de uitkomsten bij mannen en vrouwen, is het overzichtelijker de gegevens afzonderlijk te bespreken.

Groep MN. Deze groep betreft 179 bejaarde mannen, de ondergroepen X en Nl niet meegerekend.

In deze groep vindt men 23 mannen, die leden onder traumata in de sociale sfeer (12,9%).

Financiële zorgen werden als pathogeen moment aangenomen bij 8 gevallen, verlies van de werkkring bij 9 gevallen. In 11 gevallen vonden wij andere maatschappelijke factoren, hoofdzakelijk slechte behuizing en gebrekkige verzorging. Financiële zorgen waren in 3 gevallen gekoppeld met het verlies van de werkkring.

Een combinatie van sociotrauma en psychotrauma vonden wij in 12 van de 23 gevallen. Er zijn dus slechts 11 gevallen, die *alleen* sociotraumata in de anamnese hebben.

Van de 23 gevallen vonden wij bij niet minder dan 17 gevallen een abnormale praemorbide karakterstructuur. (K1:7, K2:3, K3:7). Verlies van werk lijkt meer invloed te hebben bij K1 (5x) en K3 (2x) dan bij K2 (1x). Deze getallen zijn te klein voor conclusies, hoewel zij bepaalde theoretische overwegingen steunen. Er zijn slechts 5 gevallen, waarbij de factor M (al of niet gecombineerd met de factor S) als enige pathogene factor naar voren komt.

Groep MO. Deze groep betreft 210 mannen, afgezien van de ondergroepen Nl en X.

Hieronder vindt men 19 gevallen, waarbij het sociotrauma, of een combinatie van sociotraumata, een rol speelt (9,0%).

Hierbij vonden wij 12 maal invloed van financiële zorgen, 8 maal invloed van het verlies van de werkkring en 6 maal nog andere sociotraumata.

Van de 8 patiënten die leden onder het verlies van hun werk, gingen drie bovendien gebukt onder de financiële consequenties.

Een combinatie van de factoren M en P vonden wij in 5 van de 19 gevallen. Eveneens in 5 gevallen bestond een combinatie met een abnormale karakterstructuur.

Er zijn slechts 9 gevallen, waarin alleen, al of niet samen met de factor S, het sociotrauma een belangrijke invloed heeft gehad.

Conclusie: De invloed van traumatiserende maatschappelijke omstandigheden bij mannen blijkt niet zeer groot te zijn. Men mag aannemen, dat zij slechts in één van de tien gevallen van invloed is geweest.

Dat betekent natuurlijk toch ook weer niet, dat deze pathogene factor van geen betekenis is.

Slechts een enkele keer is het sociotrauma *niet* gecombineerd met andere psychotraumata of met een afwijkende karakterstructuur. Dat is min of meer in overeenstemming met de uitspraak van Post (1951), waarin deze ontkent dat sociotraumata mensen ziek kunnen maken. In absolute zin echter gaat deze uitspraak zeker niet op.

Er zijn slechts weinig patiënten (17 op de 389 d.i. 4,4%), die leden onder het verlies van hun werkkring. Bovendien had dit voor 6 van hen belangrijke financiële consequenties.

Bij de vrouw blijkt de invloed van het sociotrauma nog geringer te zijn. *Groep VN* (weer zonder X en Nl) betreft 174 vrouwen.

Daaronder zijn slechts 8 gevallen (4,6%) met een sociotrauma of een combinatie van sociotraumata als pathogene factor in de voorgeschiedenis.

Men vindt 4 maal financiële zorgen, 2 maal het probleem van het verlies der werkkring, 2 maal een gedwongen verhuizing en 4 maal andere traumata. In beide gevallen, waarin sprake was van de invloed van de verloren werkkring, bestonden tevens financiële zorgen.

Zeven van de acht patiënten hadden een afwijkende karakterstructuur.

Groep VO omvat 181 vrouwen (X en Nl uitgezonderd).

Het sociotrauma vindt men terug in 8 gevallen (4,4%). Men vindt financiële zorgen en verlies van werkkring beide slechts in één geval. In 3 gevallen is een gedwongen verhuizing in het spel. In 4 gevallen vindt men nog andere sociale factoren (vooral slechte behuizing).

Een abnormale karakterstructuur werd slechts in één geval vermeld, hetgeen wijst op een onvoldoende waardering van die factor bij deze groep.

Conclusie: De invloed van sociotraumata bij de vrouw is kleiner dan bij de man (± 4,5 tegen ± 10%). Van de 16 gevallen in groep V, waren er slechts 6, waarbij deze factor niet gecombineerd was met psychogene of characterogene factoren. Waarschijnlijk was in werkelijkheid dit aantal nog hoger.

Het sociotrauma alleen is dus ook bij de vrouw zelden in staat het psychisch evenwicht te verstoren.

Vereenzaming

Wij hebben de factor 'vereenzaming' afgemeten aan het al of niet gehuwd zijn en aan het alleen-wonen. Beide maatstaven zijn zonder twijfel ontoereikend, maar geven toch een globale indruk van dit probleem. In de vol-

TABEL 3

	Gehuwd	Weduw-staat	Gescheiden	Nimmer gehuwd geweest	Totaal
MN	117(57,6)*65,9*	68(33,5)*26,5*	11(5,4)*2,0*	7(3,4) *5,5*	203(100)*100*
MO	131(57,7)*62,6*	70(30,8)*29,6*	13(5,7)*1,7*	13(5,7) *6,6*	227(100)*100*
VN	89(43,4)*38,3*	76(37,1)*47,2*	11(5,4)*2,5*	29(14,1)*11,9*	205(100)*100*
VD	65(30,4)*35,8*	115(53,7)*49,3*	9(4,2)*1,8*	25(11,7)*13,0*	214(100)*100*

Gehuwd en ongehuwd in de onderscheiden groepen. Tussen haken de berekende percentages. Daarachter de percentages voor de bevolking van Amsterdam in 1930 en 1947

gende tabel is het patiëntenmateriaal, uitgezonderd de groep Nl., verdeeld in de categorieën: gehuwd, weduwstaat, gescheiden en nimmer gehuwd.

Het is zonder meer duidelijk, dat de mannelijke patiënten veel meer gehuwd zijn dan de vrouwelijke. De vrouwelijke patiënten zijn daarentegen eerder weduwe.

Het verschil wordt wel duidelijk als men MO en VO vergelijkt. Vrouwen worden ouder, worden later opgenomen en zijn dikwijls jonger dan de echtgenoot, die zij veelal overleven. Dit alles zal aanleiding geven tot het gevonden verschil.

Hoe verhouden zich nu de in ons onderzoek gevonden cijfers tot de cijfers voor de Amsterdamse bejaarde bevolking? Een overzicht van deze laatste vinden wij in het Rapport van de Gemeente Amsterdam: 'Bejaard zijn in Amsterdam' (1962), waarin wij tevens een diepgaande bespreking aantreffen van het probleem der vereenzaming. De volkstelling van 1930 geeft cijfers, die te vergelijken zijn met de cijfers van groep O, de volkstelling van 1947 geeft cijfers, die men kan vergelijken met de gegevens van groep N. Bij statistische analyse werd het volgende gevonden.

MN: Er is een aanwijzing (k = 0,02), dat de verhoudingen voor de patiënten afwijken van die voor de bejaarde bevolking van Amsterdam. Dit geldt met name voor de gescheiden mannen (k = 0,005) en de weduwnaars (k = 0,04).

MO: Ook in deze groep wijken de verhoudingen af (k = 0,0006), wel heel duidelijk voor de gescheiden mannen (k<0,00001).

VN: Er is weer een aanwijzing, dat de verhoudingen afwijken (k = 0,03), met name voor weduwen (k = 0,02).

VO: De verhoudingen wijken niet aantoonbaar af (k = 0,21).

De uitkomsten voor de vrouwelijke patiënten zijn het gemakkelijkste te interpreteren. De weinig geselecteerde groep VO volgt blijkbaar de opbouw van de vrouwelijke bejaarde bevolking vrij nauwkeurig. Daarom zou men ook deze groep als een vrij getrouwe afspiegeling kunnen zien van de verhoudingen in de maatschappij. Voor VN geldt dit niet. Zoals wij later zullen zien (IV, 1), zijn na de oorlog de oudste vrouwelijke patiënten minder opgenomen. Daardoor bevat VN ook minder weduwen dan de bevolkingscijfers doen vermoeden.

De uitkomsten voor de mannelijke patiënten wijzen op een grotere kans voor de gescheiden, niet hertrouwde, man op opname in de kliniek. Voor MO is dat wel zeer duidelijk. Deze categorie bejaarden zal immers dikwijls alleen en onder weinig gunstige omstandigheden leven. De echtscheiding zelf wijst op moeilijkheden reeds vóór het senium, die in sommige gevallen wel met de karakterstructuur zullen samenhangen.

In MN vindt men bovendien meer weduwnaren dan men kon verwachten. Ook hier zijn wij geneigd te wijzen op de invloed van het alleen-wonen en van het overlijden van de echtgenote als psychotrauma. Conclusies mag men echter niet trekken, daar hetzelfde in de groep MO niet wordt gevonden, hoewel MN en MO gezien de leeftijdsopbouw niet duidelijk verschillen (IV, 1).

In ons materiaal vinden wij dus geen duidelijke aanwijzing, dat de kans voor verweduwde en nimmer gehuwde bejaarden op opname in de kliniek opvallend groot is, terwijl men in de literatuur daarover veel positievere uitspraken vindt. Daarentegen vestigen wij de aandacht juist eerder op de *gescheiden* levende man. De nimmer gehuwde man vond waarschijnlijk reeds vóór het senium een oplossing, die ook in de ouderdom bleef voldoen.

Het is wel duidelijk, dat in een toekomstig onderzoek men deze gegevens verder zal moeten analyseren. In ieder geval blijkt, dat men niet zonder meer het simpele niet- of niet meer gehuwd zijn verantwoordelijk mag stellen voor psychische afwijkingen in het senium.

Vervolgens nog enkele gegevens betreffende het alleen-wonen. Wij verzamelden die gevallen, welke alleen woonden, afgezien van de contacten, die zij wellicht toch onderhielden. Onze resultaten zijn de volgende:

MN omvat 40 alleen-wonenden op 198 patiënten (20,2%).
MO „ 40 „ „ „ 214 „ (18,7%).
VN „ 60 „ „ „ 194 „ (30,9%).
VO „ 62 „ „ „ 201 „ (30,8%).

Vrouwelijke patiënten leven veel eerder alleen dan mannelijke. Bovendien blijkt, dat de patiënten opgenomen voor de laatste wereldoorlog en die opgenomen na die oorlog t.a.v. het alleen-wonen opvallend weinig verschillen. Nu bestaan er over het alleenwonen der Amsterdamse bejaarden vóór de oorlog geen cijfers.

Over de toestand na de oorlog echter zijn wij beter ingelicht dankzij de 'Algemene woningtelling in 1956' Wij ontleenden de betreffende cijfers weer aan het Rapport van de Gemeente Amsterdam: 'Bejaard-zijn in Amsterdam' (1962, staat 3). Een kleine berekening leert, dat 31,0% der bejaarde vrouwen in Amsterdam alleen woont en dat het overeenkomstige percentage voor bejaarde mannen 11,1 bedraagt.

Vrouwelijke patiënten leven dus niet meer alleen dan bejaarde vrouwen in de maatschappij, terwijl mannelijke patiënten bijna tweemaal zo veel alleen wonen als bejaarde mannen in de maatschappij. Zeer waarschijnlijk betekent dus het alleen-wonen voor bejaarde mannen een grotere stress-situatie dan voor bejaarde vrouwen. De bejaarde man lijdt eerder onder slechte levensomstandigheden dan de bejaarde vrouw.

5. DE BETEKENIS VAN LICHAMELIJKE ZIEKTE VOOR DE PATHOGENESE DER PSYCHISCHE AFWIJKINGEN VAN HET SENIUM (FACTOR S)

Het lijdt geen twijfel, of de ouderdom houdt ziekelijke afwijkingen in, die tot de dood voeren. Ouderdom en ziekte zijn onafscheidelijk. Ziekte immers is de verschuiving van evenwichten, die het leven in stand houden. In de ouderdom wordt tenslotte de homoiostasis voorgoed verbroken in de dood. Van ouderdom sterven is een uitzondering, een experiment in het laboratorium, waarbij men het verouderende weefsel afsluit van uitwendige invloeden.

In werkelijkheid echter heeft het organisme deel aan zijn omgeving. De dood treedt niet op van binnen uit, maar is een te gronde gaan van het organisme in zijn wereld. De op die wereld afgestemde levensprocessen laten hem in de steek. 'Senescence is a process involving progressive loss of the ability to live' (Lansing 1959). Zo is begrijpelijk, dat een 'reiner Alterstod' zeer zelden wordt gevonden bij een obductie. Steeds vindt men ziekelijke afwijkingen, die de dood bespoedigden of veroorzaakten (Vischer 1949).

Bij de mens zijn lichaam en geest bij dit alles niet te scheiden. Iedere verdeling houdt fouten in. Zo is dementie op te vatten als een psychisch sterven, een toestand, die in natuurlijke omstandigheden tot een snelle dood voert. Zij ontstaat zowel door organische als psychische factoren.

Psychische factoren zijn van grote betekenis voor een goed organisch functioneren. 'All function is organic' (Cobb cit: Ehrentheil 1958).

J. Kaplan (1954) vond, dat 50% der psychisch gestoorde bejaarden leed aan 'physical ailments' ten gevolge van stress. Vergelijkt men psychisch gestoorde bejaarden met psychisch normale bejaarden, dan blijkt volgens Pappas en Silver (1958), dat de eerste groep reeds vóór het senium meer en langer lichamelijk ziek was. Daarbij kwam nog, dat deze mensen in hun ziekte zich minder aan medische voorschriften hielden en neigden tot ontkenning ('denial') van hun ziek zijn.

Psychische afwijkingen in het senium ontstaan dikwijls onder invloed van ziekelijke processen in de hersenen en elders in het lichaam (Howell 1959). Men moet echter niet de fout maken daarop al te veel de nadruk te leggen. Dit blijkt duidelijk uit de studie van Obrecht (1951), waarin twee honderdjarigen worden beschreven, waarvan de ene reeds 50 jaar doof was en de ander op 74-jarige leeftijd tot twee maal toe door een apoplexie werd getroffen. Beide personen echter waren op 100-jarige leeftijd nog lichamelijk vitaal en geestelijk zeer helder.

Tussen ouderdom en ziekte bestaat een belangrijk verband. De kans op ziekte en invaliditeit neemt bij het ouder worden sterk toe (Confrey, Goldstein 1960, Diederich 1955).

Psychische en lichamelijke ziekte echter hangen ongetwijfeld op een uiterst ingewikkelde wijze samen, zodat men hier geen eenvoudige regels kan opstellen. Onderzoekt men, zoals Kahn en Goldfarb (1960), bejaarden in verpleegtehuizen en psychiatrische inrichtingen, dan blijkt geen verband te bestaan tussen chronologische leeftijd en 'physical functional status'. De psychische toestand zou t.a.v. deze laatste veel eerder een aanwijzing geven. 'A person 85 years of age or over with good mental status is much more likely to have a good physical functional status than a person 74 or younger who is in poor mental condition' (id.). Deze regel gaat overigens in tehuizen meer op dan in psychiatrische inrichtingen (Goldfarb 1961).

Volgens Busse en Dovenmuehle (1960) zijn neurotische en normale bejaarden lichamelijk gezonder dan psychotische bejaarden. Het ligt ook voor de hand dit aan te nemen, maar het overtuigende bewijs is niet geleverd. Weiss, Gildea e.a. (1958) schrijven: 'Chronic physical illnesses of all kinds also tend to be associated with higher rates of incidence of such mental disorders. But this latter association may well be due in large part to the emotional reactions of the older person to his physical illness or impairment, rather than to any direct causal relationship.'

Zolang geen diepgaand onderzoek is verricht over het statistisch samengaan van geestelijke en lichamelijke afwijkingen in de ouderdom, moet men de grootste terughoudendheid betrachten. Schreuder (1955) vond in ons land 512 chronisch zieken en invaliden op 9038 bejaarden (5,7%). Dit cijfer heeft betrekking op ernstige gevallen. Telt men *alle* chronische aandoeningen, dan komt het percentage aanzienlijk hoger, volgens Weiss, Gildea e.a. (1958) tot om de 50%! Dit laatste komt overeen met het cijfer, in het onderhavige onderzoek gevonden, en met de percentages voor chronische lichamelijke ziekte van Kay en Roth (1955). Deze vonden bij dementia senilis een percentage van 39, bij arteriosclerotische psychose één van 66, bij 'affective disorder' 48%, bij 'late paraphrenia' 50% en bij delirante beelden een percentage van niet minder dan 89. Alleen het laatste percentage is significant hoger dan de andere. Men vindt dus voor de meer chronische psychische beelden tussen 40 en 50% gevallen met chronisch lichamelijke aandoeningen.

Volgens Belloc (1956) is van alle bejaarden 3% blind. Blindheid ontstaat in 54% der gevallen na het 65e jaar. Volledige doofheid komt meer voor. In de leeftijdsgroep 65 tot 74 jaar bedraagt het percentage voor mannen 7,3%, voor vrouwen 5,5%. Boven de 75 jaar wordt dit respectievelijk 17,5 en 13,6%! (Weiss 1959).

Acute lichamelijke aandoeningen geven waarschijnlijk eerder dan bij jongere psychische afwijkingen in de zin van symptomatische delirante beelden. Een enkele keer (volgens Roth 1959, 3 op 240 gevallen) ziet men een diepe dementie. Ook paranoide en depressieve beelden ziet men wel, hoewel deze meestal ook het gevolg zijn van het psychotrauma, dat de ziekte voor de patiënt betekent.

Het delier ('mental confusion') ontstaat volgens Flint (1959) vooral door de volgende ziekten (in percentages). Hersenafwijkingen 35, hartziekten 22, longziekten 19, nierziekten 11, bloedafwijkingen 4,5, overige orgaansystemen 8,3, onbekend 22. Onder 'nierziekten' is ook de prostaathypertrofie met haar gevolgen begrepen.

Brouwer (1960) geeft in een ander verband de volgende opsomming: hartziekten, anaemia perniciosa, pneumonie, fracturen, uraemie, prostaatca., taboparalyse, M. Huntington, thrombosis cer., carcinoma ventr. Het beeld ontstaat ook iatrogeen door overmatige toediening van barbituraten en opiaten.

Wij willen nu enkele gegevens meedelen, die in het eigen onderzoek naar voren kwamen.

Chronische ziekte en invaliditeit werd op 872 patiënten 485 maal gevonden (55,7%). De verdeling voor de verschillende groepen is als volgt:

MN : 130 zieken op een totaal van 210 patiënten (61,9%).
MO : 122 „ „ „ „ „ 233 „ (52,4%).
VN : 100 „ „ „ „ „ 209 „ (47,8%).
VO : 133 „ „ „ „ „ 220 „ (60,5%).

Statistische analyse van de cijfers geeft de volgende uitkomsten.

MN-MO: Er is een aanwijzing, dat na de oorlog meer ziekte en invaliditeit voorkwam (k = 0,04).

VN-VO: Sterke aanwijzing, dat juist voor de oorlog meer ziekte en invaliditeit voorkwam (k = 0,009).

MO-VO: Zwakke aanwijzing (k = 0,08), dat onder vrouwen meer ziekte en invaliditeit voorkomt.

MN-VN: Sterke aanwijzing (k = 0,004), dat onder de mannen juist meer ziekte en invaliditeit voorkomt.

De groep VN is dus opvallend gezond. Het is niet moeilijk dit aan selectie-invloeden te wijten. Dit beïnvloedt zonder twijfel de vergelijkingen VN-VO en MN-VN. Daarentegen kunnen wij de uitkomst MN-MO niet of moeilijk verklaren.

De uitkomst MO-VO komt overeen met de gegevens van van Zonneveld (1958'''). Hij vond immers, dat bejaarde vrouwen meer ziek zijn dan bejaarde mannen. Toch zijn vrouwen 'sterker': zij leven langer, een ziekte verloopt eerder chronisch (Shettles 1958). Zoals wij later zullen zien (IV, 1) bestaat er geen duidelijk verband bij onze patiënten tussen leeftijd en het voorkomen van chronische ziekte en invaliditeit. Dit komt overeen met de gegevens van Kahn en Goldfarb (1960): in verpleegtehuizen en psychiatrische inrichtingen is de chronologische leeftijd geen maatstaf voor de gezondheidstoestand der bejaarden.

Registreert men in ons materiaal alle gevonden chronische ziekten, dan verkrijgt men onderstaande tabel.

De tabel geeft zowel het aantal *ziekten* per groep weer als het aantal *zieken* per groep. Men vindt beide totalen onderaan de tabel vermeld met daarachter de berekende percentages. Daar één patiënt aan meerdere kwalen tegelijk kan lijden, is het aantal zieken per groep geringer dan het aantal geregistreerde ziekten in die groep.

TABEL 4

Chron. ziekte	MN(210)	MO(233)	M(443)	VN(209)	VD(220)	V(429)
Hartziekten	44	26	70	36	40	76
Diabetes mel.	14	5	19	30	15	45
Carcinoom	11	13	24	10	8	18
Longziekten	5	7	12	4	3	7
Prostaat afw.	14	17	31	—	—	—
Andere ziekten	11	17	25	13	13	26
Totaal	99	82	181	93	79	172
Invaliditeit	MN(210)	MO(233)	M(443)	VN(209)	VO(220)	V(429)
Gevolg apopl.	14	21	35	15	36	51
Rheuma	5	1	6	6	2	8
Arthrosis def.	3	2	5	3	2	5
Doofheid	21	18	39	18	37	55
Blindheid	5	7	12	11	15	26
Andere vormen	5	2	7	4	3	7
Totaal	53	51	104	57	95	152
Totaal ziekte + invaliditeit	152(72,4%)	133(56,4%)	285	150(71,8%)	174(79,1%)	324
Aantal zieken	130(61,9%)	122(52,1%)	252	100(47,8%)	133(60,4)%	234

Gevonden vormen van chronische ziekte en invaliditeit in de onderscheiden groepen. Achter de opschriften van de kolommen het aantal patiënten in de betreffende groep, waarop de opgegeven percentages betrekking hebben

Zoals vermeld bestond er een zwakke aanwijzing, dat VO meer zieken bevatte dan MO. Het verschil tussen MO en VO, wat het aantal ziekten betreft, is echter duidelijker. Blijkbaar leden de vrouwelijke patiënten eerder aan meerdere ziekten tegelijk. De opgegeven cijfers voor MN en VN geven dezelfde tendens aan. Een samengaan van verschillende chronische ziekten bij één patiënt vindt men dus waarschijnlijk eerder bij vrouwen.
Verder kan men naar aanleiding van deze tabel nog het volgende opmer-

ken. Diabetes mellitus komt in ons materiaal meer voor bij vrouwen, hetgeen in overeenstemming is met de gegevens van Bürger (1960).

Veel voorkomende afwijkingen, zoals rheumatoide arthritis en arthrosis deformans komen in een materiaal van 872 patiënten slechts 14, resp. 10 maal voor! Er zijn aan de andere kant 94 dove patiënten op dit aantal, waarbij alleen de ernstige vormen van doofheid met sterk contactverlies zijn geteld! Hartziekten zijn frekwent (146 gevallen d.i. 16,7%). Het is daarom zaak bij iedere oudere psychiatrische patiënt de werking van het hart nauwkeurig na te gaan. Ook de 52 kankerpatiënten zijn een waarschuwing voor hen, die oudere patiënten onder hun hoede hebben.

In dit onderzoek zijn in de pathogenese symptomatische van terminale gevallen onderscheiden. Daarnaast zijn de delirante beelden nagegaan. Deze zijn dikwijls als een symptomatische psychose op te vatten (zie later).

Acute ziekten, gerangschikt naar hun frekwentie, die een symptomatische psychose ten gevolge hadden, zijn de volgende (op 872 patiënten):

Infecties van de tr. resp.	:	41
Apoplexie	:	38
Fracturen (vooral collum-)	:	20
Acute hartafwijkingen	:	19
Maagbloeding	:	5
Andere aandoeningen	:	30
Totaal	:	*153*

Het delirante beeld berust *niet* altijd op een acute somatische aandoening, maar zoals wij nog zullen zien, is een delirant beeld een hoge uitzondering bij lichamelijk (ook cerebraal) gezonde bejaarden. Het beeld kan echter wel degelijk ontstaan ten gevolge van psychische stress alleen.

In ons onderzoek vinden wij 207 gevallen van seniel delier, waarvan 95 (45,9%) op te vatten zijn als symptomatische psychosen. Dit percentage is ongeveer de helft lager dan dat van Flint (1959), maar deze auteur telt meer hersenprocessen als acute oorzaak, waarschijnlijk omdat zijn patiënten-materiaal anders van samenstelling is. Het ging ons echter om het feit dat 'symptomatisch' en 'delirant' in de geriatrie niet synoniem zijn! Dat wil echter niet zeggen, dat nauwgezet lichamelijk onderzoek bij delirante bejaarde patiënten niet op zijn plaats is. Op 142 delirante patiënten werden er slechts 4 gevonden (2,8%), waarbij aannemelijk was te maken, dat somatische factoren geen of bijna geen rol speelden. Dit kleine aantal gevallen kan bovendien op verkeerd of onvolkomen onderzoek berusten.

Een zeer apart probleem vormt de *essentiële hypertensie,* welke wij niet als een chronische ziekte hebben onderscheiden, maar die afwijkingen in hart, hersenen en nieren met zich mee kan brengen. Sommige auteurs menen, dat hypertensie altijd arteriosclerosis cerebri ten gevolge heeft, maar eenstemmigheid bestaat daarover niet (Banshchikov, Stoliarov 1959).

Zowel de systolische als diastolische bloeddruk hebben de neiging met de leeftijd te stijgen. Bij vrouwen is dat meer uitgesproken dan bij mannen (Bürger 1960). Systolische hypertensie alleen ziet men meer bij vrouwen (Kral 1958). De zelfde onderzoeker vond een systolische en diastolische hypertensie bij 28, 9% der onderzochte bejaarden. Hij ontkent een verband met leeftijd en klinisch beeld.

Men mag niet bij een systolische hypertensie met hoge polsdruk zonder meer tot arteriosclerosis cerebri besluiten. In deze gevallen zou men volgens Rothschild (1956) bij obductie eerder tekenen van dementia senilis vinden. Verhoging van diastolische druk is echter veel meer bewijzend voor arteriosclerosis cerebri.

Volgens M. Fisher (cit. Kassell 1957) vindt men bij normotensie eerder atherosclerose van de grote hersenvaten, bij hypertensie eerder sclerose van de kleine hersenvaten. Het is in ieder geval onjuist alleen af te gaan op de grote hersenvaten, die relatief in vrij goede staat kunnen zijn (Raskin, Ehrenberg 1956).

Volgens Schulte en Harlfinger (1956) wordt arteriosclerosis cerebri vooral veroorzaakt door hypertensie en diabetes. Bij een combinatie van deze twee afwijkingen ontstaat na het 45e jaar zeker arteriosclerose. Diabetes alleen leidt in 90% der gevallen na tien jaar tot arteriosclerose, terwijl omgekeerd in 40% der gevallen van arteriosclerose een hypertensie bestond (id.). Het lijdt geen twijfel of er bestaat een ingewikkelde relatie tussen leeftijd en bloeddruk, diabetes en arteriosclerose.

Voor de psychiater is dit gebied van uitzonderlijk belang. Wij zagen reeds, dat volgens Clow (1940) de persoonlijkheid van lijders aan arteriosclerosis cerebri afwijkend zou zijn. Hetzelfde wordt beweerd voor coronairsclerose (het 'Koronare Typ' van Schulte en Harlfinger 1956), terwijl een zeer uitgebreide literatuur bestaat over de persoonlijkheid van de hypertensie-patiënt (Bastiaans 1957).

Waarschijnlijk ontstaan deze ziekten bij personen, die onder een buitengewone druk leven, een druk, die zij zelf door hun karakterstructuur onderhouden. De ziekte ontstaat dikwijls in aansluiting aan een belangrijk psychotrauma (Reiser, Brust e.a. 1951). Zo zagen Shapiro en Rosenbaum (1951) hypertensie ontstaan in aansluiting aan een langdurige periode van hard werken, waarbij echter het nagestreefde doel niet werd bereikt. Dit harde werken geschiedt trouwens met een verborgen tegenzin (Reiser, Rosenbaum 1951).

Shapiro en Rosenbaum (1951) zagen ook hypertensie ontstaan na een gedwongen verhuizing.

Volgens Alexander (1937) bestaat een conflict tussen een passief-afhankelijke en een agressief-vijandige instelling, terwijl Binger (1951) de nadruk legt op 'a restricted social life'.

Bastiaans (1957) spreekt over 'situaties met de emotionele valentie van liefdesverlies, ambivalente en onrechtvaardige behandeling'.

Al deze gegevens zijn gemakkelijk in te passen in onze bespreking van psychogene en sociogene factoren in het mislukte senium. Ook daarbij vinden wij dikwijls het conflict tussen een passieve en een agressieve instelling, liefdesverlies, onrechtvaardige behandeling, verlies van werk, dat geen bevrediging bracht, en gedwongen verhuizingen. Ziet men het zo, dan verwondert het niet, dat met toenemende leeftijd ook het aantal gevallen van essentiële hypertensie toeneemt.

In onze 872 hierop bewerkte ziektegeschiedenissen vonden wij 90 patiënten, die leden aan een ernstige hypertensie, d.i. (10,3%). Wij telden alleen die gevallen, waarbij zowel de systolische als de diastolische druk constant verhoogd waren tot waarden resp. boven 200 en 100 mm kwik, terwijl gevallen van renale hypertensie buiten beschouwing werden gelaten.

In het geheel van het onderzoek bleken de hypertensie-patiënten als groep niet in belangrijke mate te verschillen van de rest der patiënten. Wij zagen er dan ook van af deze groep statistisch te bewerken.

Men mag deze patiënten beschouwen als een groep bejaarden, waarbij een ongunstige somatische factor mede het beeld bepaalt. Het is echter niet juist om hen als een aparte categorie te beschouwen. Daarmee wordt twijfelachtig, of men moet vasthouden aan de diagnose 'hypertensieencefalopathie', zoals Ehrentheil (1957) dat wil (in navolging van Mayer Gross). Hij wijst daarbij op de bijzondere praemorbide karakterstructuur der hypertensie-patiënten, op de grotere kans op acute somatische exacerbaties bij stijging van de druk en op de andere behandeling en prognose. Geen van de argumenten lijkt mij doorslaggevend. Van de praemorbide karakterstructuur zijn slechts zeer algemene gegevens bekend en het blijft daarbij nog de vraag of deze voor de essentiële hypertensie specifiek zijn (Moser, Daniels 1956).

De acute exacerbaties bestaan zeker, maar komen ook bij andere ziekten voor. De therapie richt zich op de verhoogde bloeddruk maar is voor de rest niet belangrijk afwijkend van de therapie bij andere seniele psychische stoornissen. Wij denken hierbij vooral aan psychotherapie, die bij deze lijders zowel lichamelijk als geestelijk zeer heilzaam kan zijn.

Primair is als bij de arteriosclerosis cerebri, de cerebrale beschadiging secundair ontstaan door vaatafwijkingen, en zoals wij reeds meermalen hebben betoogd is de invloed van deze beschadiging wel uiterst wisselvallig. Men moet het cerebrum van de bejaarde zien als een orgaan, dat zeer veel van zijn reservecapaciteit heeft verloren. Zo geeft een tumor cerebri op hoge leeftijd veel eerder psychische afwijkingen dan op jeugdige leeftijd, vooral amnesieën en bewustzijnsdalingen (Walther-Büel 1954).

Volgens Haase (1959) is een amnestisch psychosyndroom bij ouderen ernstiger dan bij jongeren. Er bestaat een cumulerende invloed van alcohol, schedeltrauma en hoge leeftijd (id.).

Ook bij psychisch normale bejaarden is de bloedvoorziening van de hersenen doorgaans sterk verminderd (Freyhan, Woodford e.a. 1951, Eichhorn 1962) en is het electroencefalogram (volgens Silverman, Busse e.a. 1953) sterker gestoord dan men mag verwachten. Verder is van het grootste belang de toestand der aa. carotides (Fisher 1954) en de hartwerking.

Ten aanzien van het hart moge gewezen worden op de publicatie van Young, Gofman e.a. (1956), waarin aannemelijk wordt gemaakt, dat er een vergaande correlatie bestaat tussen coronair-sclerose en cerebraalsclerose.

Volgens Wartman (1933) vindt men tekenen van arteriosclerosis cerebri bij niet minder dan 90% van alle personen boven de leeftijd van 60 jaar.

Volgens Busse (1960) komt arteriosclerosis cerebri regelmatig boven de 45e levensjaar voor.

Volgens Kral (1958) zou 43,2% der bejaarden neurologische afwijkingen vertonen. Hij vond geen correlatie met het psychiatrische beeld of met de leeftijd (uitgezonderd de ziekte van Parkinson).

Al met al mag men besluiten, dat de functie van het cerebrum op oudere leeftijd neigt tot decompensatie. Deze zal gemakkelijk ontstaan, indien andere schadelijke invloeden op het cerebrum inwerken. Schedeltrauma en chronisch alcoholisme komen daarbij dikwijls in het geding, maar er zijn ook zeldzamere afwijkingen zoals tumor cerebri en dementia paralytica te vermelden.

De publikatie van Kirschbaum uit 1930 over de 'seniele paralyse' is daarbij van belang, vooral wegens de gemaakte opmerkingen betreffende het klinische beeld. Dementia paralytica kan, indien zij na het 60e jaar uitbreekt, ook verlopen onder het beeld van dementia senilis simplex. In dat laatste geval schijnt de ziekte een slechtere prognose te hebben.

Hetzelfde geldt waarschijnlijk voor *chronisch alcoholisme*. Vele van deze gevallen zijn als 'dementia alcoholica' niet te onderscheiden van dementia senilis. Het beeld der dementia senilis simplex is naar de pathogenese niet eenvormig. Men kan het beeld opvatten als een te vroeg psychisch afsterven, een reactie, die sommigen eerder vertonen dan anderen.

Alcoholisme zelf is geen probleem van het senium, daar deze afwijking, zelden na het 50e jaar, zeer zelden na het 65e jaar ontstaat. Uit eigen ervaring zijn mij slechts drie van dergelijke gevallen bekend, waarbij twee toch ook in de jeugd een periode van alcoholmisbruik doormaakten. Alle drie gevallen ontstonden reactief na het overlijden van de echtgenote. In de literatuur vonden wij alleen bij Batchelor en Napier (1953) een dergelijk geval. Het betrof hier een man van 72 jaar, die na een laat huwelijk van een inwonende zoon in conflict geraakte met zijn schoondochter. Ook hier hebben wij dus te doen met een reactie op een typisch psychotrauma van het senium. Dit zou volgens D. E. Cameron (cit.: Bowman 1952) regel zijn. Het komt mij voor, dat het excessieve drinken ook een verkapte suicide-tendens betekent naast een terugkeer tot de orale fase (Meerloo 1955).

Volgens von Mering en Weniger (1959) zou verslaving aan andere stoffen dan alcohol ('drug-addiction') eveneens op oudere leeftijd een uitzondering zijn.

In ons materiaal worden wij getroffen door het zeer grote aantal chronische alcoholisten, vooral in de groep MO. Het spreekt vanzelf, dat wij slechts die gevallen telden, waarbij zeer vele jaren, tot de opname toe, in ernstige mate misbruik van alcohol werd gemaakt.

Wij vonden nu het volgende. Groep MO omvat 65 alcoholisten op 233 patiënten (27,8%), groep VO 9 op 220 patiënten (4,1%), groep MN 38 alcoholisten op 210 patiënten (18,1%), groep VN 4 op 209 patiënten (1,9%).

Alcoholisme komt dus 7 à 9 maal zoveel voor bij de mannen als bij de vrouwen. Na de oorlog zijn veel minder alcoholisten opgenomen.

Daar wij niet aannemen, dat voor de laatste oorlog 27,8% der mannelijke Nederlanders alcoholisten waren, verhoogt chronisch alcoholisme blijkbaar de opname-kans. Deze zal niet alleen door de psychische ziekte, maar zeker ook voor een belangrijk deel door de sociale omstandigheden bepaald zijn. Bij een voorlopige analyse der cijfers bleek ons, dat alcoholistische patiënten slechts op enkele onbelangrijke punten van andere bejaarde psychiatrische patiënten verschillen. Dit is vooral opvallend, waar het de pathogenese en het klinisch beeld betreft.

IV. EEN ANALYSE VAN DE OVERIGE, BIJ HET ONDERZOEK VERZAMELDE, GEGEVENS

1. STATISTISCHE ANALYSE VAN ALGEMENE GEGEVENS

In het vorige hoofdstuk hebben wij getracht tot een beter inzicht te komen aangaande de pathogene factoren in de ouderdomspsychiatrie. Ons materiaal verschaft echter nog meer gegevens, die met de pathogenese of met elkaar in verband kunnen worden gebracht. Deze gegevens zijn de volgende. In de eerste plaats *de chronologische leeftijd*, volgens Birren (1959) 'perhaps the single most useful fact to know about an individual'. Dit gegeven is in alle bewerkte ziektegeschiedenissen nauwkeurig bekend, één patiënt in de groep MO uitgezonderd.

Het klinische beeld is het tweede gegeven, dat wij nader willen onderzoeken. Het spreekt vanzelf, dat bij de beoordeling daarvan een subjectieve factor mede in het geding komt. Punt van uitgang was het beeld, dat bij opname bestond. Er werd geen rekening gehouden met eventuele veranderingen in het beeld tijdens de opname. Waar een 'mengbeeld' bestond, was een keuze noodzakelijk. De nadruk kwam daarbij te liggen op het klinisch meest overheersende aspect van het ziektebeeld. Het derde gegeven: *'de prognose'*, beter: de uitkomst van de behandeling, was steeds met een grote mate van objectiviteit vast te stellen.

Dit geldt ook voor het vierde gegeven: *de graad van vereenzaming*, afgemeten aan het feit van het alleen-wonen. (Zie hiervoor III, 4).

Het vijfde gegeven komt voort uit het toch altijd wel verrichte lichamelijke onderzoek der patiënten: het al of niet aanwezig zijn van *chronische lichamelijke ziekten en gebreken.* (Zie III, 5).

Wij zullen nu eerst deze groepen van gegevens afzonderlijk bespreken. Ter verduidelijking nog het volgende.

Het gehele patiëntenmateriaal werd verdeeld in vier groepen, aangeduid met de letters MN (mannen *na* de oorlog opgenomen), VN (vrouwen *na* de oorlog opgenomen), MO (mannen *voor* de oorlog opgenomen) en VO (vrouwen *voor* de oorlog opgenomen). Deze vier groepen verschillen onderling aanzienlijk op velerlei punten. Bij vergelijking van MO met MN en van VO met VN komen verschillen naar voren, die te wijten zijn aan een verschillende 'opnamepolitiek', aan een verschil in selectie. Bij vergelijking van MO met VO en van MN met VN komt het accent te liggen op verschillen tussen mannelijke en vrouwelijke patiënten binnen eenzelfde tijdsbestek. Dit geldt vooral bij het vergelijken van MO en VO, want deze twee groepen zijn aanzienlijk minder streng geselecteerd dan de groepen MN en VN. De vier groepen bestaan ieder uit 250 patiënten en zijn representatief voor alle patiënten in die periode opgenomen. Bij de bewerking werd echter doorgaans de groep Nl buiten beschouwing gelaten. Deze groep telt 127 patiënten, die wegens een neurologisch lijden werden opgenomen. Meestal betrof het hier de gevolgen van een trauma capitis (zie III, 1).

Een gelukkige omstandigheid stelde ons in staat het aantal patiënten te kunnen berekenen, dat in de onderzochte perioden (1927-1937 en 1946-1958) op een hogere leeftijd dan 65 jaar werd opgenomen. Dit waren slechts voor een deel 'eerste opnamen', daar wij in dit onderzoek geen rekening hielden met het feit, of een patiënt al of niet eerder in een psychiatrische kliniek werd verpleegd. Het is immers duidelijk, dat een eerdere opname geen rechtstreeks verband hoeft te hebben met een opname op hoge leeftijd. Onderzoekt men slechts 'first admissions', zoals men in de geriatrische literatuur soms doet, dan kan het niet anders of een deel van het materiaal wordt verwaarloosd. Dit verwaarloosde gedeelte is echter niet zonder meer van geen betekenis!

Wij vonden nu het volgende. Bij benadering werden, in de periode 1927-1939, 1048 mannen en 1189 vrouwen boven de leeftijd van 65 jaar opgenomen. In de vergelijkbare periode 1946-1958 waren dit 453 mannen en 304 vrouwen.

Terwijl dus voor de oorlog meer vrouwen werden opgenomen dan mannen, was dit na de oorlog juist omgekeerd. Vooral bejaarde vrouwen zijn dus na de oorlog sterk uit de kliniek 'geweerd', hetgeen dus een sterke selectie van het materiaal betekent. Daarbij bedenke men, dat er na de oorlog in Amsterdam aanzienlijk meer bejaarden woonden dan voor de oorlog. Het zal zonder meer duidelijk zijn, dat er ruimte is voor een speciale kliniek, die zich ten doel stelt, in ieder geval voor de eerste tijd, de maatschappelijk te zieke patiënten op te vangen en te verzorgen. Dit zou belangrijk bijdragen tot de oplossing van een probleem, dat door zijn omvang tot allerlei noodsituaties voert. Een bespreking daarvan ligt echter buiten het kader van dit onderzoek.

Dat men na de oorlog verhoudingsgewijs zo veel minder bejaarde vrouwen heeft opgenomen dan voor de oorlog is waarschijnlijk niet alleen te wijten aan een groter plaatsgebrek voor vrouwen, maar ook aan de aard van het aangeboden patiëntenmateriaal. De psychopathologie van de hoogste leeftijdsklasse bij man en vrouw is niet gelijkvormig.

Ook statistisch wordt bevestigd, dat na de oorlog vrouwen meer dan mannen buiten de kliniek zijn gebleven (k<0,00001). Hoewel wij eerst aan het einde van deze paragraaf ingaan op de gebruikte statistische methoden, willen wij hier gemakshalve vermelden, dat k<0,001 betekent, dat er statistisch een zeer sterke aanwijzing bestaat. Verder betekent 0,001<k⩽0,01 een sterke aanwijzing, 0,01<k⩽0,05, dat er een aanwijzing bestaat, terwijl 0,05<k⩽0,10 een zwakke aanwijzing inhoudt, dat het onderzochte aanwezig is. De letter k staat hierbij voor 'overschrijdingskans'.

Leeftijden

Laten wij in de eerste plaats eens nagaan, wat het materiaal biedt t.a.v. de leeftijdsverdeling. Wat interesseert ons daarbij? In de eerste plaats willen wij weten, of door de strengere selectie na de oorlog een verschuiving in de leeftijdsverdeling is opgetreden en zo ja, of dit voor mannen en vrouwen in gelijke mate geldt.

Wij onderscheiden in het materiaal vijf leeftijdsgroepen n.l.: I 66 t/m 70, II 71 t/m 75, III 76 t/m 80, IV 81 t/m 85 en V ouder dan 85 jaar. Wij vinden dit terug in tabel 5.

TABEL 5

	I 66/70	II 71/75	III 76/80	IV 81/85	V > 85	Totaal
MN	97	72	52	24	5	250
MO	93	58	55	31	12	249
VN	126	63	44	14	3	250
VO	63	66	56	36	29	250
Totaal	379	259	207	105	49	999

Leeftijdsverdeling van de bewerkte gevallen. In MO is van één patiënt de leeftijd niet bekend

Vergelijken wij nu de mannen vóór de oorlog opgenomen (MO) met die na de oorlog opgenomen (MN), dan blijkt er geen verschil in leeftijdsverdeling te bestaan (k = 0,24), d.w.z. de selectie na de oorlog richtte zich *niet* duidelijk naar de leeftijd. Hoewel men na de oorlog minder mannen heeft opgenomen (453 tegen 1048), betekent dat dus niet, dat men toen relatief minder hoogbejaarden is gaan opnemen.

Dit nu vindt men bij de vrouwelijke patiënten juist wel (k<0,0001)! Na de oorlog (VN) is de leeftijdsklasse I (66 t/m 70) relatief veel sterker vertegenwoordigd (k<0,00001), terwijl de oudste categorie (V:>85 jaar) vóór de oorlog juist duidelijk meer voorkomt (k = 0,0008). Er is een aanwijzing (k = 0,05), dat dit laatste ook voor de groep IV (81 t/m 85) geldt. Het is dus duidelijk dat door de strengere selectie na de oorlog bij de vrouw vooral de oudste leeftijdsgroepen zijn getroffen, zodat de jongste relatief meer in het materiaal voorkomen.

Wij willen dit alles verklaren door aan te nemen, dat voor de hoogbejaarde vrouwelijke patiënten eerder een andere oplossing werd gevonden dan voor de overeenkomende groep mannelijke patiënten. Dit wijst wellicht op een verschil in maatschappelijke achtergronden. Het kan echter ook wijzen op verschillen in het toestandsbeeld der hoogbejaarde patiënten. Vrouwelijke patiënten tonen in de hogere leeftijdsklassen wellicht een beeld dat minder botsingen uitlokt met de omgeving. Deze veronderstelling wordt gesteund door gegevens later in het onderzoek gevonden (zie verband tussen leeftijd en klinisch beeld, blz. 190). Onder de vrouwelijke hoogbejaarde patiënten komen waarschijnlijk meer 'verzorgingsgevallen' voor. Bij deze psychisch gestoorde bejaarden is het niet noodzakelijk, dat er een 'omweg' gemaakt wordt via een psychiatrische kliniek. Zij kunnen doorgaans zonder meer in verzorgingstehuizen worden geplaatst. Het beeld dat de hoogbejaarde man vertoont, maakt waarschijnlijk eerder klinische observatie noodzakelijk.

Onze conclusie moet dus zijn, dat strengere selectie de leeftijdsopbouw van de mannelijke patiënten niet en die van de vrouwelijke patiënten wel beïnvloedt. Dit voert vanzelf tot een tweede vraag. Hoe is de leeftijdsopbouw der mannelijke patiënten vergeleken met die der vrouwelijke patiënten indien men weinig selectie toepast, zoals dit voor de oorlog het geval was? Wij vergeleken daartoe de groepen MO en VO. Nu blijkt, dat er een sterke aanwijzing bestaat, dat de leeftijdsverdeling verschilt (k = 0,008). Dit betreft met name de leeftijdsklasse 66 t/m 70 (k = 0,02). Bij de mannen neemt deze leeftijdsklasse een belangrijke plaats in. *Mannelijke* patiënten worden dus eerder op *jongere* leeftijd opgenomen. Vrouwen worden immers ouder dan mannen, maar daarnaast lopen mannen eerder dan vrouwen in het senium vast; wij wezen daarop reeds eerder (III, 2, 4). Na de oorlog lijkt door het 'weren' van de oudste categorieën vrouwelijke patiënten de verhoudingen omgekeerd te zijn. Er bestaat dan een zwakke aanwijzing, dat de leeftijdsopbouw van MN en VN verschilt (k = 0,09), met name voor de leeftijdsklasse 66 t/m 70 (k = 0,05).

Ons onderzoek wijst erop, dat indien men weinig selecteert, het aantal mannelijke en vrouwelijke patiënten elkaar niet veel ontlopen en dat in dat geval de opgenomen vrouwen doorgaans ouder zullen zijn dan de opgenomen mannen. Dit verschil wordt echter opgeheven, indien men de 'verzorgingsgevallen' niet opneemt. Deze gevallen komen blijkbaar vooral voor in de *oudste* categorie *vrouwelijke* patiënten. Daardoor blijven na selectie minder vrouwen over dan mannen, terwijl het leeftijdsverschil wordt opgeheven.

Hiermee zal men in de praktijk rekening moeten houden. Bovenstaande gegevens werden gevonden door toepassing van de toets voor de (kxr)-tabel. Het ligt echter meer voor de hand de twee-steekproeven-toets van Wilcoxon toe te passen. Met behulp van deze toets wordt nagegaan, of de patiënten in de ene groep systematisch jonger of ouder zijn dan die in de andere groep, of de leeftijdsverdeling is verschoven.

Men krijgt daarmee een bevestiging van het bovenstaande. Bij vergelijking van MN en MO blijkt een systematisch leeftijdsverschil tussen beide groepen niet aantoonbaar ($k = 0{,}19$). Bij vergelijking van VN en VO blijkt na de oorlog voor de vrouwen een verschuiving naar lagere leeftijden te zijn opgetreden ($k < 0{,}00001$). Vergelijkt men MO en VO dan is er een sterke aanwijzing, dat de mannelijke patiënten voor de oorlog systematisch jonger waren dan de vrouwen ($k = 0{,}002$), terwijl bij vergelijking van MN en VN blijkt, dat juist na de oorlog de vrouwen systematisch jonger waren dan de mannen ($k = 0{,}006$).

Het klinische beeld

Deelt men het patiëntenmateriaal in naar het klinische beeld, d.w.z. naar het meest in het oog springende symptomencomplex, dan blijkt het mogelijk drie hoofd- en zes nevengroepen te onderscheiden.

De drie hoofdgroepen werden aangegeven met de letters D, Sn en Dl, waarbij onder D de depressieve patiënten begrepen zijn, onder Sn de patiënten met het beeld der dementia senilis simplex en onder Dl de patiënten opgenomen met een delirant toestandsbeeld. Deze drie groepen omvatten samen iets meer dan 67% van alle patiënten. De kleinere nevengroepen zijn de volgende.

Pa. Bij deze beelden is de paranoïdie overheersend t.a.v. mogelijk andere nog belangrijke kenmerken.

Pb. Het presbyofrene beeld werd opgevat als een actief omvormen van de omgeving, waarbij de patiënt zich in vroeger beleefde situaties verplaatst. Dit psychisme moest bij opname bestaan en daarna vrij constant aanwezig zijn. Wij vonden dit op 872 patiënten slechts 15 maal.

Ma. Hieronder vallen de manische beelden. Het manische syndroom moest onmiskenbaar en constant zijn en alle typische kenmerken bezitten. Het kwam slechts 14 maal voor, dus opvallend minder dan het depressieve syndroom, dat 196 maal het beeld kenmerkte.

Nr. Deze groep omvat neurotische reacties, zoals men eerder bij jongere patiënten ziet, b.v. hysterische conversieverschijnselen.

Sp. Zes gevallen, alle mannen, voldoen aan het beeld der seniele paralyse, zoals beschreven door Kirschbaum. Dit aantal, hoewel klein, houdt voor de clinicus een waarschuwing in.

Sch. Hieronder vallen zes gevallen, die overeenkomen met het beeld der 'seniele paranoia', beschreven door G. Jelgersma. Deze patiënten vallen op als weinig dement in de gebruikelijke zin. Hun gedachtengang is verbrokkeld met talloze bizarre waangedachten. Er is sprake van autisme en men is dan ook geneigd deze beelden in verband te brengen met het ziektebeeld der schizofrenie, ware het niet, dat het beeld zo laat in het leven ontstaat en dat er soms organische cerebrale afwijkingen aantoonbaar zijn. Deze gevallen komen in de litteratuur niet tot hun recht. Kay en Roth (1961) maken er melding van, maar tot een uitwerking komen ook zij niet. Het bleek niet mogelijk aan de hand van het onderhavige onderzoek dieper in te gaan in de hier aanwezige problematiek. Het onderzoek leent zich daartoe niet. Er rest ons alleen de lezer opmerkzaam te maken op het voorkomen van deze gevallen, die tot nu toe te zeer aan de aandacht zijn ontsnapt. (Zie casus MN/183/17747 op blz. 125).

R. Hieronder vallen alle niet duidelijk te classificeren gevallen, b.v. tal van reactieve gedrags- en stemmingsanomalieën. Deze liggen dikwijls ten grondslag aan tentamina suicidiï.

De verdeling der klinische beelden vinden wij in tabel 6.

TABEL 6

	D	Sn	Dl	Pa	Sch	Nr	Ma	Sp	Pb	R	Totaal
MN	55	35	53	15	2	2	3	4	1	39	209
MD	35	45	69	18	1	1	1	2	2	51	234
VN	74	27	39	19	2	4	8	—	4	32	209
VD	32	67	46	13	1	4	2	—	8	47	220
Totaal	196	183	207	65	6	11	14	6	15	169	872

Indeling van de bewerkte patiënten naar het klinisch beeld.

Bij de statistische analyse werden de beelden Sch, Nr, Ma, Sp en Pb in één groep samengevat.

Bij de volgende analyse vragen wij ons in de eerste plaats af, of een strengere selectie zich ook richt naar het klinische beeld en of dit voor mannen en vrouwen gelijk opgaat. Vergelijkt men nu de mannelijke patiënten van voor en na de oorlog, dan is er een aanwijzing, dat het klinische beeld in beide groepen verschilt (k = 0,03), m.n. voor de depressieve patiënten (D) (k = 0,02). Dit beeld is na de oorlog in het materiaal frekwenter aanwezig. De selectie richtte zich blijkbaar eerder naar de niet depressieve beelden.

Ditzelfde vindt men bij de vrouwelijke patiënten, alleen meer uitgesproken. Bij vergelijking van VN en VO is er een sterke aanwijzing ($k>0,00001$), dat het klinische beeld in beide groepen verschilt, met name weer voor het beeld D ($k = 0,00001$). Bij de vrouw nog sterker dan bij de man, richtte de selectie zich vooral tegen de niet depressieve beelden. Vermoedelijk geldt dit speciaal t.a.v. het beeld der dementia senilis simplex Sn ($k = 0,012$). De selectie voor de vrouw gaat vooral ten koste van deze laatste groep. Gezien het voorafgaande zou men nu kunnen voorspellen, dat dit beeld Sn meer zal voorkomen bij de vrouwelijke hoogbejaarde patiënten. Dit zal later (blz. 191) ook inderdaad het geval blijken te zijn.

De volgende vraag betreft het vergelijk tussen mannelijke en vrouwelijke patiënten. Zijn er tussen mannen en vrouwen verschillen in het klinisch beeld bij opname? Bij de statistische analyse blijken deze verschillen *niet* aanwezig (MO-VO: $k = 0,09$; MN-VN: $k = 0,14$). Men houde echter in het oog, dat deze gelijkvormigheid geen stand behoeft te houden, indien men het materiaal b.v. naar de leeftijd verder bewerkt. Toch is het bovenstaande gegeven belangrijk. Ondanks de grote verschillen tussen bejaarde mannen en vrouwen worden zij, ook in de psychiatrie, al te dikwijls als gelijkwaardig beschouwd. Dit feit valt misschien te verklaren door de gelijke verdeling in klinisch beeld.

De 'prognose'. Hierboven werd reeds uiteengezet, wat onder prognose werd verstaan. Men kan gemakkelijk vier uitkomsten onderscheiden: 'naar huis', naar 'rusthuis', 'naar een psychiatrische inrichting', en 'overleden'. Daarnaast kan men het aantal verbeterde patiënten stellen tegenover het aantal niet verbeterde patiënten. Het eerste vinden wij terug in tabel 7.

TABEL 7

	Naar huis	Naar rusthuis	Naar psych. inrichting	Overleden	Totaal
MN	73	27	54	44	198
MO	52	23	93	55	223
VN	66	18	82	35	201
VO	34	20	118	38	210
Totaal	225	88	347	172	832

Uitkomst van de behandeling ('prognose') van het bewerkte patiëntenmateriaal

Wij vragen ons bij de statistische analyse af, of de prognose voor en na de oorlog veranderd is en of deze verandering voor vrouwen en mannen hetzelfde is.

De resultaten zijn niet eenvoudig te interpreteren. Vergelijken wij de mannelijke patiënten van voor de oorlog (MO) met die van na de oorlog (MN), dan blijkt er een sterke aanwijzing te bestaan, dat de prognose voor beide groepen verschilt (k = 0,003). Ditzelfde vindt men nog duidelijker bij de vrouwelijke patiënten (k = 0,0008).

Bij de mannen schuilt dit verschil in de opname in een psychiatrische inrichting, die vóór de oorlog veel eerder volgde (k = 0,0008). Begrijpelijk, want na de oorlog namen de meeste psychiatrische inrichtingen bij voorkeur geen oude patiënten op, vooral omdat deze groep patiënten verhoudingsgewijze meer verpleging eist, maar ook vanwege een onloochenbaar pessimistische instelling t.a.v. bejaarde patiënten in het algemeen.

Bij de vrouwen ligt het anders, want hier schuilt het verschil in het ontslag (k = 0,0003). Dit laatste was het gevolg van selectie, van intensievere en doorgaans langere behandeling. Wanneer men 'verzorgingsgevallen' weert, kan het niet anders, of meer patiënten kunnen worden ontslagen.

Hoe is het nu met de prognose, indien men mannelijke en vrouwelijke patiënten onderling vergelijkt? Wij vergelijken daartoe MO met VO en MN met VN. In beide gevallen is er een verschil in prognose (k = 0,002 resp. 0,03) en in beide gevallen schuilt dit in de overplaatsingen naar psychiatrische inrichtingen (k = 0,01 resp. 0,02). Vrouwen zijn dus zowel *vóór als na de oorlog* meer overgeplaatst naar psychiatrische inrichtingen dan mannen, terwijl toch de vrouwelijke patiënten na de oorlog een zo veel gunstiger prognose hadden dan voor de oorlog.

Het blijkt dus, dat ondanks de strengere selectie der vrouwelijke patiënten de prognose niet beter werd dan die der mannen. Dit is voor de praktijk een zeer belangrijk gegeven. De achtergrond van het verschijnsel zijn zonder twijfel zeer complex. Men denke b.v. aan de invloed der verschillende maatschappelijke omstandigheden.

Nu zegt een overplaatsing naar een psychiatrische inrichting nog niet alles, want deze kan immers volgen, ook indien de patiënt tijdens de opname verbeterde. Wij kunnen daarom het aantal verbeterde patiënten nog eens nagaan in de onderscheiden groepen. Wij vinden dan het volgende:

MN (mannen na de oorlog opgenomen): 108 verbeterd van 198.
MO (mannen voor ,, ,, ,,): 68 ,, ,, 223.
VN (vrouwen na ,, ,, ,,): 90 ,, ,, 201.
VO (vrouwen voor ,, ,, ,,): 44 ,, ,, 210.

De kans op verbetering is na de oorlog veel groter (k<0,00001) zowel voor mannen als voor vrouwen (door andere selectie, intensievere en doorgaans langduriger behandeling).

Vergelijkt men echter mannen en vrouwen dan blijkt de kans op verbetering bij de mannen toch groter zowel vóór als na de oorlog (k = 0,02 en 0,05). (In het laatste geval is er statistisch slechts sprake van een zwakke aanwijzing).

Naar aanleiding van het bovenstaande kan men dus zeggen, dat klinische opname en behandeling de mannelijke patiënten eerder ten goede komt dan zijn vrouwelijke lotgenoot en dat dit verschijnsel door selectie weinig wordt beïnvloed.

Correlaties met de leeftijd

Wij zullen vervolgens trachten na te gaan welke de invloed is van de leeftijd op verschillende in het onderzoek verzamelde gegevens, of beter gezegd, wij zullen trachten correlaties op te sporen tussen de leeftijd en andere gegevens. Wij gingen daarbij uit van twee leeftijdsgroepen, die der bejaarden (66 t/m 75 jaar) en die der hoogbejaarden (ouder dan 75 jaar). Deze twee groepen brachten wij in verband met de volgende gegevens: pathogenese, klinisch beeld, prognose, alleen-wonen (sociale isolatie) en chronische ziekte en invaliditeit.

Leeftijd en pathogenese. In III, 1 gaven wij een overzicht van de pathogenese, zoals wij die in dit onderzoek hebben bewerkt, Pathogenese (1) betekende een ontbreken van characterogene, psychogene en sociogene invloeden, (2) duidde een samengaan aan van somatische en niet-somatische invloeden, bij (3) ontbreken de somatische invloeden voor het allergrootste deel en is het beeld in de allereerste plaats te wijten aan characterogene, psychogene en sociogene invloeden. Onder 'rest' vallen de andere vormen van pathogenese (Ss, St, en X), terwijl Sp en Nl buiten beschouwing werden gelaten.

TABEL 8

	Leeftijd 66/75					Leeftijd > 75				
	1	2	3	Rest	Totaal	1	2	3	Rest	Totaal
MN	29	31	45	36	141	17	15	12	25	69
MO	51	21	23	44	139	40	14	10	30	94
VN	27	49	34	51	161	15	14	7	12	48
VO	46	15	7	42	110	51	15	2	42	110
Totaal	153	116	109	173	551	123	58	31	109	321

Het verband tussen leeftijd en pathogenese

Wat leert ons nu tabel 8? Men zou kunnen veronderstellen, dat de invloed der somatische factoren toe zal nemen met de leeftijd, m.a.w. dat de pathogenese (1) eerder op hogere leeftijd en pathogenese (3) op jongere leeftijd zal voorkomen. Dit nu wordt *niet* bevestigd. De statistische analyse geeft aan, dat er *geen aantoonbaar verband bestaat tussen leeftijd en pathogenese.* (MN: k = 0,12, MO; k = 0,60, VN: k = 0,16 en VO: k = 0,38).

Invloeden van buiten spelen dus, ook op hoge leeftijd, steeds hun rol bij een belangrijke groep patiënten. De neiging van sommigen om psychische ziekte op oude leeftijd geheel aan 'de leeftijd' te wijten mist iedere grond, steeds zal men rekening moeten houden, ook bij hoog-bejaarden, met karakter en levensomstandigheden.

Leeftijd en klinisch beeld. Op dezelfde wijze kan men de twee leeftijdsgroepen in verband brengen met het klinische beeld. Alleen de groepen D, Sn en Dl werden daarbij onderzocht. De overige werden samengevat onder het hoofd 'rest', daar zij te klein zijn voor statistische bewerking.

TABEL 9

	Leeftijd 66/75					Leeftijd > 75				
	D	Sn	Dl	Rest	Totaal	D	Sn	Dl	Rest	Totaal
MN	44	17	31	49	141	11	18	25	15	69
MO	28	32	32	47	139	6	22	37	29	94
VN	62	16	28	55	161	12	11	11	14	48
VO	26	18	19	47	110	6	49	27	28	110
Totaal	160	83	110	198	551	35	100	100	86	321

Het verband tussen leeftijd en klinisch beeld

Daar de uitkomsten van het statistisch onderzoek hier zeer ingewikkeld zijn, geven wij eerst de statistische uitkomsten zonder meer in de vier groepen MN, MO, VN en VO om daarna deze uitkomsten verder na te gaan.

MN: Er is een sterke aanwijzing, dat het klinische beeld verschilt in beide leeftijdsgroepen (k = 0,0013). Dit betreft met name het beeld Sn (k = 0,04) en het beeld Dl (k = 0,006).

MO: Er is een sterke aanwijzing, dat het klinische beeld verschilt in beide leeftijdsgroepen (k = 0,006), met name voor het beeld D (k = 0,014).

VN: Er is een zwakke aanwijzing, dat het beeld verschilt (k = 0,055). Er is een zwakke aanwijzing, dat dit het beeld Sn betreft (k = 0,07).

VO: Het klinische beeld verschilt (k = 0,00001), met name voor het beeld

Sn (k = 0,00004). Vervolgens is er een sterke aanwijzing, dat het beeld Dl afwijkt (k= 0,006).

Uit het bovenstaande komt direct naar voren, dat de uitkomsten het duidelijkste zijn bij de vrouwelijke patiënten vóór de oorlog opgenomen (VO). Het lijdt geen twijfel, of *de eenvoudige dementering (Sn) en het delirante beeld (Dl) komen bij de vrouw meer voor op oudere leeftijd.* Daarmee is het gevondene in de na-oorlogse groep VN niet in tegenspraak.

Het beeld der eenvoudige dementering komt dus bij de vrouw meer voor in de groep der hoogbejaarden. Voor deze patiënten is klinische observatie naar de gangbare maatstaven nauwelijks nodig. Het zijn de 'verzorgingsgevallen', waarvoor ook elders kan worden gezorgd en die dus bij strengere selectie in de eerste plaats afvallen. Dat er aanwijzingen zijn, dat ook het beeld Dl met de leeftijd in frekwentie toeneemt, verwondert ons niet, daar cerebrale involutie en beschadiging de kans op ontstaan van dit beeld doet toenemen (III, 5).

De gegevens van de mannelijke patiënten zijn veel moeilijker te interpreteren. In de na-oorlogse groep MN vindt men dezelfde tendens als bij de vrouwelijke patiënten: meer eenvoudige dementering en delirante beelden op hogere leeftijden. In de vooroorlogse groep MO vindt men dit echter niet. Daar kan men slechts concluderen tot een meer voorkomen van seniele depressies (D) op jongere leeftijd. Hier bestaat dus tevens een zeer duidelijk onderscheid met de vooroorlogse vrouwelijke patiënten (VO).

Houdt men slechts rekening met de vooroorlogse, minder geselecteerde groep MO en VO, dan zou men de volgende hypothese kunnen opstellen.

De eenvoudige dementering (Sn) en het delirante beeld (Dl) nemen bij de vrouw op hogere leeftijd sterk in frekwentie toe. Het depressieve beeld (D) neemt bij de vrouw in frekwentie op hogere leeftijd af, maar niet sterk. Het op hogere leeftijd in frekwentie toenemen van eenvoudige dementering en delirante beelden vindt men bij de man ook, maar minder uitgesproken dan bij de vrouw. Bovendien is bij de man de depressie veel eerder een ziekte van relatief jongere leeftijd: dit beeld komt op jongere leeftijd bij de man duidelijk meer voor.

De neiging van de beelden Sn en Dl om met de leeftijd in frekwentie toe te nemen is dus eerder bij de vrouw aanwezig. De neiging van de depressies om met de leeftijd in frekwentie af te nemen, vindt men eerder bij de man.

Wij mogen daarbij nog in de herinnering roepen, dat tussen MO en VO, de beide weinig geselecteerde vooroorlogse groepen, geen duidelijk verschil bestond wat het klinisch beeld betreft indien men de gegevens ongeacht de leeftijd onderzoekt.

Hoewel minder geselecteerd dan de na-oorlogse groepen speelt voor de oorlog selectie natuurlijk ook een rol. Ook toen was opname b.v. afhankelijk van maatschappelijke achtergronden. Deze zijn bij mannen en vrouwen niet gelijk. Daarom zijn in de toekomst studies buiten de kliniek noodzakelijk om tot een vaststaande conclusie te kunnen komen betreffende de veelvuldigheid van voorkomen der onderscheiden klinische beelden. Onze conclusies zijn slechts opgesteld t.a.v. patiënten in een kliniek. Toch komt het mij voor, dat zij een belangrijke aanwijzing geven betreffende de verschillen, die ook in de maatschappij gevonden zullen worden, terwijl zij tevens een beeld gaven van hetgeen men verwachten kan, indien men er toe komt speciale voorzieningen voor psychisch gestoorde bejaarden te treffen.

Leeftijd en prognose. Het ligt voor de hand te veronderstellen, dat de prognose met de leeftijd in ongunstige zin zal veranderen: minder verbeteringen, minder ontslagen naar huis, meer sterfgevallen. Is dit zo en is dit dan voor vrouwen en mannen gelijk?

Tabel 10 geeft een overzicht van de uitkomst der behandeling in de vier onderscheiden groepen.

TABEL 10

	Leeftijd 66/75					Leeftijd > 75				
	Naar Huis	Naar Rust-huis	Naar Psych. Inr.	Over-leden	Totaal	Naar Huis	Naar Rust-huis	Naar Psych. Inr.	Over-leden	Totaal
MN	55	17	32	27	131	18	10	22	17	67
MO	36	15	53	28	132	16	8	40	27	91
VN	58	15	59	22	154	8	3	23	13	47
VD	25	10	58	14	107	9	10	60	24	103
Totaal	174	57	202	91	524	51	31	145	81	308

Uitkomst der behandeling ('prognose') in verband met de leeftijd

Het verrassende nu is, dat in de groepen MN en MO statistisch *geen* verschil in prognose aantoonbaar is (k is resp. 0,22 en 0,23).

Daarentegen vindt men dit wel in de groepen VN en VO (k is in beide 0,02), hoewel men slechts van een aanwijzing mag spreken. In beide groepen schuilt het verschil vooral in de ontslagen naar huis (VN: k = 0,03 en VO: k = 0,02).

Keren ook de oudste mannelijke patiënten geregeld weer naar huis terug, voor de oudste vrouwelijke patiënten geldt, dat een terugkeer naar huis met de leeftijd moeilijker wordt. Dit staat waarschijnlijk meer in verband met de ontwikkelingen in het klinisch beeld dan met de maatschappelijke achtergronden. Daarop wijst tenminste de analyse van de gegevens betreffende de klinische verbetering in de twee leeftijdsgroepen en de later te bespreken samenhang tussen leeftijd en alleen-wonen.

Tabel 11 geeft de samenhang tussen klinische verbetering en leeftijd.

TABEL 11

	Leeftijd 66/75			Leeftijd > 75		
	Verb.	Niet-verb.	Totaal	Verb.	Niet-verb.	Totaal
MN	80	51	131	28	39	67
MO	45	87	132	23	68	91
VN	82	72	154	8	39	47
VO	32	75	107	12	91	103
Totaal	239	285	524	71	237	308

Klinische verbetering tijdens opname in verband met de leeftijd

Bij statistische bewerking blijkt, dat voor vrouwen ongetwijfeld opgaat, *dat de kans op verbetering met de leeftijd afneemt.* De uitkomsten zijn hier zeer significant (VN: k = 0,00001, VO: k = 0,0011).

Bij de mannen is dit niet zonder meer bewezen. In de groep MO is er geen verschil in de kans op verbetering voor de twee leeftijdsgroepen aantoonbaar (k = 0,16), maar in de groep MN bestaat weer wel een sterke aanwijzing (k = 0,01) hiervoor.

Het lijkt ons niet te onvoorzichtig te veronderstellen, dat de kans op klinische verbetering voor de vrouw met de leeftijd ongunstiger wordt dan voor de man. Let men alleen op MO en VO, dan mag men dit zeker aannemen. Het komt ook overeen met de gegevens hierboven vermeld ten aanzien van het ontslag uit de kliniek.

Deze gegevens zijn wellicht van betekenis bij het treffen van voorzieningen voor psychisch gestoorde bejaarden.

Leeftijd en maatschappelijke vereenzaming ('isolation'). Zoals wij in III, 4 uiteengezet hebben, kan men de factor vereenzaming enigermate afmeten aan het alleen-wonen. Het is goed daarbij in het oog te houden, dat volgens de Algemene Woningtelling 1956 van de bejaarde vrouwen in Amsterdam 31,0% alleen woont en van de bejaarde mannen 11,1%. Uit die gegevens blijkt niet, of alleen wonen met de leeftijd der bejaarden samenhangt. Tabel 12 geeft voor ons materiaal de verdeling van het alleen-wonen in de twee leeftijdsgroepen.

Zeer frappant zijn de uitkomsten t.a.v. de vrouwelijke patiënten. Indien men de percentages vergelijkt, valt op, dat het alleen-wonen blijkbaar niets met de leeftijd heeft te maken (k = 0,84 en 0,96). En dat niet alleen: de opgegeven percentages wijken vrijwel niet af van het percentage voor de bejaarde vrouwen in Amsterdam (31,0%). Het is dus wel geoorloofd te ver-

TABEL 12

	Leeftijd 66/75				Leeftijd > 75			
	Alleen-wonend	Niet Alleen-wonend	Totaal	% Alleen-wonend	Alleen-wonend	Niet Alleen-wonend	Totaal	% Alleen-wonend
MN	25	108	133	18,8	15	47	62	24,2
MO	35	103	138	25,4	10	74	84	11,9
VN	46	106	152	30,3	14	30	44	31,8
VO	31	70	101	30,7	31	69	100	31
Totaal	137	387	524		70	220	290	

Het verband tussen leeftijd en alleen-wonen

onderstellen, dat bij vrouwen leeftijd en alleen-wonen geen verband houden.

Voor de mannelijke patiënten ligt de zaak minder duidelijk. In MN is er statistisch nog geen verschil (k = 0,38). Voor MO echter bestaat een aanwijzing (k = 0,02), dat het alleen wonen met de leeftijd vermindert. Het percentage komt dan in de buurt van het percentage alleen-wonende mannen in Amsterdam (11,9 tegen 11,1%). Velerlei factoren spelen hierbij een rol, zodat wij hieraan geen conclusie willen verbinden.

Leeftijd, chronische ziekte en invaliditeit. Een inleiding tot dit probleem werd in III, 5 gegeven.

De verdeling van chronische ziekte en invaliditeit in de twee leeftijdsgroepen vindt men in tabel 13.

Reeds uit de opgegeven percentages blijkt, en statistische analyse bevestigt dit, dat in de groepen MN, MO en VO geen verschil aantoonbaar is wat betreft chronische ziekte en invaliditeit voor de twee leeftijdsgroepen. (k = resp. 0,32, 0,39 en 0,34).

De na-oorlogse groep vrouwen vormt een uitzondering. In de jongste leeftijdsgroep vindt men meer chronische ziekte en invaliditeit (k = 0,00008). Dit tegen alle verwachtingen in, want men weet, dat in ieder geval voor psychisch gezonde bejaarden de frekwentie van chronische ziekte en invaliditeit juist toeneemt met de leeftijd. Waarschijnlijk speelt hier selectie van het patiëntenmateriaal opnieuw een rol.

TABEL 13

	Leeftijd 66/75				Leeftijd > 75			
	Chron. Ziek	Niet-Chron. Ziek	Totaal	% Chron. Ziek	Chron. Ziek	Niet-Chron. Ziek	Totaal	% Chron. Ziek
MN	84	57	141	59,6	46	23	69	66,6
MO	76	63	139	54,7	46	48	94	48,9
VN	89	72	161	56,3	11	37	48	32,9
VO	63	47	110	57,3	70	40	110	63,6
Totaal	313	238	551		173	148	321	

Chronische ziekte en invaliditeit in verband met de leeftijd

Voorlopige samenvatting van het voorgaande. Wij willen nu in het kort samenvatten, wat men aan de hand van dit onderzoek over de betekenis van de leeftijd kan veronderstellen.

1. Met de pathogenese houdt de leeftijd geen verband. Het is niet aan te nemen, dat de pathogenese met de leeftijd eenvoudiger wordt.

2. eenvoudige dementering en delier komen bij vrouwen op hogere leeftijd meer voor, bij de man is dat minder uitgesproken. De depressie komt bij de man op jongere leeftijd meer voor dan op oudere leeftijd. Dit geldt bij de vrouw niet of minder.

3. Bij de man is het 'ontslag naar huis' bij de oudste categorie niet minder frekwent dan bij de jongste. Bij de vrouw is dat wel het geval.

4. De kans op klinische verbetering neemt bij de vrouw ook met de leeftijd af, in tegenstelling met hetgeen men bij de man vindt.

5. Het alleen-wonen hangt bij de vrouw niet samen met de leeftijd. Vrouwelijke patiënten, ongeacht de leeftijd, wonen niet meer alleen dan normale vrouwelijke bejaarden in de maatschappij. Wat de mannelijke patiënten betreft is het niet mogelijk tot een duidelijke uitspraak te komen. Zeer voorlopig lijkt het, dat jongere mannelijke patiënten eerder alleen wonen dan oudere mannelijke patiënten. Ook wonen zij meer alleen dan normale mannelijke bejaarden. De oudste categorie mannelijke patiënten woont niet meer alleen dan normale mannelijke bejaarden.

6. Er is geen duidelijk verband bij onze patiënten tussen de leeftijd en het voorkomen van chronische ziekten en invaliditeit.

Correlaties met het klinisch beeld

Bij de volgende analyse gaan wij uit van het klinisch beeld bij opname. Met de leeftijd is het ziektebeeld bij opname het eerste, dat binnen het gezichtsveld komt van degene, die bemoeienis heeft met de patiënt. De verdere gegevens worden meestal daarna opgespoord. Nu zijn leeftijd en klinisch beeld niet onafhankelijk van elkaar, maar zoals wij reeds zagen, hangen beide gegevens op ingewikkelde manier samen. Laten wij nu nog eens nagaan of er een verband aantoonbaar is tussen het klinisch beeld en andere gegevens.

Klinisch beeld en pathogenese. Het ligt voor de hand aan te nemen, dat niet ieder klinisch beeld op dezelfde wijze ontstaat. Depressie en achterdocht ontstaan toch wel eerder door invloeden van buiten. Voor de eenvoudige dementering is dit nog een open vraag. Wat vindt men nu hierover in ons materiaal? Geldt dit alles voor mannen en vrouwen in gelijke mate?

Tabel 14 geeft een overzicht van het gevondene. Onder het hoofd 'rest' vallen de pathogenetische typen X, Ss en St. Van de klinische beelden zijn slechts D, Sn en Dl nagegaan.

TABEL 14

	Mannen					Vrouwen				
	1	2	3	Rest	Totaal	1	2	3	Rest	Totaal
D	5	23	54	18	100	22	36	36	12	106
Sn	56	18	4	11	89	57	19	2	16	94
Dl	45	17	3	57	122	34	8	1	42	85
Totaal	106	58	61	86	311	113	63	39	70	285

Het verband tussen klinisch beeld en pathogenese voor mannelijke en vrouwelijke patiënten afzonderlijk

In de eerste plaats willen wij voor mannen en vrouwen afzonderlijk nagaan, of het klinisch beeld en de pathogenese afhankelijk zijn. De statistische analyse bevestigt ons vermoeden: klinisch beeld en pathogenese zijn sterk afhankelijk ($k<0{,}00001$). Zowel voor mannen als voor vrouwen komt geen enkel tweetal rijen of kolommen overeen (steeds geldt $k\leqslant0{,}0003$).

Dit betekent het volgende. De seniele depressie heeft vergeleken met de eenvoudige dementering en het delier veel gevallen, die verklaard kunnen worden uit psychogene, sociogene en characterogene invloeden alleen (pathogenese 3). Dit in tegenstelling met de eenvoudige dementering. Daarbij vindt men eerder de gevallen waarbij deze factoren ontbreken (pathogenese 1). Het delirante beeld heeft juist zeer veel gevallen behorende tot de 'rest'-groep: symptomatische en terminale gevallen (Ss, St) in hoofdzaak.

Men kan dus als regel aannemen, dat de depressie (D) vooral reactief ontstaat, of in verband staat met de praemorbide karakterstructuur. De eenvoudige dementering (Sn) vormt de tegenpool van het depressieve beeld (D), terwijl het delirante beeld (Dl) eerder symptomatisch of terminaal ontstaat.

Zijn er nu nog verschillen tussen vrouwen en mannen onderling? Inderdaad blijkt t.a.v. het depressieve beeld (D) voor mannen en vrouwen de pathogenese te verschillen (k = 0,0004), met name geldt dit voor de pathogenese 1 (k = 0,003), maar daarnaast wordt een aanwijzing gevonden, dat ook de pathogenese 2 afwijkend is (k = 0,02).

Dit betekent dus, dat bij de man, eerder dan bij de vrouw, de depressie tot stand komt door characterogene, psychogene en sociogene invloeden.

De depressie is dus bij de vrouw veel eerder 'zuiver organisch' of zo men wil 'endogeen'. De bejaarde man reageert veel sterker dan de bejaarde vrouw op uitwendige omstandigheden. Dit vermoedden wij reeds eerder (III, 3 en 4).

Dit verschil in pathogenese tussen man en vrouw vindt men bij de eenvoudige dementering (Sn) en het delier (Dl) *niet*. (k is in beide gevallen 0,68).

De pathogenetische achtergronden van deze beelden zijn bij man en vrouw niet verschillend, *zelfs opvallend gelijk*.

Klinisch beeld en prognose. Voor iedere medicus practicus is het van groot gewicht reeds bij opname iets te weten over de kans op verbetering van de opgenomen patiënt. Wij zagen reeds, dat de leeftijd bij de man wat dit betreft geen uitsluitsel geeft, wel was dat bij de vrouw het geval.

In tabel 15 vinden wij de gegevens van ons materiaal, waarbij ditmaal mannen en vrouwen samen zijn genomen.

TABEL 15

	Naar huis	Naar rusthuis	Naar Psych. inrichting	Overleden	Totaal
D	81	29	62	20	192
Sn	26	16	106	31	179
Dl	43	15	67	66	191
Totaal	150	60	235	117	562

Uitkomst der behandeling in verband met het klinisch beeld bij opname

Bij de statistische bewerking blijkt, dat er een sterke samenhang bestaat tussen klinisch beeld en prognose ($k < 0{,}00001$). Geen enkel tweetal rijen of kolommen uit de tabel stemt overeen (steeds k<0,00001). Depressieve patiënten hebben duidelijk de meeste kans weer naar huis terug te keren. Seniele patiënten werden het meest naar psychiatrische inrichtingen overgeplaatst. Quoad vitam heeft het beeld Dl de slechtste uitkomsten (34,6% overleden).

De kans op klinische verbetering hangt ook weer sterk samen met het klinisch beeld (k<0,00001). Geen twee klinische beelden stemmen op dit punt overeen. Onze getallen zijn de volgende.

Op 192 patiënten met het beeld D, zijn er 115 verbeterd (59,9%).

Op 179 patiënten met het beeld Sn, zijn er 26 verbeterd (14,5%).

Op 191 patiënten met het beeld Dl, zijn er 69 verbeterd (36,1%).

De opgegeven percentages spreken hier voor zichzelf.

Klinisch beeld en alleen-wonen. Indien alleen-wonen een psychische stress betekent, zoals wij dit in III, 4 vonden voor de mannelijke patiënten, dan ligt het voor de hand aan te nemen, dat depressieve mannelijke patiënten eerder alleen wonen dan andere psychisch gestoorde patiënten. Wij zagen immers de depressie bij de man vooral reactief en characterogeen ontstaan.

Gaat men dit nu statistisch na, dan blijkt dit inderdaad het geval te zijn.

TABEL 16

	Mannen				Vrouwen			
	Alleen wonend	Niet alleen wonend	Totaal	% Alleen-wonend	Alleen wonend	Niet alleen wonend	Totaal	% Alleen wonend
D	23	56	88	26,1	30	71	101	29,7
Sn	12	73	85	14,0	29	61	90	32,2
Dl	11	96	107	10,3	16	61	77	20,8
Totaal	46	234	280		75	193	268	

Het verband tussen alleen-wonen en klinisch beeld bij opname voor vrouwelijke en mannelijke patiënten afzonderlijk

Statistisch bestaat er voor de *mannelijke* patiënten een sterke aanwijzing, dat er een samenhang bestaat tussen alleen-wonen en klinisch beeld (k = 0,009), met name wonen de depressieve patiënten (D) veel eerder alleen dan de overige (k = 0,009). Ook wonen deze patiënten eerder alleen dan de doorsnee der bejaarde mannen in Amsterdam (26,1 tegen 11,1%). De niet depressieve patiënten naderen dit percentage (Sn: 14,0%, Dl: 10,3%).

Dit geldt dus slechts voor de man. Bij de vrouwelijke patiënten is er *geen* aantoonbaar verband tussen het klinische beeld en het alleen-wonen (k = 0,23). De beelden Sn en D vertonen hier opvallend weinig verschil. Bovendien komen de opgegeven percentages dicht bij het percentage voor normale bejaarde vrouwen in Amsterdam (31,0%).

Men kan dus stellen, dat alleen depressieve bejaarde mannen meer alleen wonen dan de doorsnee bejaarde Amsterdamse bevolking.

Voorlopige samenvatting. Wij willen nu in het kort samenvatten, wat men aan de hand van dit onderzoek over de betekenis van het klinisch beeld in verband met andere gegevens kan veronderstellen.

1. Er is een sterk verband tussen klinisch beeld en pathogenese. De depressie ontstaat eerder reactief en/of characterogeen. De eenvoudige dementering ontstaat omgekeerd juist niet reactief of characterogeen, terwijl het delier in hoofdzaak als een symptomatisch of terminaal beeld is op te vatten. Het reactieve en characterogene element in de depressie is veel sterker bij de man dan bij de vrouw. Bij de andere beelden vindt men een dergelijk verschil niet.

2. Klinische verbetering en ontslag naar huis komt duidelijk meer voor bij de depressieve beelden. De eenvoudige dementering heeft de ongunstigste prognose t.a.v. verbetering en ontslag naar huis.

Quoad vitam heeft het delier de slechtste prognose. Toch heeft dit beeld een betere prognose, wat betreft verbetering en ontslag naar huis, in vergelijk met de eenvoudige dementering.

3. Depressieve mannelijke patiënten wonen eerder alleen dan niet-depressieve patiënten of psychisch normale bejaarden in Amsterdam.

Vrouwelijke patiënten wonen, ongeacht het klinisch beeld, niet meer alleen dan de doorsnee bejaarde Amsterdamse vrouw. Wat de statistische bewerking aangaat, moet nog de volgende opmerking worden gemaakt.

Bij de bewerking van de gegevens in de tabellen 14, 15 en 16 werden voor- en na-oorlogse groepen niet afzonderlijk geanalyseerd. Men moet daarom een zeker voorbehoud maken. Wij verwijzen hiervoor naar de slotbeschouwing op blz. 151 gegeven.

Het verband tussen pathogenese en alleen-wonen

In III, 4 hebben wij de betekenis van het alleen-wonen als pathogene factor geschetst. Wij namen toen reeds aan, dat het alleen-wonen voor de vrouw als psychische stress minder betekenis had dan voor de man. Wij zijn echter in staat nu deze samenhang nader te onderzoeken. De gegevens vindt men in tabel 17.

Deze tabel is zo ingericht, dat tegenover elkaar gesteld worden de pathogenese *zonder* characterogene-, socio- en psychogenese (1 en Ss en St) en de pathogenese *met* characterogene, socio- en psychogenese (2 en 3). Voor de vier groepen (MN, MO, VN en VO) is dit afzonderlijk nagegaan.

Wij veronderstellen dus, dat bij de man veel sterker dan bij de vrouw het alleen-wonen een pathogene factor is. Daarnaast houden wij in het oog,

TABEL 17

	Type 1 + Ss + St				Typen 2 + 3			
	Alleen wonend	Niet alleen wonend	Totaal	% Alleen wonend	Alleen wonend	Niet alleen wonend	Totaal	% Alleen wonend
MN	10	66	76	13,3	27	76	103	26,2
MO	17	111	128	13,3	20	50	70	28,6
VN	15	55	70	21,4	36	68	104	34,6
VO	40	101	141	28,4	9	31	40	22,5
Totaal	82	333	415		92	225	317	

Het verband tussen pathogenese en alleen-wonen

dat volgens de Algemene Woningtelling 1956 in Amsterdam het percentage alleen-wonenden onder de bejaarde mannen 11,1 bedroeg en onder de bejaarde vrouwen 31,0.

Ons vermoeden t.a.v. de bejaarde mannelijke patiënten wordt nu volledig bevestigd. Vereenzaming, afgemeten aan het alleen-wonen is duidelijk tot zeer duidelijk gecorreleerd met de pathogenesen (2) en (3) (MN: k = 0,03; MO: k = 0,008).

De gevonden percentages voor mannelijke patiënten voor en na de oorlog zijn hierbij opvallend gelijk. Het percentage alleen-wonenden bij die gevallen, waarbij charactero-, socio- en psychogenese ontbrak, komt dicht bij het percentage voor normale Amsterdamse bejaarde mannen (13,3 tegen 11,1%).

Dit alles geldt voor de vrouwelijke patiënten *niet*. Bij de vrouwelijke patiënten voor de oorlog (VO) is geen samenhang aantoonbaar (k = 0,46), terwijl bij de vrouwelijke patiënten na de oorlog (VN) sprake is van een zwakke aanwijzing (k = 0,06). Wij menen aan dit laatste geen betekenis te moeten hechten. Het opgegeven percentage (34,6) wijkt immers maar weinig af van het percentage voor de Amsterdamse bejaarde vrouwelijke bevolking (31,0).

Als laatste kan men zich afvragen, of de prognose voor alleen-wonende patiënten afwijkt van de prognose voor niet alleen-wonenden. Over het algemeen bleek uit ons onderzoek alleen, dat alleen-wonende patiënten eerder in rusthuizen worden geplaatst, een feit, dat zo voor de hand ligt, dat wij dit niet nader zullen uitwerken.

Wellicht is het toch leerzaam te weten, dat van de 198 alleen-wonende patiënten er 44 (22,2%) naar de eenzame woning terugkeerden.

Het lijkt mij hier de plaats nog enkele gegevens te verstrekken betreffende de statistische methoden, die gebruikt werden ter beantwoording van de vele vragen, die naar aanleiding van het verzamelde materiaal werden gesteld. De statistische bewerkingen werden uitgevoerd door de afdeling Mathematische Statistiek van het Mathematisch Centrum te Amsterdam met behulp van de electronische rekenmachine X1.

Het prototype van de te beantwoorden vragen vindt men terug in tabel 14. Het betreft hier een groep patiënten, die ieder voor zich werden gekenmerkt door een bepaalde pathogene factor (kolom in de tabel) en door een klinisch beeld (rij in de tabel). In de eerste plaats dient te worden nagegaan, of er een samenhang tussen pathogenese en klinisch beeld bestaat.

Indien zo'n samenhang aantoonbaar is, dan moet vervolgens de aard van dit verband worden onderzocht. Statistisch gezien houdt dit in, dat onderzocht dient te worden, of de pathogene factoren onafhankelijk zijn van de klinische beelden. Indien dit nu het geval blijkt te zijn, dienen de rijen of kolommen uit de tabel te worden aangewezen, die een van de rest van de tabel afwijkende kansverdeling te zien geven.

Voor het eerste gedeelte van het onderzoek werd de chi-kwadraattoets voor de (k x r)-tabel (contingency table) gebruikt, terwijl de afwijkende rijen en kolommen met behulp van een uitschieter-toets werden aangewezen.

Naast het hierboven genoemde soort onderzoek werd ook de leeftijdssamenstelling van twee groepen patiënten vergeleken. Hiervoor werden de twee-steekproeventoets van Wilcoxon en een trend-toets gebruikt. Tenslotte werd het percentage alleenwonenden onder de patiënten en onder de bevolking van Amsterdam vergeleken met behulp van de toets voor een onbekende kans.

De gang van zaken bij dergelijke statistische bewerkingen is in het kort als volgt. Aangenomen wordt, dat het te onderzoeken verschijnsel niet aanwezig is, d.w.z. geen afhankelijkheid, geen afwijkende rijen of kolommen, geen leeftijdsverschil voorkomt.

Uitgaande van deze veronderstelling wordt nu de kans k berekend, dat bij het uitgevoerde experiment juist het waargenomen resultaat optreedt, of een ander resultaat, dat minder dan het waargenomen resultaat in overeenstemming is met de gemaakte veronderstelling, dat het onderzochte verschijnsel afwezig is. Deze kans k, de overschrijdingskans, is nu een maat voor de aanvaardbaarheid van de gemaakte veronderstelling: kleine waarden van k vormen een aanleiding om te besluiten, dat de gemaakte veronderstelling niet houdbaar is en dat het onderzochte verschijnsel dus wel aanwezig is.

In de bij dit onderzoek uitgevoerde analyses is steeds deze overschrijdingskans opgegeven. In de tekst is zoveel mogelijk de volgende formulering gebruikt:

$k \leqslant 0{,}001$: er is een zeer sterke aanwijzing,

$0{,}001 < k \leqslant 0{,}01$: er is een sterke aanwijzing,

$0{,}01 < k \leqslant 0{,}05$: er is een aanwijzing,

0,05<k⩽0,10: er is een zwakke aanwijzing, dat het onderzochte verschijnsel aanwezig is.

Bij het gebruik van de uitschietertoets voor het aanwijzen van afwijkende rijen (resp. kolommen) wordt de hierboven beschreven procedure enige malen herhaald. Indien bij de eerste toetsing de meest van de overige gegevens afwijkende rij (resp. kolom) inderdaad als afwijkend wordt aangewezen, wordt deze uit de tabel verwijderd, waarna de procedure wordt herhaald.

Dit wordt voortgezet, totdat geen afwijkende rijen (resp. kolommen) meer worden aangewezen. Dit houdt in, dat het begrip afwijkend moet worden opgevat als afwijkend van het nog resterende deel van de tabel. De afwijkende rijen (resp. kolommen) worden dan ook steeds opgegeven in de volgorde, waarin zij zijn aangewezen.

Door het grote aantal uitgevoerde toetsen zal men terdege rekening moeten houden met de mogelijkheid, dat een aantal der gedane uitspraken onjuist is. Dit geldt uiteraard vooral wanneer k ligt tussen 0,05 en 0,10.

Ook bedenke men, dat indien blijkt, dat twee factoren A en B afhankelijk zijn, dit geenszins inhoudt, dat er ook een causaal verband tussen beide factoren zou bestaan. Een derde factor C kan immers zowel A als B beïnvloeden. Vooral bij een onderzoek als dit, waarbij een aantal samenhangende factoren wordt onderzocht en waarbij selectie een rol speelt, is dit gevaar niet denkbeeldig. Teneinde het optreden van pseudo-correlaties, veroorzaakt door het verschil in selectie der patiënten voor en na de oorlog te voorkomen, werd het voor- en na-oorlogse materiaal zoveel mogelijk gescheiden geanalyseerd. Dit was niet altijd mogelijk. Vooral bij die analyses blijft voorzichtigheid bij de interpretatie van de resultaten geboden.

2. HET TENTAMEN SUICIDII BIJ BEJAARDEN

Tot slot van dit onderzoek werden gegevens verzameld betreffende het tentamen suicidii. Meer dan 10% van onze patiënten werd wegens zo'n poging opgenomen, hetgeen het grote belang bewijst van de zelfmoordneiging binnen het kader der geriatrische psychiatrie.

Dit neemt niet weg, dat men in de betreffende literatuur opvallend weinig objectieve gegevens vindt. Zo vindt men in belangrijke teksten als die van Busse (1960) en van Jones en Kaplan (1956) veel minder dan men zou mogen verwachten. Bovendien blijkt, zoals wij nog zullen zien, over enkele punten een diepgaand verschil van mening te bestaan tussen verschillende auteurs. Geen wonder ook, want het tentamen suicidii raakt de meest essentiële problemen der geriatrische psychiatrie. Een studie van dit verschijnsel kan zeer wel als uitgangspunt dienen voor een benadering van het gehele gebied. Dat zelfmoorden met de leeftijd relatief in aantal toenemen, is reeds lang bekend. Men spreekt zelfs van de 'wet van Durkheim' (Kruyt 1960). Toch gaat deze niet voor alle landen op. Kruyt (1960) heeft hieraan belangwekkende beschouwingen gewijd. Hij schrijft afwijkingen van de regel toe aan een betere sociale verzorging van de bejaarde bevolking in de grote steden van sommige landen van West-Europa. Dit geldt voor Zweden veel eerder dan voor Nederland, waar de 'wet van Durkheim' nog onverminderd opgaat (id.).

Men moet overigens niet de fout begaan de geslaagde suicide gelijk te stellen met de mislukte poging daartoe. Het betreft hier zeer waarschijnlijk twee min of meer apart staande groepen, zodat men in aanmerking moet nemen, welke materiaal in een onderzoek werd bewerkt.

Waarom neemt het aantal suicides met de leeftijd toe? Deze vraag is nog nimmer afdoende beantwoord. Ongetwijfeld heeft het iets te maken met de benarde omstandigheden, waaronder vele oude mensen moeten leven. 'It is evident that the known factors which tend to precipitate suicide in old people are the same factors which in general tend to precipitate their mental breakdown', schrijven Batchelor en Napier (1953). Dit houdt in, dat het tentamen suicidii, ook in de ouderdom in hoofdzaak als reactief moet worden opgevat, als gevolg dus van psychische stress, psycho- en sociotraumata.

Daarmee in overeenstemming is het feit, dat het tentamen suicidii meer voorkomt bij mannen (volgens Birren 1960 vindt men boven de 65 jaar 6 maal zoveel suicides bij mannen als bij vrouwen!). Het is ons immers gebleken (III, 1), dat de man veel meer dan de vrouw reageert op levensomstandigheden en allerlei psychogene invloeden. Zoals wij reeds zagen is ook het sociotrauma bij de man van veel meer invloed dan bij de vrouw. (III, 4). Kortom, de man heeft meer reden om zelfmoord te plegen en neigt daartoe waarschijnlijk ook eerder. Men bedenke hierbij, dat het aantal suicides bij de man in alle leeftijdsklassen dat van de vrouw overtreft.

Natuurlijk is het niet zo, dat in alle gevallen de zelfmoordpoging het gevolg is van een weloverwogen besluit. In de meeste gevallen wordt de poging eerst gedaan, nadat een anomalie van de stemming is opgetreden tengevolge van bepaalde omstandigheden. De meeste patiënten vertonen tekenen van een duidelijke depressie. Het is echter onjuist om, zoals Roth en Morrissey (1952) doen, de zelfmoord toe te schrijven aan psychische ziekte alleen (i.c. de 'affective psychosis'). Deze mening komt voort uit de opvallende onderschatting van de betekenis der uitwendige omstandigheden bij het ontstaan van seniele depressies, zoals men dit bij Roth en zijn school aantreft. Hun opvatting heeft daarom geen navolging gevonden (O'Neal, Robbins e.a. 1956, Batchelor, Napier 1953, Busse 1960). Veel eerder houdt men vast aan de opvattingen van Gruhle (1938), die juist het reactieve element op de voorgrond stelt (zie ook F. A. Kehrer 1952).

Inderdaad, zoals wij nog zullen zien, zijn zelfmoordpogingen bij bejaarden zonder een duidelijke, reële, aanleiding een uitzondering, maar komen wel degelijk voor. In deze gevallen vindt men ziekelijke afwijkingen van de stemming. Soms echter schuilt de aanleiding in het waanbeleven van de patiënt. Het is dus zeker niet zo, dat alle patiënten, opgenomen wegens een tentamen suicidii depressief zijn, zoals Batchelor (1955) meent. Men kan immers zeer wel door angst gedreven tot zelfmoord komen.

In sterke tegenstelling met de mening van Roth c.s. staat het interessante onderzoek van Tuckman en Lavell (1958) over de suicides in Philadelphia. Zij vonden juist, dat suicides beneden de 45 jaar veel eerder berusten op psychische ziekte dan die gedaan op oudere leeftijd. Boven de 45 jaar vindt men eerder een slechte *lichamelijke* toestand. Slechts 8% bleek gezond, 43% der betrokkenen leed aan een ernstige lichamelijke kwaal. De regel van Durkheim ging in Philadelphia op, reeds de leeftijdsklasse 55-64 jaar gaf een sterke stijging te zien. Een slechte lichamelijke toestand en de psychische reactie daarop achten ook Batchelor en Napier (1953) de belangrijkste aanleiding tot suicide bij bejaarden. Verder noemen zij nog: verveling en gebrek aan bezigheden, vereenzaming (23 van de 40 gevallen), onvermogen zich aan gewijzigde omstandigheden aan te passen, financiële zorgen, pensionering en verlies van de woning. Dit laatste zou volgens Vischer (1949) meer bij vrouwen voorkomen.

Gruhle (1938) noemt: 'Bewusstwerden des Nachlassens, Lebensüberdruss, Verlust des Lebenszweckes' naast 'Reaktion auf Aussenschicksale'. Een algemene moedeloze, vermoeide stemming overheerst. 'I'm tired of living, I can't collect my thoughts', zegt een patiënt van O'Neal en Robbins (1956). Deze auteurs wijzen ook op het veelvuldig voorkomen van een reactie op de dood van een nabestaande, niet verwonderlijk gezien het gesprokene in I, 3 en III, 3.

Ook bij Kiørboe (1951) staan reacties op lichamelijke afwijkingen bovenaan. Hij noemt syfilis, zowel de behandelde als de onbehandelde, als een veelvuldig bijkomende factor, in tegenstelling met de overige auteurs op dit gebied. Ook wij vonden dit in ons onderzoek niet. Wellicht bestaat er een verband met het veelvuldig voorkomen van alcoholisme bij de 35 gevallen van Kiørboe. Alcoholisme wordt ook door Batchelor en Napier (1953) genoemd als een factor van betekenis. Waarschijnlijk berust het samengaan van alcoholisme en zelfmoordpogingen op de verborgen tendens tot zelfvernietiging, die wel de achtergrond van het alcoholisme vormt. Twee van de gevallen van Kiørboe kwamen tot een suicidepoging in een affect-explosie, waarbij de agressieve impulsen zich tegen de eigen persoon richtten.

Wat de karakterstructuur van deze patiënten betreft, vonden Batchelor en Napier (1953), dat 75% van hun materiaal 'vulnerable personalities' betrof. Zij noemen als karaktertrekken: 'morbid sensitivity, shy seclusiveness, undue dependency'. Deze mensen zijn 'disposed to loneliness', 9 van de 40 gevallen leeft dan ook alleen. Tuckman en Lavell (1958) vonden in overeenstemming hiermee, dat suicide meer voorkwam bij vereenzaamden. Volgens Kruyt (1960) plegen meer weduwen suicide dan gehuwde vrouwen van dezelfde leeftijdsklasse. Volgens Batchelor en Napier (1953) hoopt een groot deel op een hereniging na de dood met een geliefde, gestorven nabestaande. 'In young people the dead individual is the mother; in old people the spouse.'

Volgens O'Neal, Robins e.a. (1956) doet 42% der patiënten, opgenomen wegens een tentamen suicidii, de poging niet in een opwelling, maar komt eerst tot een poging na er over te hebben nagedacht. Van deze 42% sprak zelfs 16% er met anderen over. Geuite suicidedreiging mag men, zeker bij bejaarden, niet veronachtzamen! Daarbij komt nog, dat bejaarden een tentamen suicidii sthenischer uitvoeren dan jongeren, zodat een poging veel eerder kans tot slagen heeft.

Dit laatste nu zal er toe bijdragen, dat het aantal geslaagde suicides met de leeftijd stijgt.

Waarop dit verschijnsel overigens berust, is een vraag, die niet gemakkelijk valt te beantwoorden. De suicide is waarschijnlijk eerlijker gemeend dan bij vele jongeren, die niet zelden een effect op hun omgeving beogen, maar bij wie een werkelijk doodsverlangen minder op de voorgrond staat. Verder bedenke men, dat de seniele depressie dikwijls ernstiger is en meer de melancholie nabijkomt, terwijl de neurotische depressie van jongere leeftijd oppervlakkiger is en minder wreed-agressief van structuur. Dat blijkt uit de aangewende middelen, die bij ouderen dikwijls radicaler zijn en meer weerstanden bij anderen oproepen. (Batchelor, Napier 1953, Kiørboe 1951).

Van de 40 patiënten beschreven door Batchelor en Napier (1953) ontkenden 5 later het tentamen weer. Op de neiging daartoe wezen wij reeds eerder (I, 2). Het verschijnsel komt in ons materiaal echter veel zeldzamer voor.

Het onderzoek

Op de door ons onderzochte 1000 patiënten werden er 107 wegens een tentamen suicidii opgenomen (10,7%), maar het percentage ligt hoger, indien men de groep Nl buiten beschouwing laat, n.l.: 107 op 872 gevallen (12,3%).

Het spreekt vanzelf, dat in de na-oorlogse groepen (N) het percentage hoger ligt dan in de voor-oorlogse groepen (O), omdat het tentamen suicidii een vrij absolute indicatie tot opname betekent. Voor de onderscheiden groepen vindt men:

MN: 40 op 210 gevallen (19,0%),
VN: 35 op 209 gevallen (16,7%),
MO: 22 op 233 gevallen (9,4%),
VO: 10 op 220 gevallen (4,5%).

Voor de oorlog werden ongeveer even veel vrouwen als mannen in de kliniek opgenomen. Uit de cijfers van voor de oorlog zou men kunnen afleiden, dat de zelfmoordpoging in Amsterdam ongeveer tweemaal zo veel voorkomt bij bejaarde mannen als bij bejaarde vrouwen. Dit is natuurlijk slechts een benadering. Volgens de gegevens van het Bureau voor Statistiek van de Gemeente Amsterdam werden in de jaren 1952 t/m 1961 219 geslaagde zelfmoorden geregistreerd bij bejaarden. Dit betrof 129 mannen en 90 vrouwen, dus wel meer mannen, maar toch lang niet in de verhouding van onze uitkomsten betreffende zelfmoord*pogingen*. Zonder twijfel ligt hier nog een terrein voor verder onderzoek.

Reactieve en niet-reactieve tentamina suicidii. Uit het door ons gegeven literatuuroverzicht kwam naar voren, dat er een verschil van mening bestaat betreffende het reactieve element in het tentamen suicidii bij bejaarden. In ons onderzoek hebben wij steeds genoteerd welke psychogene factor tot het tentamen leidde. Bij 26 (op een totaal van 107) tentamina vonden wij geen duidelijke aanleiding. Dat wil natuurlijk niet zeggen, dat zo'n aanleiding er inderdaad niet was. Het kan immers zeer wel zijn, dat de patiënt later de aanleiding verzweeg of zelfs vergeten was.

De 26 niet-reactieve tentamina bestaan voor de helft uit tentamina gepleegd door lijders aan *paranoide* wanen. Deze mensen komen uit angst en wanhoop tot een poging, omdat zij zich voortdurend bedreigd achten.

Zes andere gevallen betroffen lijders aan *vitale depressies.* De poging volgt bij deze patiënten uit de ziekelijke gemoedsstemming alleen. Verwant hiermee zijn de hypochondrische patiënten. Verder vindt men nog vier onduidelijke gevallen: deze patiënten werden wel wegens een tentamen suicidii opgenomen, maar de achtergronden werden niet duidelijk. Waarschijnlijk verzwegen zij ook veel. Analyse van *de omstandigheden,* die tot een zelfmoord voeren, levert weinig op. Men vindt de factoren terug, die reeds besproken werden bij de psycho- en sociogenese (III, 3 en 4).

Sociogenese vindt men echter opvallend veel bij de tentamina suicidii gepleegd door mannelijke patiënten. In ons materiaal vindt men het 'sociotrauma' bij 25 van de 62 mannelijke patiënten, die wegens een tentamen suicidii werden opgenomen (40,3%).

Dit wil dus zeggen, dat van de 62 zelfmoordpogingen wellicht 25 voorkomen hadden kunnen worden door adaequate sociale hulp. Ook in deze leeftijdsklasse is het tentamen suicidii een kreet om hulp, die men niet mag negeren.

Verdere analyse der pathogenese. In hoeverre wijkt deze groep patiënten nu af van de doorsnee psychiatrische bejaarde patiënt? Het is wel duidelijk, dat het hier een aparte groep betreft. Vele van deze patiënten waren wellicht nooit opgenomen, indien zij niet tot een tentamen waren gedreven. Het beste is het deze patiënten te vergelijken met een groep weinig geselecteerde bejaarde patiënten, dus in ons onderzoek de groepen MO en VO. Wij volgden daarbij weer de in III, 1 geschetste indeling der pathogenetische typen. Mannen en vrouwen werden daarbij samengevat. Zo komen wij tot de volgende tabel.

TABEL 18

	1	2	3	X	Ss+St	Totaal
Gevallen t.s.	2	10	14	6	0	32
Overige	190	57	29	55	89	420
Totaal MO+VO	192	67	43	61	89	452

Een vergelijking betreffende de pathogenese van de patiënten opgenomen wegens een tentamen suicidii en overige patiënten in de jaren 1927–1939

Statistisch verschilt de pathogenese voor beide groepen patiënten aanzienlijk ($k<0{,}00001$), met name geldt dit voor de factoren 3 ($k<0{,}00001$), 2 ($k = 0{,}00004$) en X ($k = 0{,}00006$). Beide groepen zijn nauwelijks te vergelijken. Het op de voorgrond treden van de pathogenesen 2 en 3 pleit sterk voor een relatief grote betekenis van meer reactieve en characterogene factoren.

Verder is leerzaam een overeenkomstige studie van het klinische beeld (zie tabel 19).

TABEL 19

	D	Pa	R	Rest	Totaal
Gevallen t.s.	21	2	7	2	32
Overige	46	29	91	256	422
Totaal MO-VO	67	31	98	258	454

Een vergelijking betreffende het klinisch beeld van de patiënten opgenomen wegens een tentamen suicidii en overige patiënten in de jaren 1927–1939

Het klinische beeld is in beide groepen statistisch duidelijk verschillend (k<0,00001), met name geldt dit voor beeld D (k<0,00001) en voor de beelden samengevat onder 'Rest', waaronder het beeld Dl (k = 0,002). Vergeleken met de andere patiënten zijn dus de patiënten, opgenomen wegens een tentamen suicidii opvallend dikwijls depressief gestemd.

Men kan niet anders dan tot de slotsom komen, dat tussen beide groepen grote verschillen bestaan. De samenstelling der groepen is zo verschillend, dat zij nauwelijks vergelijkbaar zijn.

Interessanter nog en ook voor de praktijk van groter nut is de vraag, hoe deze groep van patiënten zich verhoudt tot de gehele verdere bevolking van Amsterdam. Wij zullen trachten dit t.a.v. twee punten na te gaan: *1.* de vereenzaming, weer afgemeten aan het alleen-wonen, *2.* de leeftijdsopbouw der beide groepen.

In de eerste plaats het alleen-wonen. In 1956 woonde in Amsterdam volgens de Algemene Woningtelling 31,0% der vrouwelijke en 11,1% der mannelijke bejaarde bevolking alleen. Wij vergeleken hiermee de gegevens van de patiënten wegens een tentamen suicidii *na* de oorlog opgenomen. Op een totaal van 39 mannelijke gevallen woonden er 12 alleen (30,8%) op een totaal van 34 vrouwelijke gevallen woonden er 13 (38,2%) alleen.

Vergelijkt men nu deze cijfers met de opgegeven percentages van de Amsterdamse bejaarde bevolking, dan geldt voor de mannelijke patiënten, dat zij meer geïsoleerd wonen (k = 0,0008), terwijl dat verschil bij de vrouwelijke patiënten niet wordt gevonden(k = 0,36).

Ook hieruit blijkt, dat vooral de mannelijke bejaarde patiënten door ongunstige omstandigheden gedrukt worden en dat het belangrijk moet zijn voorzieningen te treffen ten aanzien van de alleen-staande bejaarde man.

Tenslotte willen wij nagaan, of de regel van Durkheim ook voor het tentamen suicidii opgaat, of dat juist Sainsbury (1962) gelijk heeft, wanneer hij tot de conclusie komt, dat het aantal tentamina suicidii bij bejaarden met de leeftijd afneemt.

Wij moeten daartoe de leeftijdsopbouw van deze groep patiënten vergelijken met die van de bejaarde bevolking van Amsterdam. De leeftijdsopbouw van de bejaarde Amsterdamse bevolking is echter voor en na de oorlog duidelijk verschillend.

Wij gingen daarom uit van de gegevens van de volkstellingen in 1930 en 1950. Wij berekenden vervolgens het aantal bejaarden in de verschillende leeftijdsgroepen: I 66 t/m 70), II 71 t/m 75), III (76 t/m 80), IV (81 t/m 85), V (ouder dan 85 jaar).

Op deze gegevens is een trend-toets toegepast, om na te gaan of de neiging tot tentamen suicidii met de leeftijd af- of toeneemt. Dit bleek echter niet aantoonbaar (k = 0,80 resp. 0,33).

TABEL 20

	I	II	III	IV	V	Totaal
Gevallen t.s. 1927-1939	21	3	3	2	2	31
Bevolking A'dam 1930	18.417	11.454	7.281	3.704	1.676	42.532
Gevallen t.s. 1946-1958	37	18	15	5	0	75
Bevolking A'dam 1950	26.657	18.430	9.245	3.026	1.281	58.639

Een vergelijking betreffende de leeftijdsopbouw van de patiënten opgenomen wegens een tentamen suicidii en de oudere bevolking van Amsterdam in 1930 en 1950

Wij hebben dus Sainbury's conclusie niet kunnen bevestigen. Misschien geldt deze regel voor Nederland niet. Het is echter nog te vroeg om hier zonder verder onderzoek tot een bindende uitspraak te komen.

SAMENVATTING

Dit boek beoogt meer dan een psychopathologie van de ouderdom, meer dan een klinische studie alleen. Het wil tevens de nadruk leggen op wat daaraan ten grondslag ligt: de studie van de ouderdom als levensfase. In het geheel van de levensloop neemt zij een eigen plaats in. Het senium betekent het einde, zowel apotheose als verval.

Het gehele eerste hoofdstuk is gewijd aan deze achtergronden. Daarbij kwam ook ter sprake welke plaats de veroudering ten aanzien van al het levende inneemt. Wij vonden haar terug binnen de tijdstroom, die alles omvat.

Voor de mens houdt veroudering zinvolle verwerking in als specifiek menselijke opgave. Dit geldt voor het senium meer nog dan voor de voorgaande levensfasen.

De algemeen menselijke traagheid vonden wij terug in de tegenzin de voorgaande fase los te laten. Steeds weer botst het leeftijdsgevoel met de werkelijkheid, met plaats en rol in de samenleving. In wisselwerking met anderen wordt de mens eerst oud. De veelbesproken involutiecrisis is van dit alles slechts een gevolg.

Het meest specifieke van de ouderdom als levensfase is het teneinde zijn. De betekenis van verleden en toekomst is een geheel andere dan in jeugdiger levensperioden (I, 2). De oude mens is het resultaat van het eigen verleden en daardoor als individu duidelijk begrensd. Het geheugen heeft daarom als functie een ander karakter. Vele 'stoornissen' zijn daarvan de uitdrukking.

Het ten einde zijn, de afsluiting van het verleden naast het afnemen der verwachting, werpt de mens steeds meer terug in het nu. Daaruit kunnen talloze conflicten voortkomen, omdat op hoge leeftijd de strevingen relatief weinig aan kracht inboeten. Aan de andere kant betekent leven in het nu ook een bescherming van het individu tegen allerlei dreigingen. Dit laatste is van belang voor een goed begrip der dementie op hoge leeftijd.

Het senium is het tijdperk van de dood (I, 3). Er bestaat een steeds klemmender doodsdreiging. Dit verklaart veel van het gedrag van de oudere mens. Veel nu is op te vatten als een zich onttrekken aan deze voortdurende dreiging.

In de vierde paragraaf (I, 4) kwam de betekenis van het lichaam en zijn functies ter sprake voor het beleven van de ouderdom.

Naast een afstand nemen tot het eigen lichaam is het senium gekenmerkt door een wel zeer nauw samengaan tussen lichaam en geest. Dit komt sterk tot uiting bij de zintuigelijke en motorische functies. Maar ook de cerebrale functies zijn zo op te vatten. Bepalen zij b.v. niet voor een groot deel de plaats, die de bejaarde in de wereld inneemt en dwingt deze plaats omgekeerd niet tot een andere functioneren?

De resultaten van het psychologisch onderzoek komen alle neer op een teruggang, die in het senium als laatste levensfase ook moet worden aanvaard. Het senium houdt echter steeds meer in dan teruggang alleen. Het menselijk leven is meer dan een zich ontplooien en een vergaan parallel aan een 'biologische curve'. Mogen dan geheugen en intelligentie met de leeftijd aan vermogen inboeten, toch blijft het senium de leeftijd van het geheugen en van het intellect.

Veel van onze vragen hebben betrekking op de oudere mens in zijn verhouding tot de ander. (I, 5). Steeds meer wordt de bejaarde teruggeworpen op zichzelf. De ouderdom is de levensfase der vereenzaming. Er is hier sprake van een zich actief terugtrekken naast een passief uitgestoten worden. Naarmate de bejaarde mens meer alleen komt te staan, wordt hij de jongere vreemder. Dit uit zich in de 'stereotypes', niet anders als vooroordelen, waarvan men een onbegrensd aantal kan vinden, en in de 'ideaalbeelden', die al evenzeer berusten op een gebrekkige kennis van de bejaarde medemens en de ouderdom als levenstijdperk. Deze beschouwingen leiden als vanzelf tot een herwaardering der paranoïsche verschijnselen in de ouderdom. Uitgebreid werd ingegaan op de theorieën van Linden betreffende het contact met al dan niet geestelijk gestoorde bejaarden. Zij zijn van praktische betekenis voor degene, die zich toelegt op een meerder begrip van het senium. Daarnaast is de studie van de contacten, die de oude mens met leeftijdsgenoten onderhoudt, van grote betekenis.

Ook binnen familie en gezin (I, 6) wordt de plaats van de bejaarde mens eenzaam en bedreigd. In dit verband werd nader ingegaan op de 'three-generation family', een utopie, die in de huidige maatschappij niet past. De moderne verhoudingen worden vervolgens uitgebreid geschetst.

Van het huwelijk op hoge leeftijd weet men verrassend weinig. Ditzelfde geldt voor de sexualiteit der bejaarden. Wij verzamelden hierover zoveel mogelijk gegevens en gingen bovendien in op de sexuele ontsporingen in dit levenstijdperk.

In de laatste paragraaf van het eerste hoofdstuk (I, 7) trachtten wij het senium te zien tegen zijn maatschappelijke achtergrond.

Dit stelde ons wel voor een zeer grote opgave. Het belangrijke werk van Simmons kan hier echter een goede leidraad zijn. Steeds weer wordt hierin het senium als opgave gesteld. Dit kan zeer wel een strijd om het naakte bestaan inhouden, maar wellicht eerder een strijd om liefde en geluk binnen de eigen gemeenschap. In deze strijd komen alle facetten van het oud zijn naar voren.

Zeer kort werd ingegaan op de plaats van de oude mens in de Westerse geschiedenis. Deze historische uitweiding helpt ons de maatschappelijke factoren te analyseren, die op het ogenblik voor de bejaarde mens van belang zijn.

Wij gingen daarna op enkele daarvan in: financiële nood, de plaats op de arbeidsmarkt, de pensionering, het werk in het algemeen. Ook hoort hierbij het 'bejaardenhuis' te worden vermeld. Onze kennis van dit instituut is nog zeer fragmentarisch. Toch is zij een dringende vereiste indien wij voor onze bejaarde medemens meer willen doen.

Als laatste werd de betekenis van de godsdienst aan de hand van de bestaande literatuur belicht. Het lijdt geen twijfel, of ook hier kan een verdere studie ons de weg wijzen naar een beter begrip van het senium.

In het tweede hoofdstuk werd de ouderdomspsychiatrie aan een kritische bespreking onderworpen.

In de eerste paragraaf (II, 1) werd haar ontwikkeling geschetst. Het historisch uitgangspunt vindt men het eerst duidelijk geformuleerd bij Dufour (1770): iedere psychische afwijking ook in de ouderdom heeft een specifiek cerebraal substraat. De ontwikkeling van de geriatrische psychiatrie houdt voor alles een verruiming in van dit te beperkte standpunt.

Psychische ziekten, ook in de ouderdom, ontstaan mede door psychische en sociale factoren, terwijl daarnaast het praemorbide karakter van het grootste gewicht moet worden geacht. Het is echter opvallend hoe laat en hoe aarzelend dit inzicht is gerijpt.

Steeds weer heeft men getracht de anatomische vondsten aan de hand van het ziektebeeld te voorspellen of ziektebeelden te ontwerpen op geleide van de pathologische anatomie van het cerebrum. Deze pogingen zijn, hoewel zij veel waardevols opleverden, alle mislukt. In dit verband mogen wij herinneren aan de verwarring rond het beeld der presbyofrenie. 'Das vielleicht dunkleste Gebiet der Psychiatrie', zegt Kraepelin terecht.

Ook de psychoanalyse heeft de ouderdomspsychiatrie vóór 1940 nauwelijks verder gebracht, hetgeen wel bewijzend is voor een geringe belangstelling, voor een aan deze problematiek nog niet toe zijn. Ditzelfde geldt voor de pogingen tot een fenomenologische benadering, die hoeveel belovend ook, te weinig navolging hebben gevonden. Ook de erfelijkheidsleer bracht ons wel verder, maar niet in die mate als wellicht mogelijk was geweest.

De stoot tot de nieuwe ontwikkeling is gegeven door het werk van Gellerstedt en Rothschild. Het is vooral deze laatste geweest, die aan onze blik de noodzakelijke verruiming heeft gegeven. Duidelijk stelde hij, dat de organische factoren in de ouderdom van relatief belang zijn. Er bestaat geen rechtlijnige samenhang tussen afwijkingen in cerebro en psychische afwijkingen.

Het is boeiend te zien, hoe ook elders in de dertiger jaren van deze eeuw, deze gedachtengang ingang heeft gevonden.

In de tweede paragraaf van het tweede hoofdstuk (II, 2) volgt een overzicht van de hedendaagse geriatrische psychiatrie. Zij is gebaseerd op de erkenning, dat het senium een levensfase is, die essentieël is voor het gehele mens-zijn. Daarom is het noodzakelijk een 'senium naturale' van een 'senium ex morbo' te onderscheiden. Daarvoor werden enkele criteria gegeven, die echter geen exact onderscheid opleveren. Dit kan ook niet worden verwacht. Men denke b.v. aan de neurosen in het senium, die in het senium wel een min of meer aparte plaats innemen, maar die toch nauw verweven zijn met de gehele psychopathologie van de ouderdom, terwijl zij anderszijds aansluiten bij de problematiek van het normale senium.

Op de neurotische symptomen in de ouderdom werd daarom uitgebreid ingegaan. Zij vermeerderen ons inzicht op velerlei gebied, niet in de laatste plaats ten aanzien van de psychotische verschijnselen, waarbij wij dikwijls dezelfde factoren terugvinden, die bij de neurosen van belang zijn. Deze factoren houden veelal in, wat men het beste als 'stress' kan samenvatten: het leven van de bejaarde is een bedreigd bestaan.

Onze kennis is niet toereikend om de invloed der verschillende pathogenetische factoren nauwkeurig tegen elkaar af te wegen, zo wij daarin ooit zullen slagen. Daardoor ontstaat het gevaar, dat het belang van sommige factoren, met name de organische afwijkingen beurtelings over- en onderschat zullen worden. De nieuwe opvattingen betekenen zeker geen vereenvoudiging van het probleem. Zij brengen consequenties mee ten aanzien van het gehele gebied der organische psychosen.

Tenslotte werd een zeer kort overzicht gegeven van de therapeutische mogelijkheden, die in aansluiting aan de nieuwe inzichten zijn ontwikkeld. Het zijn de hier bereikte resultaten, die een voortdurende aansporing voor ons inhouden.

In de derde paragraaf (II, 3) kwamen de klinische en nosologische problemen aan de orde. Deze zijn zo talrijk, dat men zich af kan vragen, of het zin heeft hierop bij de huidige stand van de psychiatrie in te gaan. Toch werd een poging daartoe gedaan, waarbij de ontworpen systemen van Roth en Busse aan een kritische bespreking zijn onderworpen. Beide splitsen de depressieve en de paranoïde beelden van de andere ziektebeelden af. De depressieve beelden vindt men bij Roth terug onder de 'affective psychosis'.

Het komt ons echter voor, dat het Roth c.s niet gelukt is een overtuigend beeld van deze psychische ziekte te ontwerpen. Vooral t.a.v. de 'arteriosclerotic psychosis' is de begrenzing wel zeer vaag. Al te zeer wordt de 'affective psychosis' ons voorgesteld als een endogene depressie of manie, terwijl zij daaraan volgens Roth niet is gelijk te stellen. Dan wreekt zich de opvallende onderschatting van psychogene en sociogene factoren in dit systeem. Men heeft zich niet voldoende kunnen losmaken van oudere opvattingen. Ditzelfde geldt in gelijke mate voor de paranoïde beelden. Het ziektebeeld 'late paraphrenia' wordt als entiteit niet duidelijk en mist aansluiting aan het geheel der paranoïde verschijnselen in het senium. Dit ontstaat mede door een onvolkomen inzicht in de betekenis van organische factoren voor de pathogenese der psychische ouderdomsziekten.

Onze inzichten zijn verwant met die van Busse. De depressie in het senium is voor alles een 'reaction', die zowel neurotische als psychotische kenmerken kan dragen. Er bestaat een samenhang met de neiging tot depressies, die men bij normale bejaarden aantreft. De paranoïde beelden worden door Busse op analoge wijze ingedeeld. Zowel Roth als Busse onderscheiden de dementia senilis van de dementia arteriosclerotica. Op de moeilijke klinische differentiatie werd uitgebreid ingegaan. Daaruit kwam naar voren, dat men deze ziektebeelden zeker niet aan het praemorbide karakter mag differentiëren.

Verder vroegen wij ons af, of er criteria bestaan voor een onderscheid tussen normale en pathologische ouderdom. In de literatuur spoorden wij vier dergelijke criteria op. Hetzelfde vraagstuk doet zich voor t.a.v. de ziekte van Alzheimer en de dementia senilis. Vervolgens komt het ouderdomsdelier aan de orde. Dit ziektebeeld staat duidelijk apart van de andere en is dikwijls op te vatten als een wijze van sterven.

De depressieve en paranoïde beelden kwamen opnieuw ter sprake in zoverre hierop niet reeds eerder was ingegaan bij de bespreking van de nosologische systemen van Roth en Busse. Ook andere auteurs kwamen nu aan het woord, waarbij aandacht werd besteed aan het vraagstuk der schizofrenie op hoge leeftijd ontstaan. Daarbij bleek, dat de geriatrische psychiatrie ook van belang is voor de psychiatrie van jongere levenstijdperken.

Een enkel woord werd gewijd aan het beeld der seniele paranoia, in 1911 door G. Jelgersma beschreven. De twee door hem beschreven patiënten zijn van een type, dat men in de nieuwe literatuur vrijwel mist.

Als laatste kwam de presbyofrenie ter sprake. Wij zijn nog niet in staat dit beeld zijn plaats in het geheel aan te wijzen.

Deze studie wil bijdragen tot een beter inzicht in de pathogene factoren, die van belang zijn in de ouderdomspsychiatrie. De volgende paragraaf (II, 4) is daartoe een inleiding.

Naast de somatische factoren kunnen psychogene, sociogene en characterogene worden aangenomen: 'biologische Reduktion *und* Sammlung von Schicksal und Erfahrung' (Ruffin).

Voor ons onderzoek bleek de werkwijze van Rothschild het meest te voldoen. Hij onderscheidt een groep patiënten, waarbij de ziekte onafhankelijk ontstaat van karakter, psychogene en sociogene invloeden. Wij onderscheidden in ons onderzoek deze groep als 'pathogenese (1)'. Deze groep is dus negatief gedefinieerd.

In het derde hoofdstuk komt het eigen onderzoek ter sprake. De ziektegeschiedenissen van duizend patiënten boven de 65 jaar oud werden hierbij bewerkt. Het betreft 500 mannen en 500 vrouwen van wie de helft vóór en de helft na de laatste wereldoorlog werden opgenomen. Een dergelijke studie ('inventarisering') heeft naast grote voordelen ook enkele nadelen. Deze werden in de eerste paragraaf (III, 1) uiteengezet. Tevens werd daarin besproken hoe de pathogenetische factoren werden nagegaan.

Het materiaal werd naar de pathogenese in zeven groepen onderverdeeld (tabel 1). 'Pathogenese (1)' houdt een ontbreken in van characterogene, psychogene en sociogene factoren. Bij de 'pathogenese (3)', overheersen deze, zodat voor andere factoren weinig plaats schijnt. 'Pathogenese (2)' houdt het midden tussen (1) en (3): naast andere invloeden is de betekenis der somatische invloeden onmiskenbaar.

Onder Ss en St vallen resp. de symptomatische en de terminale beelden, onder Nl vallen de neurologische patiënten en onder X andere beelden, die duidelijk niet met het senium samenhangen. Een psychische ziekte kan immers zeer wel tot in het senium voortduren.

Analyseert men nu de gegevens dan kan men tot het volgende besluiten. Onder de patiënten na de oorlog opgenomen vindt men minder de pathogenese (1), d.w.z.: een strengere selectie (er werden na de oorlog veel minder patiënten opgenomen dan voor de oorlog) gaat blijkbaar ten koste van die groep patiënten, bij welke slechts somatische factoren worden gevonden.

Vergelijkt men vrouwelijke met mannelijke patiënten voor de oorlog opgenomen, dan blijkt, dat men mag vermoeden, dat een pathogenese, welke berust op andere dan somatische factoren alléén, meer voorkomt bij de man.

Veel eerder dan de vrouw is in het senium de man het slachtoffer van ongunstige levensvoorwaarden.

In de volgende paragrafen van het derde hoofdstuk werden de pathogenetische factoren nader beschouwd. Eerst (III, 2) kwam het praemorbide karakter aan de orde. Dat dit van invloed is, lijdt geen twijfel en was reeds Plato bekend. Wat in de moderne literatuur hierover gevonden wordt, werd samengevat.

Het bleek, dat bepaalde karaktertypen minder gunstig zijn voor een harmonieuse ouderdom. Aan de hand van ons onderzoek werden bij de man vier en bij de vrouw drie van zulke typen ontworpen. Deze karaktertypen zijn bij man en vrouw niet dezelfde. Steeds zijn ook overgangen mogelijk. Dit alles demonstreerden wij aan meerdere gevallen uit de kliniek.

Uit ons onderzoek kwam naar voren, dat een bekrompen narcistische instelling, een psychasthene of algemeen asthene (afhankelijke) structuur een gezond senium niet bevorderen.

Aan het einde van de paragraaf werd een poging gedaan de indeling van de karaktertypen op nog andere wijze steun te geven n.l. door na te gaan of er verband bestaat tussen karaktertype en andere in het onderzoek verzamelde gegevens. Deze laatste zijn: *1.* de rol van het psychotrauma bij het uitbreken van de ziekte, *2.* de leeftijd bij opname, *3.* het klinisch beeld bij opname, *4.* het alleen-wonen, *5.* de uitkomst der behandeling ('prognose'). Inderdaad gelukte het over het algemeen verschilpunten aan te wijzen, waardoor de voorgestelde indeling een betere basis krijgt. Wij verwijzen hierbij naar de samenvatting op blz. 150 gegeven.

In paragraaf (III, 3) werd de invloed van het psychotrauma nagegaan. Ook hier werd eerst een uitgebreid literatuur-overzicht gegeven.

Vervolgens werd getracht de meest voorkomende psychotraumata te rubriceren. Aan het eigen materiaal werd tenslotte dit alles getoetst. Wij vonden, dat het psychotrauma wellicht een grotere rol speelt bij de psychisch gestoorde bejaarde man dan bij de psychisch gestoorde bejaarde vrouw. De gevonden psychotraumata hebben vrijwel alle dreigende vereenzaming of ziekte als achtergrond. Aan een aantal voorbeelden werd dit vervolgens gedemonstreerd.

Een studie der sociale factoren (III, 4) wordt weer voorafgegaan door een uitgebreide literatuurstudie. Daarbij werd veel aandacht besteed aan de pensionering als 'sociotrauma', waarbij de aandacht werd gevestigd op de individueel verschillende betekenis van de arbeid.

Aan de vereenzaming werd veel aandacht besteed, omdat zij als een 'stress-situatie' is op te vatten. De graad van deze vereenzaming meet men wel af aan het alleen-wonen. Dit deden wij ook in het onderhavige onderzoek, hoewel hiertegen veel in te brengen is. Wij kregen echter in de loop van deze studie niet de indruk daarmee een verkeerde keuze te hebben gedaan.

Uit ons onderzoek kwam naar voren, dat het sociotrauma in betekenis bij andere factoren doorgaans achter blijft. Niet alleen treedt het minder frekwent op, maar ook vindt men meestal andere psychotraumata en/of een praemorbide karakterstructuur bij deze gevallen. Bij de vrouw is de invloed van het sociotrauma nog geringer.

Slechts voor weinig patiënten betekent het verlies van de werkkring een ernstige trauma. Meestal waren dan bovendien belangrijke financiële consequenties daarvan het gevolg.

Uit een vergelijkend onderzoek betreffende de burgerlijke staat van onze patiënten kwam als enige naar voren, dat de gescheiden en niet hertrouwde man een grotere kans heeft in de kliniek te worden opgenomen dan andere categorieën bejaarde mannen.

Men vindt met name geen verschillen wat betreft de bejaarde vrouw in het algemeen of ten aanzien van de categorie weduwnaren en nimmergehuwde mannen (tabel 3).

Analyseert men vervolgens de cijfers van het alleen-wonen dan blijken onze vrouwelijke patiënten gemiddeld niet méér alleen te wonen dan de Amsterdamse bejaarde vrouwen in het algemeen.

De bejaarde mannelijke patiënt woont echter duidelijk eerder alleen dan de gemiddelde bejaarde man. *Zeer waarschijnlijk betekent het alleen-wonen voor de bejaarde man een grotere stress-situatie.*

In de laatste paragraaf (III, 5) komen de somatische pathogene factoren opnieuw ter sprake. Chronische ziekten en invaliditeit komen in ons materiaal veel voor (bij meer dan de helft der patiënten).

Er is een zwakke aanwijzing, dat ziekte en invaliditeit meer voorkomen bij vrouwen dan bij mannen (tabel 4). Een samengaan van verschillende chronische ziekten bij één patiënt vinden wij bovendien eerder bij de vrouw.

Ook de acute aandoeningen werden door ons nagegaan. Bijna de helft der delirante beelden is op te vatten als een symptomatische psychose.

Op de betekenis van de arteriële hypertensie voor het ontstaan van geesteziekte op oude leeftijd werd gewezen. Men mag deze patiënten beschouwen als een groep bejaarden, waarbij een ongunstige somatische factor mede het beeld bepaalt. Het is twijfelachtig, of men moet vasthouden aan de diagnose 'hypertensieencefalopathie'.

Hetzelfde geldt waarschijnlijk t.a.v. het chronisch alcoholisme. Deze afwijking verhoogt op hoge leeftijd de opnamekans. Zij ontstaat echter op deze leeftijd slechts bij uitzondering.

Naast een bespreking van de pathogenese der psychische ouderdomsziekten leidt ons onderzoek als vanzelf mede tot een bespreking van andere gegevens, die in dit materiaal kunnen worden opgespoord en vergeleken.

Chronologische leeftijd, klinisch beeld, uitkomst der behandeling ('prognose'), vereenzaming (alleen-wonen), chronische lichamelijke ziekten en gebreken kunnen onderling met elkaar in verband worden gebracht. Dit vinden wij in de eerste paragraaf (IV, 1).

Dit vereist een zeer omvangrijke statistische bewerking, welke werd uitgevoerd door de Afdeling Mathematische Statistiek van het Mathematisch Centrum te Amsterdam. Hiervan vindt men een overzicht aan het einde van de eerste paragraaf.

Over het algemeen mag men stellen, dat de genoemde groepen gegevens niet onafhankelijk van elkaar zijn met uitzondering van chronische ziekte en invaliditeit. Onze gegevens hieromtrent correleren vrijwel nimmer met andere gegevens.

Ons materiaal stelt ons bovendien in staat na te gaan welke de invloed is van een strengere selectie op aard en samenstelling van het patiëntenmateriaal, terwijl bovendien steeds een vergelijking mogelijk is tussen mannelijke en vrouwelijke patiënten.

Onze resultaten kunnen nu als volgt worden samengevat:

1. Strengere selectie beïnvloedt de leeftijdsopbouw van de vrouwelijke patiënten sterker dan die der mannelijke. Na strengere selectie zijn de vrouwelijke patiënten gemiddeld jonger. Voor mannelijke patiënten geldt dit echter niet.

2. Mannen worden op gemiddeld jongere leeftijd opgenomen dan vrouwen.

3. Een strengere selectie spaart vooral de depressieve beelden, die daarna dan ook relatief in het materiaal meer voorkomen.

4. Het klinisch beeld bij opname is bij mannen en vrouwen hetzelfde naar aard en verdeling.

5. De uitkomst der behandeling is beter na strengere selectie. Zij is echter steeds gunstiger voor de man, dan voor de vrouw.

6. Er bestaat geen verband tussen de pathogenese en de leeftijd. Met de toename van de leeftijd nemen de somatische factoren relatief niet aan belang toe.

7. Eenvoudige dementering (Sn) en delirante beelden (Dl) komen bij de vrouw op hogere leeftijd meer voor.

De depressieve beelden (D) nemen op hogere leeftijd bij haar niet sterk in frekwentie af.

8. Bij de man is de depressie een ziekte van relatief jongere leeftijd. Eenvoudige dementering en delirante beelden nemen met de leeftijd toe, maar niet zo sterk als bij de vrouw.

9. Een ontslag naar huis na de behandeling komt bij de oudste categorie

mannen evenveel voor als bij de jongste, terwijl bij de oudste categorie vrouwen dit veel minder het geval is.

10. De kans op klinische verbetering neemt met de leeftijd bij de bejaarde vrouw af. Bij de man is dat niet duidelijk het geval.

11. Er is zeker geen verband tussen leeftijd en alleen-wonen bij bejaarde vrouwelijke patiënten. Bij de man wordt dit niet duidelijk.

12. Er is geen duidelijk verband tussen leeftijd en het voorkomen van chronische ziekten en invaliditeit in ons materiaal.

13. Het depressieve beeld (D) ontstaat veel eerder onder invloed van karakter en/of psychotraumata dan de andere onderzochte klinische beelden.

14. Bij het ontstaan van het depressieve beeld (D) spelen bij de man karakter en/of psychotraumata een nog grotere rol dan bij de vrouw.

15. De uitkomst der behandeling is bij depressieve patiënten (D) verreweg het beste, bij de demente patiënten (Sn) het slechtste. Quoad vitam heeft het delirante beeld (Dl) de slechtste prognose.

16. De mannelijke patiënt, wegens een depressie opgenomen, woont veel eerder alleen dan andere mannelijke patiënten en dan de doorsnee bejaarde man in Amsterdam. Ditzelfde vindt men bij de vrouw niet.

17. Mannelijke patiënten, bij wie in de pathogenese karakter en/of psychotraumata een rol spelen, wonen eerder alleen dan mannelijke patiënten, bij wie dat niet het geval is. Bij de vrouwelijke patiënten wordt dit niet gevonden.

Ons onderzoek stelde ons verder in staat een studie te maken van bejaarde patiënten opgenomen wegens een tentamen suicidii (IV, 2). Dit is van groot praktisch belang.

De nog schaarse literatuur betreffende dit onderwerp werd gerefereerd. De zelfmoord is niet uitsluitend toe te schrijven aan psychische ziekte alleen, zoals Roth en Morrissey doen. Evenmin is de mening van Batchelor juist, dat al deze patiënten depressief gestemd zijn.

Ons materiaal omvat 107 patiënten. Een groter onderzocht materiaal is ons tot nu toe niet bekend. Onze conclusies zijn de volgende:

1. Mannen werden meer dan vrouwen in de kliniek opgenomen wegens een tentamen suicidii. Wij schatten deze verhouding als twee op één.

2. Van de 107 onderzochte gevallen werden 81 tentamina gepleegd als reactie op bijzondere levensomstandigheden. Zij zijn dus primair reactief. De 26 overige gevallen missen dit element (24,3%).

3. Van deze 26 gevallen gingen 13 gebukt onder paranoïde wanen, die tot een wanhopige angst aanleiding gaven. Zes andere gevallen betroffen lijders aan vitale depressies. Drie patiënten leden aan een uitgesproken hypochondrie. Vier patiënten vielen niet te rubriceren.

4. De omstandigheden, die tot zelfmoord voeren, zijn ongeveer dezelfde als die, welke van belang zijn bij de pathogenese der psychische ouderdomsziekten (III, 3 en 4), *maar sociogenese bleek van opvallend groot gewicht bij de mannelijke patiënten wegens een tentamen suicidii opgenomen.*

5. De pathogenese bij deze groep patiënten verschilt aanzienlijk van die bij de overige patiënten gevonden. De invloed van karakter, psycho- en sociotrauma blijkt veel groter.

6. Hetzelfde geldt voor het klinisch beeld. Deze patiënten zijn opvallend dikwijls depressief gestemd (65,6%).

7. Mannelijke patiënten, opgenomen wegens een tentamen suicidii wonen eerder alleen dan de gemiddelde Amsterdamse bejaarde man. Voor de vrouwelijke patiënten geldt dit niet.

8. Uit ons onderzoek is niet af te leiden, of het tentamen suicidii met de leeftijd in frequentie toe- of afneemt. Dit in tegenstelling met de stellige uitspraak van Sainsbury, dat dit laatste het geval zou zijn.

Uit al het voorgaande komt duidelijk naar voren, dat een uitbreiding van onze kennis betreffende de problemen van verouderen en ouderdom dringend noodzakelijk is. Op deze kennis dient immers een adaequate hulpverlening te worden opgebouwd, die ook rekening houdt met de noden van de enkeling. Deze enkeling behoeft veelal onze psychiatrische zorg. Daartoe bij te dragen is de opzet van dit werk.

SUMMARY

This book contains the results of an investigation of a thousand patients over the age of 65 who were admitted to the neuropsychiatric clinic of the Wilhelmina Hospital in Amsterdam. Fifty percent of these patients were men and fifty percent women, half of them having been admitted before and half after the War.

The first two chapters contain general theoretical observations on old age and the psychiatry of old age in general. In the third chapter closer consideration is given to the pathogenesis of mental aberrations in old age. All the material can be sub-divided into seven groups according to pathogenesis (Table 1).

'Pathogenesis (1)' implies a deficiency of characterogenic, psychogenic and sociogenic factors. These predominate in the case of 'pathogenesis (3)', so that little room appears for other factors. 'Pathogenesis (2)' stands midway between (1) and (3). Apart from other influences, the importance of somatic influences is undeniable. The symptomatic and terminal pictures fall under Ss and St respectively, the neurological patients fall under Nl, while other pictures which are clearly not connected with old age fall under X.

The following are our findings. Amongst patients admitted after the War, we find less 'pathogenesis (1)', i.e. there is seemingly a stricter selection (for fewer patients were admitted after the War than before the War) at the cost of that group of patients in whom only somatic and constitutional factors are mentioned in the pathogenesis.

If we compare female and male patients admitted before the War, it appears that we can assume that a pathogenesis which is based on other than somatic factors alone occurs more frequently amongst men. *The male patient is in old age far more likely than the female one to be the victim of unfavourable living conditions.*

The pathogenic factors were then investigated separately. The influence of the premorbid character is here one of the most important factors. We investigated what character types can be distinguished here. We have already described these elsewhere (Geront. clin. Add 32-35, 1962). In general, it may be stated that a narrow narcissistic attitude, a psychasthenic or generally asthenic (dependent) structure does not promote a healthy old age.

It now also seemed possible to show that the types distinguished also diverge at other points. This concerns: *1* the role of the psychotrauma in the breaking out of the illness, *2* the age upon admission, *3* the clinical picture upon admission, *4* living alone, *5* the result of treatment ('prognosis'). This gives support to the suggested division of the character types.

The influence of the psychotrauma was then investigated. We found that the psychotrauma is of greater importance in male than in female patients. The psychotrauma found virtually all have the threat of becoming lonely or illness as a background.

In the case of social factors, attention was paid mainly to the possible influence of the loss of the patient's field of activity. More attention was also paid to becoming lonely. This was measured from living alone, although this is an imperfect standard. The influence of social factors is without doubt of less importance than that of other pathogenic factors. We find social factors less frequently and in most cases combined with other psychotraumata or abnormal premorbid features of character. In the case of women, the influence of social factors is undoubtedly small. Only for a few patients does the loss of their sphere of activity mean a serious trauma. In most cases this then also resulted in serious financial consequences.

An investigation of the marital status of our patients merely showed that there were amongst the patients more divorced men who had not remarried than one might expect from population figures. The male patients were in general living alone to a greater extent than aged men in society as a whole. This is *not* found with regard to the female patients. Living alone involves a greater stress situation for the aged man than for the aged woman.

Somatic factors play a very important part in old age and sometimes a predominating one. Chronic illnesses and invalidity are found in more than half the patients investigated (Table 14). There is a slight indication that illness and invalidity occur more frequently in the women than in the men. We are also more likely to see a combination of several chronic illnesses in the women. It also appeared that almost half the delirious pictures are to be viewed as a symptomatic psychosis.

Reference was made to the significance of arterial hypertension for the occurrence of mental illness at an advanced age. These patients may be regarded as a group of aged people in whom an unfavourable somatic factor also helps to determine the picture.

This probably applies with regard to chronic alcoholism. This aberration raises the chance of admission in old age. It arises only by way of exception at this age.

In addition to a discussion of the pathogenesis of mental illnesses in old age, our investigations lead automatically to a discussion of other factors which can be traced and compared in this material. Chronological age, clinical picture, the result of treatment ('prognosis'), becoming lonely (living alone), chronic physical illnesses and defects can be mutually related. It can in general be stated that these groups of data are not independent of one another, with the exception of chronic illness and invalidity. Our data with regard to this hardly ever agree with other data.

The material also places us in a position to investigate the influence of a stricter selection on the nature and composition of the patients, while a comparison is also always possible between male and female patients.

The results may now be summarised as follows:

1. Stricter selection influences the age construction of the female patients more strongly than that of the male patients. After a stricter selection, the female patients are on the average younger. This does not however apply to the male patients.
2. Men are admitted at a younger age than women on an average.
3. A stricter selection saves in particular the depressive pictures which afterwards then also occur relatively more in the material.
4. The clinical picture upon admission is according to nature and distribution the same for men and women.
5. The result of treatment is better after stricter selection. It is however always more favourable for men than for women.
6. There is no connection between pathogenesis and age. With increase in age the somatic factor does not increase relatively in importance.
7. Simple states of dementia (Sn) and delirious pictures (Dl) occur more in women at an older age. The depressive pictures (D) do not in her case decrease greatly in frequency at an old age.
8. In men, depression is an illness of relatively younger age. Simple states of dementia and delirious pictures increase with age, but not as markedly as in women.
9. A return home after treatment occurs with the oldest category of men just as much as with the youngest, while this is much less frequently the case with the oldest category of women.
10. The chance of clinical improvement decreases with age in elderly women. This is not clearly the case with men.
11. There is certainly no connection between age and living alone in elderly female patients. This is not clear in the case of men.
12. There is no clear connection between age and the occurrence of chron-

ic illnesses and invalidity in the material.

13. The depressive picture (D) is more likely to arise under the influence of character and/or psychotrauma than the other clinical pictures investigated.

14. With the occurrence of the depressive picture (D), character and/or psychotramata play an even greater role in men than in women.

15. The result of treatment is in depressive patients (D) by far the best and in demented patients (Sn) the worst. Quoad vitam, the delirious picture (Dl) has the worst prognosis.

16. The male patient, admitted because of a depression, is more likely to be living alone than other male patients and than the average elderly man in Amsterdam. This is not found in the case of women.

17. Male patients in whom character and/or psychotraumata play a part in pathogenesis are more likely to be living alone than male patients in whom this is not the case. This is not found amongst female patients.

The investigation also placed us in a position to make a study of elderly patients admitted because of a tentamen suicidii. Suicide is not to be ascribed to mental illness alone as Roth and Morrissey think. The opinion of Batchelor, namely that all these patients are depressive in mood, is likewise no more crorect. Our material comprised 107 patients and our conclusions are as follows:

1. More men were admitted to the clinic than women because of a tentamen suicidii. We estimate this ratio as two to one.
2. Of the 107 cases investigated, 81 tentamina were committed as a reaction to special conditions of life. They are consequently primarily reactive. The remaining 26 cases lack this element (24.3%).
3. Of these 26 cases, 13 were labouring under paranoid delusions which gave rise to a hopeless fear. Six other cases were of sufferers from vital depressions. Three patients were suffering from a decided hypochondria. Four patients could not be classified.
4. The circumstances which lead to suicide are approximately the same as those which are important in the pathogenesis of mental illnesses in old age (III, 3 and 4), *but sociogenesis appeared to be of decidedly greater importance in the male patients admitted because of a tentamen suicidii.*
5. The pathogenesis of this group of patients differs considerably from that found amongst the other patients. The influence of character, psycho- and sociotrauma appears much greater.
6. The same applies to the clinical picture. These patients are definitely often depressive in mood (65.6%).
7. Male patients, admitted because of a tentamen suicidii, are more likely to have been living alone than the average elderly man in Amsterdam. This

does not apply to the female patients.
8. It cannot be gathered from the investigation whether the tentamen suicidii increases in frequency with age. This is at variance with the positive statement to this effect by Sainsbury (1962).

LITERATUUROPGAVE

ACHAINTRE, A. en BONHOMME, H. 'La vie du dément sénile, analyse de quelques éléments signicatifs'. *J. Méd. Lyon,* 1957, *38,* 415-419.

ALEXANDER, F. 'Emotional factors in essential hypertension'. *Psychosom. Med.,* 1939, *1,* 173-179.

ALLEN, E. B. 'Functional psychoses in the aging simulating organic syndromes'. *Geriatrics,* 1947, *2,* 269-279.

ALLEN, E. B. en CLOW, H. E. 'Paranoid reactions in the aging'. *Geriatrics,* 1950, *5,* 66-73.

ALLISON, R. J. 'Changes in behavior and impairment of memory and intellect in later life. *Geriatrics,* 1955, *10,* 306-310.

ALVAREZ, W. C. 'The aging woman'. *Geriatrics,* 1952, *7,* 295-296.

ALVAREZ, W. C. 'The management of persons with little strokes'. *Geriatrics,* 1957, *12,* 421-457.

ANDERSON, J. E. 'A development model for aging'. *Vita Humana,* 1958, *1,* 5-18.

ATKINSON, S., FJELD, S. P. e.a. 'An intensive treatment program for state hospital geriatric patients, II, Further progress and results'. *Geriatrics,* 1955, *10,* 111-117.

AZIMA, F. C. en KRAL, V. A. 'Effects of blindfolding on persons during psychologic testing. A psychometric study of various age groups'. *Geriatrics,* 1960, *15,* 780-792.

BANSHCHIKOV, V. M. en STOLIAROV, C. V. 'Arteriosclerotic psychoses'. A review of the foreign literature from 1940 to 1956. *J. nerv. ment. Dis.,* 1959, *128,* 160-168.

BARRON, M. 'Minority group characteristics of the aged in American society'. *J. Geront.,* 1953, *8,* 477-482.

BARUK, H. 'De quelques principes fondamentaux concernant la neuro-psychiatrie des vieillards'. *Progr. méd.,* 1955, *83,* 144-146.

BASTIAANS, J. *Psychosomatische gevolgen van onderdrukking en verzet.* Amsterdam: 1957.

BATCHELOR, I. R. C. 'Management and prognosis of suicidal attempts in old age'. *Gariatrics,* 1955, *10,* 291-293.

BATCHELOR, I. R. C. en NAPIER, M. B. 'Attempted suicide in old age'. *Brit. med. J.,* 1953, *2,* 1186-1190.

BAYLEY, N. en ODEN, M. H. 'The maintenance of intellectual ability in gifted adults'. *J. Geront.,* 1955, *10,* 91-107.

BECKMAN, R. O. en WILLIAMS, C. O. e.a. 'An index of adjustment to life in later maturity'. *Geriatrics,* 1958, *13,* 662-667.

BELLOC, N. B. 'Blindness among the aged'. *Publ. Hlth. Rep.,* 1956, *71,* 1221-1225.

BETZENDAHL, W. Über das psychische Altern'. *Z. ges. Neurol. Psychiat.,* 1939, *167,* 127-132.

BINGER, C. 'On so-called psychogenic influences in essential hypertension'. *Psychosom. Med.,* 1951, *13,* 273-276.

BIRREN, J. 'Psychological limitations that occur with age'. *Publ. Hlth. Rept.,* 1956, *71,* 1173-1178.

BIRREN, J. 'Principles of research on aging'. In J. E. Birren (ed.) *Handbook of aging and the individual. Psychological and biological aspects.* Chicago: 1959.

BIRREN, J. 'Psychological aspects of aging'. *Ann. rev. psychol.,* 1960, *11,* 161-181.

BIRREN, J. E. 'Research on the psychology of aging: concepts and findings'. In P. H. Hoch en J. Zubin (ed.) *Psychopathology of aging.* N. York/London: 1961.

BLAJAN-MARCUS, S. 'Un cas de dépression de la retraite. Étude psychologique'. *Rev. franç. Géront.,* 1959, *5,* 121-123.

BLAU, Z. S. 'Changes in status and age identification'. *Amer. sociol. Rev.,* 1956, *21,* 198-203.

BORDEN, B. 'The role of grandparents in children's behavior problems'. *Smith College Studies in Soc. Work,* 1946, *17,* 115-116.

BOWMAN, K. M. 'Review of psychiatric progress 1951; Geriatrics'. *Amer. J. Psychiat.,* 1952, *108,* 529-532.

BOWMAN, K. M. 'Alcoholism; geriatrics'. *Amer. J. Psychiat.,* 1954, *110,* 512-522.

BOWMAN, K. M. 'Review of psychiatric progress 1958; Geriatrics. *Amer. J. Psychiat.,* 1959, *115,* 621-623.

BOWMAN, K. M. en ENGLE, B. 'Review of psychiatric progress 1960. Geriatrics'. *Amer. J. Psychiat.,* 1961, *117,* 630-632.

BREEN, L. Z. 'The aging individual'. In Cl. Tibbitts (ed.) *Handbook of social gerontology. Societal aspects of aging.* Chicago: 1960.

BRONISCH, F. W. *Die psychischen Störungen des älteren Menschen.* Stuttgart: 1962.

BROUWER, D. 'Enkele medische, sociaal medische en psychologische aspecten van de onrust bij bejaarde patiënten'. *Huisarts en wetenschap,* 1960, *3,* 112-116.

BROWN, R. G. 'Family structure and social isolation of older persons'. *J. Geront.,* 1960, *15,* 170-174.

BUCHHEIM, L. 'De arteriosclerose der oude Egyptenaren'. *Therap. Mededel. Bayer,* 1956, *13,* 79-83.

BÜHLER, C. *Die Psychologie des menschlichen Lebenslaufes.* Leipzig: 1933.

BÜHLER, C. 'Clinical study of the reactions of the individual to his own age'. *Geriatrics,* 1957, *12,* 439-443.

BÜHLER, C. 'Zur Psychologie des menschlichen Lebenslaufes'. *Psychol. Rndsch.,* 1957, *8,* 1-15.

BÜRGER, M. *Altern und Krankheit als Problem der Biomorphose.* Leipzig: 1960 (4. Auflage).

BÜRGER-PRINZ, H. en LEWRENZ, H. *Die Alterskriminalität.* Stuttgart: 1961.

BURSTEIN, S. R. 'The historical background of gerontology'. *Geriatrics,* 1955, *10,* 189-193.

BUSSCHER, J. DE 'Geschiedenis en ontwikkeling van de behandeling van ouderdomspsychosen'. *Tijdsch. soc. Geneesk.,* 1960, *38,* 243-261.

BUSSE, E. W. 'Studies in the process of aging: strength and weakness of psychic functioning in the aged'. *Amer. J. Psychiat.,* 1954, *111,* 896-901.

BUSSE, E. W. 'Treatment of the non-hospitalized emotionally disturbed elderly person'. *Geriatrics,* 1956, *11,* 173-179.

BUSSE, E. W. 'Psychopathology'. In J. E. Birren *Handbook of aging and the individual: Psychological and biological aging.* Chicago: 1959.

BUSSE, E. W. 'The lack of progress in geriatric psychiatry'. *Exerpta Med.,* 1960, *XX 3,* 3-6.

BUSSE, E. W. 'Problems affecting psychiatric care of the aging'. *Geriatrics,* 1960', *15,* 673-680.

BUSSE, E. W. 'Psychoneurotic reactions and defense mechanisms in the aged'. In P. H. Hoch en J. Zubin (ed.) *Psychopathology of aging.* N. York/London: 1961.

BUSSE, E. W., BARNES, R. H. e.a. 'Studies of the process of aging: factors that influence the psyche of elderly persons'. *Amer. J. Psychiat.,* 1953, *110,* 897-903.

BUSSE, E. W., DOVENMUEHLE, R. H. e.a. 'Psychoneurotic reactions of the aged'. *Geriatrics,* 1960, *15,* 97-105.

BUTLER, R. N. 'Intensive psychotherapy for the hospitalized aged'. *Geriatrics,* 1960, *15,* 644-653.

CAHEN-SALABELLE, R. 'La psychothérapie de la deuxième moitié de la vie d'après C. G. Jung'. *Sem. Hôp. Paris.,* 1950, *26,* 2291-2293.

CAHN, L. A. 'Psychotherapie bij bejaarden'. *Tijdschr. soc. Geneesk.,* 1960, *38,* 312-318.

CAMERON, D. E. 'Impairment of the retention phase of remembering'. *Psychiat. Quart.,* 1943, *17,* 395-404.

CAMERON, N. 'Neuroses of later maturity'. In O. J. Kaplan (ed.) *Mental disorders in later life.* Stanford: *1956* (2nd ed.).

CANSTATT, C. *Die Krankheiten des höheren Alters und ihre Heilung.* Erlangen: 1839.

CARP, E. A. D. E. 'De dementie'. *Ned. Tijdschr. Geneesk.,* 1936, *80,* 3930-3934.

CARP, L. 'Cicero speaks on old age'. *Geriatrics,* 1955, *10,* 43-45.

CAVAN, R. S., BURGESS, E. W. e.a. *Personal adjustment in old age.* Chicago: 1949.

CHANDLER, A. R. 'The traditional Chinese attitude towards old age'. *J. Geront.,* 1949, *4,* 239-244.

CHARCOT, J. M. 'Leçons cliniques sur les maladies des vieillards et les maladies chroniques' (1866). In *Oeuvres complètes,* Tome VII. Paris: 1890.

CHORUS, A. M. J. *De psychologie van de menselijke levensloop.* Leiden: 1959.

CLOW, H. E. 'A study of 100 patients suffering from psychosis with cerebral arteriosclerosis'. *Amer. J. Psychiat.,* 1940, *97,* 16-26.

CLOW, H. E. 'Individualizing the care of the aging'. *Amer. J. Psychiat.,* 1953, *110,* 460-464.

CLOW, H. E. en ALLEN, E. B. 'A study of depressive states in the aging. *Geriatrics,* 1949, *4,* 11-17.

CLOW, H. E. en ALLEN, E. B. 'Manifestations of psychoneurosis occuring in later life'. *Geriatrics,* 1951, *6,* 31-39.

COMFORT, A. *The biology of senescence.* London: 1956.

CONFREY, E. A. en GOLDSTEIN, M. S. 'The health status of aging people'. In Cl. Tibbitts (ed.) *Handbook of social gerontology. Societal aspects of aging.* Chicago: 1960.

CONRAD, K. 'Die Cerebralsklerose vom Standpunkt des Psychiaters'. *Dtsch. med. J.,* 1957, *8,* 299-301.

COVALT, N. K. 'The meaning of religion to older people'. *Geriatrics,* 1960, *15,* 658-664.

CUMMING, M. E. en MC. CAFFREY, I. 'Some conditions associated with morale among the aging'. In P. H. Hoch en J. Zubin (ed.) *Psychopathology of aging.* N. York/London: 1961.

CUTNER, M. 'Analysis in later life'. *Brit. J. med. Psychol.,* 1950, *23,* 75-86.

DAVIES, E. B. 'Discussion on the ageing mind.' *Proc. roy. Soc. Med.,* 1960, *53,* 131-135.

DIEDERICH, J. *Sociographic investigation into the living conditions of the aged in The Netherlands.* Amsterdam: 1955.

DIETHELM, O. 'Aversion and negativism'. *Arch. Neurol. Psychiat.,* 1937, *37,* 805-816.

DIETHELM, O. en ROCKWELL, F. V. 'The psychopathology of aging.' *Amer. J. Psychiat.,* 1943, *99,* 553-556.

DINKEL, R. M. 'Parent-child conflict in Minnesota families'. *Amer. sociol. Rev.,* 1943, *8,* 412-419.

DIVRY, P. 'Les plaques séniles et la dégénérescence d'Alzheimer sont elles des processus essentiels de la démence sénile?' *J. belge Neurol. Psychiat.,* 1935, *35,* 565-590.

DONAHUE, W. 'Psychologic research needs in gerontology'. *J. Geront.,* 1956, *11,* 198-203.

DRIETOMSZKY, E. 'Zur Frage der Änderung der psychischen Relation im Alter'. *Geront. clin.,* 1962, *add. ad. vol. 4,* 55-58.

DUNBAR, H. FLANDERS 'The syndrome of longevity'. In *Psychiatry in the medical specialties.* New York: 1959, (Ch. VIII).

DUNHAM, H. WARREN. 'Sociological aspects of mental disorders in later life'. In O. J. Kaplan (ed.) *Mental disorders in later life.* Stanford: 1956 (2nd ed.).

EBAUGH, F. G. 'Age introduces stress into the family'. *Geriatrics,* 1956, *11,* 146-150.

EHRENTHEIL, O. F. 'Differential diagnosis of organic dementias and affective disorders in aged patients'. *Geriatrics,* 1957, *12,* 426-432.

EHRENTHEIL, O. F. 'The methodological importance of distinguishing two separate causal chains which together produce the clinical picture of psychosis'. *Amer. J. Psychiat.,* 1958, *115,* 220-225.

EICHHORN, O. 'Über die Beziehungen zwischen Hirnleistung und Hirndurchblutung im höheren Lebensalter'. *Geront. clin.*, 1962, *add. ad vol. 4*, 36-44.

EISDORFER, C. 'Rorschach rigidity and sensory decrement in a senescent population'. *J. Geront.*, 1960, *15*, 2-7.

EITINGER, L. 'Presenile dementia'. *Acta psychiat. neur. Scand.*, 1954, *29*, 411-421.

EROS, G. 'The aging process — physiologic and pathologic'. *Dis. nerv. Syst.*, 1959, *20*, 112-117.

ESQUIROL, E. *Des maladies mentales*. Paris: 1853.

FEIFEL, H. 'Psychiatric patients look at old age: level of adjustment and attitudes toward aging'. *Amer. J. Psychiat.*, 1954, *111*, 459-465.

FEIFEL, H. 'Attitudes of mentally ill patients toward death'. *J. nerv. ment. Dis.*, 1955, *122*, 375-380.

FEIFEL, H. 'Older persons look at death'. *Geriatrics*, 1956, *11*, 127-130.

FERENCZI, S. 'Beitrag zum Verständnis der Psychoneurosen des Rückbildungsalters'. In *Bausteine zur Psychoanalyse III*. Bern: 1939.

FINKLE, A. L., MOYERS, T. G. e.a. 'Sexual potency in aging males'. *J.A.M.A.*, 1959, *170*, 1391-1393.

FISH, F. J. 'Senile paranoid states'. *Geront. clin.*, 1959, *1*, 127-131.

FISH, F. J. 'Senile schizophrenia'. *J. ment. Sci.*, 1960, *106*, 938-946.

FISHER, M. 'Occlusion of the carotid arteries. Further experiences'. *A. M. A. Arch. Neur. Psychiat.*, 1954, *72*, 187-204.

FLINT, F. J. 'The role of organic disease in the aetiology of mental confusion. A clinical survey from a geriatric unit'. *Geront. clin.*, 1959, *1*, 122-126.

FOSKETT, J. M. 'Social structure and social participation'. *Amer. sociol. Rev.*, 1955, *20*, 431-438.

FOULDS, G. A. 'Psychotic depression and age'. *J. ment. Sci.*, 1960, *106*, 1394-1397.

FRANK, J. A. 'Psychiatry and geriatrics; a review'. *Amer. J. med. Sci.*, 1951, *222*, 109-114.

FREEMAN, J. T. 'Patterns in aging'. *J. Am. geriat. Soc.*, 1954, *2*, 371-376.

FREYHAN, F. A., WOODFORD, R. B. e.a. 'Cerebral bloodflow and metabolism in psychoses of senility'. *J. nerv. ment. Dis.*, 1951, *113*, 449-456.

FRIED, E. G. en STERN, K. 'The situation of the aged within the family'. *Am. J. Orthopsychiat.*, 1948, *18*, 31-54.

FRIEDMANN, E. A. 'The impact of aging on the social structure'. In Cl. Tibbitts (ed.) *Handbook of social gerontology. Societal aspects of aging*. Chicago: 1960.

FRIEDREICH, J. B. *Versuch einer Literärgeschichte der Pathologie und Therapie der psychischen Krankheiten*. Würzburg: 1830.

GAUPP, R. 'Die Depressionszustände des höheren Lebensalters'. *Münch. med. Wschr.*, 1905, *52*, 1531-1537.

GEILL, T. 'The sociomedical and sociopsychiatric problems of old age.' *Acta. psychiat. neur. Scand. Suppl.*, 1956, *106*, 37-47.

GELLERSTEDT, N. 'Zur Kenntnis der Hirnveränderungen bei der normalen Altersinvolution'. *Uppsala LäkFören Förh.*, 1933, *38*, 193-408.

GIESE, F. *Erlebnisformen des Alterns*. Halle a. S.: 1928.

GILLIE, A. 'Discussion on the ageing mind'. *Proc. roy. Soc. Med.*, 1960, *53*, 131-135.

GINZBERG, R. 'The negative attitude toward the elderly'. *Geriatrics*, 1952, *7*, 297-302.

GINZBERG, R. 'Geriatric ward psychiatry'. *Amer. J. Psychiat.*, 1953, *110*, 296-300.

GINZBERG, R. 'Orientation in geriatric psychiatry'. *J. Amer. geriat. Soc.*, 1955, *3*, 435-438.

GINZBERG, R. en BRINEGAR, W. D. 'Psychiatric problems in elderly residents of country homes'. *Amer. J. Psychiat.*, 1953, *110*, 454-459.

GITELSON, M. 'The emotional problems of elderly people'. *Geriatrics*, 1948, *3*, 135-150.

GOLDFARB, A. I. 'Psychotherapy of aged persons I. The orientation of staff in a home for the aged'. *Men. Hyg.*, 1953, *37*, 76-79.

GOLDFARB, A. I. 'Recommendations for psychiatric care in a home for the aged'. *J. Geront.*, 1953', *8*, 343-347.

GOLDFARB, A. I. 'Psychotherapy of aged persons'. *Psychoanal. Rev.*, 1955, *42*, 180-187.

GOLDFARB, A. I. 'Psychotherapy with aged persons; patterns of adjustment in a home for the aged'. *Ment. Hyg.*, 1955', *39*, 608-621.

GOLDFARB, A. I. 'Psychotherapy of the aged'. *Psychoanal. Rev.*, 1956, *43*, 68-81.

GOLDFARB, A. I. 'Current trends in the management of the psychiatrically ill aged'. In Hoch en Zubin (ed.) *Psychopathology of aging*. New York/London: 1961.

GOLDFARB, A. I. en SHEPS, J. 'Psychotherapy of aged persons'. *Psychosom. Med.*, 1954, *16*, 209-219.

GOLDFARB, A. I. en TURNER, H. 'Psychotherapy of aged persons'. *Amer. J. Psychiat.*, 1953, *109*, 916-921.

GORDON, M. S. 'Aging and income security'. In Cl. Tibbitts (ed.) *Handbook of social gerontology. Societal aspects of aging*. Chicago: 1960.

GRANICK, S. 'Studies of psychopathology in later maturity; a review. *J. Geront.*, 1950, *5*, 361-369.

GRANICK, S. 'Personality adjustment of the aged in retirement communities'. *Geriatrics*, 1957, *12*, 381-385.

GRANICK, R. en NAHEMOW, L. D. 'Readmission isolation as a factor in adjustment to an old age home'. In P. H. Hoch en J. Zubin (ed.) *Psychopathology of aging*. New York/London: 1961.

GROEN, J., ZONNEVELD, R. J. VAN. 'Veroudering, ouderdom, ouderdomsziekten'. In R. J. v. Zonneveld (ed.) *Geriatrie*. Assen: 1961.

GROTJAHN, M. 'Some analytical observations about the process of growing old'. In *Psychoanalysis and the social sciences III*. New York: 1951.

GROTJAHN, M. 'Analytic psychotherapy with the elderly'. *Psychoanal. Rev.*, 1955, *42*, 419-427.

GRUENBERG, E. M. 'Community conditions and the psychoses of elderly'. *Amer. J. Psychiat.*, 1954, *110*, 888-896.

GRUHLE, H. W. 'Das seelische Altern'. *Z. Altersforsch.*, 1938, *1*, 89-95.

GRÜNTHAL, P. D. E. en REMY, M. Über senile Demenz'. *Schweiz. Arch. Neurol. Psychiat.*, 1954, *73*, 422-423.

HAASE, H. J. 'Die aktive retrograde Umdeutung der Gegenwartssituation. Psychopathologische und klinische Abgrenzung einer besonderen psychoorganischen Reaktionsform'. *Nervenarzt*, 1957, *28*, 250-259.

HAASE, H. J. 'Zur Heredität des Alters und seiner Erkrankungen'. *Med. Klin.*, 1957', *52*, 1850-1853.

HAASE, H. J. *Amnestische Psychosyndrome im mittleren und höheren Lebensalter.* Berlin: 1959.

HALL, G. STANLEY. *Senescence, the last half of life.* London/N. York: 1922.

HAVIGHURST, R. J. en ALBRECHT, R. *Older people.* N. York: 1953.

HIMLER, L. E. 'Psychiatric aspects of aging'. *J.A.M.A.*, 1951, *147*, 1330-1331.

HIRSCHMANN, J. 'Über den mehrdimensionalen Aufbau der Alterspsychosen'. *Arch. f. Psychiat.*, 1949, *181*, 306-318.

HOFF, H. en SEITELBERGER, F. 'Das alternde Gehirn'. *Z. Nervenheilk.* (Wien), 1953, *7*, 1-19.

HOLLANDER, W. VON. 'Das Alter und das Altern'. *Med. Monatssp.*, 1956, *5*, 193-198.

HOMBURGER, F. 'The medical care of the debilitated, hospitalized aged. *Geriatrics*, 1956, *11*, 163-172.

HORST, L. V. D. 'Über die Psychologie des Korsakowsyndroms'. *Psychiat. neurol. Bl.*, 1928, *32*, 217-235.

HORST, L. V. D. 'Psychopathology and the concept of humanity on aging'. *Confinia Neurologica*, 1949, *9*, 177-192.

HORST, L. V. D. 'Lebensreichtum und Lebensalter'. *Mschr. Psychiat. Neurol.*, 1950, *120*, 343-351.

HORST, L. V. D. 'Psychopathologie en leeftijdsdynamiek'. *Ned. Tijdschr. Geneesk.*, 1961, *105*, 2072-2079.

HORST, L. V. D. en ZONNEVELD, R. J. VAN. 'De opleiding van artsen, belast met de medische verzorging van bejaarden'. *Ned. Tijdschr. Geneesk.*, 1960, *104*, 930-931.

HOWELL, T. H. 'Some physical causes of mental symptoms'. *Geront. clin.*, 1959, *1*, 132-136.

HUET, J. A. 'Psychothérapie en gériatrie'. *Progr. méd.*, 1954, *82*, 275-279.

HUGHES, W. 'Presbyophrenia'. *Geront. clin.*, 1959, *1*, 107-113.

JANZARIK, W. 'Zur Problematik schizophrener Psychosen im höheren Lebensalter'. *Nervenarzt*, 1957, *28*, 535-539.

JELGERSMA, G. 'Paranoia in het senium'. *Psychiat. neurol. Bl.*, 1911, *15*, 523-532.

JELGERSMA, H. C. 'Die Psychoanalyse der Dementia Senilis'. *Z. ges. Neurol. Psychiat.*, 1931, *135*, 657-670.

JONES, E. *Sigmund Freud. Life and work.* London: 1955.

JONES, H. E. 'Intelligence and problem-solving'. In J. E. Birren (ed.) *Handbook of aging and the individual: psychological and biological aspects.* Chicago: 1959.

JONES, H. E. en KAPLAN, O. J. 'Psychological aspects of mental disorders in later life'. In O. J. Kaplan (ed.) *Mental disorders in later life*. Stanford: 1956 (2nd ed.).

KAFKA, G. 'Über das Erlebnis des Lebensalters'. *Acta psychol.*, 1949, *6*, 178-189.

KAHN, R. L., GOLDFARB, A. I. e.a. 'The relationship of mental and physical status in institutionalized aged persons'. *Amer. J. Psychiat.*, 1960, *117*, 120-124.

KAHN, R. L. en ZEMAN, F. D. e.a. 'Attitude toward illness in the aged'. *Geriatrics*, 1958, *13*, 246-250.

KALLMANN, F. J. 'Genetic aspects of mental disorders in later life'. In O. J. Kaplan (ed.) *Mental disorders in later life*. Stanford: 1956 (2nd ed.).

KALLMANN, F. J. 'Genetic factors in aging: comparative and longitudinal observations on a senescent twin population'. In P. H. Hoch en J. Zubin (ed.) *Psychopathology of aging*. New York/London: 1961.

KALLMANN, F. J. en JARVIK, L. F. 'Individual differences in constitution and genetic background'. In J. E. Birren *Handbook of aging and the individual: Psychological and biological aging*. Chicago: 1959.

KALLMANN, F. J. en SANDER, G. 'Twin studies on senescence'. *Amer. J. Psychiat.*, 1949, *106*, 29-35.

KAPLAN, J. 'Effect of groupactivity on psychogenic manifestations of older people'. *Geriatrics*, 1954, *9*, 537-539.

KASSELL, V. 'Psychoses in the aged'. *J. Amer. geriat. Soc.*, 1957, *5*, 319-337.

KAY, D. W. K. en ROTH, M. 'Physical accompaniments of mental disorder in old age'. *Lancet*, 1955, *2*, 740-745.

KAY, D. W. K. en ROTH, M e.a. 'Affective disorders arising in the senium I. Their association with organic cerebral degeneration'. *J. ment. Sci.*, 1955', *101*, 302-316.

KAY, D. W. K. en ROTH, M. 'Environmental and hereditary factors in the schizophrenias of old age ("late paraphrenia") and their bearing on the general problem of causation in schizophrenia'. *J. ment. Sci.*, 1961, *107*, 649-686.

KAY, H. 'Theories of learning and aging'. In J. E. Birren (ed.) *Handbook of aging and the individual; psychological and biological aspects*. Chicago: 1959.

KEHRER, F. A. *Vom seelischen Altern*. Münster: 1952.

KEHRER, H. E. *Die cerebrale Gefässsklerose*. Stuttgart: 1959.

KELLER, H. 'Die Psychologie des Zukunftbewusstseins'. *Z. Psychol.*, 1932, *124*, 211-290.

KELLY, E. L. Consistency of the adult personality'. *Amer. Psychol.*, 1955, *10*, 659-681.

KENNEDY, A. 'Psychological factors in confusional states in the elderly'. *Geront. clin.*, 1959, *1*, 71-82.

KINSEY, A. C. en POMEROY, W. B. e.a. *Sexual behavior in the human male*. Philadelphia: 1948.

KIØRBOE, E. 'Suicide and attempted suicide abong old people'. *J. Geront.*, 1951, *6*, 233-236.

KIRSCHBAUM, W. 'Klinische Untersuchungen und Behandlungsergebnisse bei seniler Paralyse'. *Z. ges. Neurol. Psychiat.*, 1930, *128*, 220-235.

KLAESI, J. 'Lebensalter und Wahnform'. *Arch. Psychiat. Nervenkr.*, 1938, *107*, 408-410.

KLEEMEYER, R. W. 'Behavior and the organization of the bodily and the external environment'. In J. E. Birren (ed.) *Handbook of aging and the individual: psychological and biological aspects*. Chicago: 1959.

KNOX, S. J. 'Severe psychiatric disturbances in he post-operative period — a five-year survey of Belfast hospitals'. *J. ment. Sci.*, 1961, *107*, 1078-1096.

KOLB, L. 'The mental hospitalization of the aged: is it being overdone?' *Amer. J. Psychiat.*, 1956, *112*, 627-636.

KOTSOVSKY, D. 'Alter und Todesfurcht'. *Schweiz Z. Psychol.*, 1951, *10*, 42-53.

KRAEPELIN, E. *Psychiatrie*, Bnd III *Klinische Psychiatrie* II. Teil. Leipzig: 1913.

KRAL, V. A. 'Psychiatric observations of chronic stress'. *Amer. J. Psychiat.*, 1951, *108*, 185-192.

KRAL, V. A. 'Neuro-psychiatric observations in an old people's home. Studies of memory dysfunction in senescence'. *J. Geront.*, 1958, *13*, 169-176.

KRAL, V. A. 'Senescent memory decline and senile amnestic syndrome'. *Amer. J. Psychiat.*, 1958', *115*, 361-362.

KRAL, V. A. en DUROST, H. B. 'A comparative study of the amnestic syndrome in various organic conditions'. *Amer. J. Psychiat.*, 1953, *110*, 41-47.

KRUYT, C. S. *Zelfmoord*. Assen: 1960.

KUBIE, S. H. en LANDAU, G. *Groupwork with the aged*. New York: 1953.

KUBO, Y. 'Mental and physical changes in old age'. *J. genet. Psychol.*, 1938, *53*, 101-108.

KUHLEN, R. G. 'Age differences in personality during adult years'. *Psychol. Bull.*, 1945, *42*, 333-358.

KUHLEN, R. G. 'Aging and life-adjustment'. In J. E. Birren (ed.) *Handbook of aging and the individual: psychological and biological aspects*. Chicago: 1959.

KUTNER, B. en FANSHEL, D. e.a. *Five hundred over sixty: a community survey on aging*. N. York: 1956.

LADEE, G. A. *Hypochondrische syndromen*. Dissertatie, A'dam. Naarden: 1961.

LANGE, J. 'Seelische Störungen im Greisenalter'. *Münch. med. Wschr.*, 1934, *81*, 1959-1964.

LANSING, A. I. 'General biology of senescence'. In J. E. Birren (ed.) *Handbook of aging and the individual: psychological and biological aspects*. Chicago: 1959.

LANSING, J. B. en KISH, L. 'Family life cycle as an independent variable'. *Am. sociol. Rev.*, 1957, *22*, 512-519.

LECHLER, H. 'Die Psychosen der Alten'. *Arch. Psychiat. Nervenkr.*, 1950, *185*, 440-465.

LE MASTERS, E. E. 'Social class mobility and family integration'. *Marriage and Family Living*, 1954, *16*, 226-232.

LEWIS, A. J. en GOLDSCHMIDT, H. 'Social causes for admissions to a mental hospital for the aged'. *Sociol. Rev.*, 1943, *35*, 86-98.

LHERMITTE, J. en NICOLAS. 'La démence sénile et ses formes anatomo-cliniques'. *Encéphale*, 1924, *19*, 583-594, 654-665.

LINDEN, M. E. 'Group psychotherapy with institutionalized senile women'. *Int. J. group Psychother.*, 1953, *3*, 150-170.

LINDEN, M. E. 'Significance of dual leadership in gerontologic group psychotherapy'. *Int. J. group Psychother.*, 1954, *4*, 262-273.

LINDEN, M. E. 'Transference in gerontologic group psychotherapy: studies in gerontologic human relations'. *Int. J. group Psychother.*, 1955, *5*, 61-79.

LINDEN, M. E. 'The older person in the family'. *Soc. Casework*, 1956, *37*, 75-81.

LINDEN, M. E. 'Relationship between social attitudes toward aging and the delinquences of youth'. *Amer. J. Psychiat.*, 1957, *114*[1], 444-448.

LINDEN, M. E. en COURTNEY, D. 'The human life cycle and its interruptions; a psychologic hypothesis'. *Amer. J. Psychiat.*, 1953, *109*, 906-915.

LITIN, E. M. 'Mental reaction to trauma and hospitalization in the aged'. *J.A.M.A.*, 1956, *162*, 1522-1524.

LITIN, E. M. 'Emotional aspects of chronic physical disability'. *Arch. phys. Med. Rehabilit.*, 1957, *38*, 139-142.

LLAVERO, F. 'Die psycho-cerebro-spinale Dekompensation'. *Mschr. Psychiat. Neurol.*, 1949, *117*, 177-192.

LOO, K. J. M. VAN DE. 'Grepen uit de ouderdomspsychologie III. Verouderen en rijpen'. *Kath. Bejaardenzorg*, 1960, *6*, 58-62.

MAC GRAW, R. B. 'Recoverable or temporary mental disturbances in the elderly'. *J. Geront.*, 1949, *4*, 234-238.

MACK, M. J. 'Personal adjustment of chronically ill old people under home care'. *Geriatrics*, 1953, *8*, 407-416.

MAC MAHAN, C. A. en FORD, T. R. 'Surviving the first five years of retirement'. *J. Geront.*, 1955, *10*, 212-215.

MADDEN, J. J. en LUHAN, J. A. e.a. 'Nondementing psychoses in older persons'. *J.A.M.A.*, 1952, *150*, 1567-1570.

MALAMUD, W. en SANDS, S. L. e.a. 'The involutional psychoses: a sociopsychiatric study'. *Psychosom. Med.*, 1941, *3*, 410-426.

MALAMUD, W. en SANDS, S. L. e.a. 'The involutional psychoses: a socio-psychiatric follow-up-study'. *Amer. J. psychiat.*, 1949, *105*, 567-572.

MANGAN, G. L. en CLARK, J. W. 'Rigidity factors in the testing of middle-aged subjects'. *J. Geront.*, 1958, *13*, 422-425.

MASON, E. P. 'Some correlates of self-judgments of the aged'. *J. Geront.*, 1954, *9*, 324-327.

MASTERS, W. H. en BALLEW, J. W. 'The third sex'. *Geriatrics*, 1955, *10*, 1-4.

MEVES, P. B. 'Aging, religion and the church'. In Cl. Tibbitts (ed.) *Handbook of social gerontology. Societal aspects of aging*. Chicago: 1960.

MEERLOO, J. A. M. 'Contribution of psychoanalysis to the problems of the aged'. In *Psychoanalysis and social work*. New York: 1953.

MEERLOO, J. A. M. 'Transference and resistance in geriatric psychotherapy'. *Psychoanal. Rev.*, 1955, *42*, 72-82.

MEERLOO, J. A. M. 'Psychotherapy with elderly people', *Geriatrics*, 1955', *10*, 583-587.

MEGGENDORFER, F. 'Über die hereditäre Disposition zur Dementia senilis'. *Z. ges. Neurol. Psychiat.*, 1926, *101*, 387-405.

MERING, O. VON en WENIGER, F. L. 'Social-cultural background of the aging individual'. In J. E. Birren *Handbook of aging and the individual: psychological and biological aspects*. Chicago: 1959.

MÉTRAUX, R. 'Effects of cultural anticipation and attitudes toward aging'. In *Proceedings of the association for research in nervous and mental disease: The neurologic and psychiatric aspects of the disorders of aging*. Baltimore: 1956 (Ch. XV).

MEYER, E. In *Proceedings of the association for research in nervous and mental disease: The neurologic and psychiatric aspects of the disorders of aging*. Baltimore: 1956 (Ch. XV).

MICHELS, J. J. M. 'Geriatric een specialisme?' *Med. Contact*, 1960, *15*, 348-349.

MINKOWSKI, E. 'Quelques remarques sur la psychopathologie de la démence sénile'. *J. Psychol. norm. path.*, 1928, *25*, 74-90.

MINKOWSKI, E. 'Problèmes d'adaptation au cours de la vieillesse'. *Sem. Hôp. Paris.*, 1950, *26*, 2294-2295.

MINKOWSKI, E. 'Aspects psychologiques de la vieillesse'. *Evolut. Psychiat.*, 1951, *1*, 49-72.

MITCHELL, J. M. 'An hypothesis of psychological aging'. *Amer. J. Psychiat.*, 1957, *70*, 459-462.

MOREL, F. en WILDI, E. 'Contribution à la connaissance des différentes altérations cérébrales du grand âge'. *Schweiz. Arch. Neurol. Psychiat.*, 1957, *76*, 174-223.

MOSES, L. en DANIELS, G. E. e.a. 'Psychogenic factors in essential hypertension'. *Psychosom. Med.*, 1956, *18*, 471-483.

MÜLLER, C. *Über das Senium der Schizophrenen. Zugleich ein Beitrag zum Problem der schizophrenen Endzustände*. Basel: 1959.

NEMIAH, J. C. 'The psychiatrist and rehabilitation'. *Arch. phys. Med. Rehabilit.*, 1957, *38*, 143-147.

NEWMAN, G. en NICHOLS, C. R. 'Sexual activities and attitudes in older persons'. *J.A.M.A.*, 1960, *173*, 33-35.

NEWTON, R. D. 'The identity of Alzheimer's disease and senile dementia and their relationship to senility'. *J. ment. Sci.*, 1949, *94*, 225-249.

OBRECHT, F. *Hundertjährige. Aus der Psychologie und Psychopathologie des hohen Lebensalters*. Bern: 1951.

OLSEN, I. A. en ELDER, J. H. A. 'A word association test of emotional disturbance in older women'. *J. Geront.*, 1958, *13*, 305-308.

O'NEAL, P. en ROBINS, E. e.a. 'A psychiatric study of attempted suicide in persons over sixty years of age'. *A.M.A. Arch. Neurol. Psychiat.*, 1956, *75*, 275-284.

PAPPAS, W. en SILVER, R. J. 'Developmental differences between the successful and unsuccessful aged'. *J. Amer. Geriat. Soc.*, 1958, *6*, 360-367.

PAULEIKHOFF, B. 'Über Veränderungen des Situationsgefüges bei dementen Erscheinungsbildern'. *Nervenarzt*, 1955, *26*, 510-515.

PAULUS, J. 'L'étude psychologique de l'âge mûr et de la vieillesse'. *Rev. méd. Liège,* 1952, *7,* 420-427.

PERLIN, S. 'Psychiatric screening in a home for the aged, I A follow-up study'. *Geriatrics,* 1958, *13,* 747-751.

PETRILOWITSCH, N. 'Der Ganzheitaspekt in der Alternsforschung', *Arch. Psychiat. Nervenkr..,* 1957, *196,* 337-348.

PHELPS, G. *The centenarians.* London: 1958.

PHILLIPS, B. S. 'A role theory approach to adjustment in old age'. *Amer. sociol. Rev.,* 1957, *22,* 212-217.

PODOLSKY, E. 'Changing attitudes on growing older'. *J. Amer. Geriat. Soc.,* 1958, *6,* 352-354.

POLLACK, M. en KAHN, R. L. e.a. 'Factors related to individual differences in perception in institutionalized aged subjects'. *J. Geront.,* 1958, *13,* 192-197.

POMMÉ, B. en PLANCHE, R. e.a. 'Importance des troubles mentaux liés à la sénilité dans un service hospitalier de neuro-psychiatrie'. *Sem. Hôp.,* 1959, *35,* 793-796.

POMRINSE, S. D. 'Marginal man: a concept of the aging process'. *Geriatrics,* 1958, *13,* 765-768.

POST, F. 'The outcome of mental breakdown in old age'. *Brit. med. J.,* 1951, *4704,* 436-440.

POST, F. 'Social factors in old age psychiatry'. *Geriatrics,* 1958, *13,* 576-580.

POST, F. 'Early treatment of persistent senile confusion'. *Geront. clin.,* 1959, *1,* 114-121.

PRESSEY, S. L. en SIMCOE, E. 'Case study comparisons of successful and problem old people'. *J. Geront.,* 1950, *5,* 168-175.

PRITZKAT, J. 'Beiträge zur Psychopathologie der Senilen Demenz'. *Allg. Z. Psychiat. Grenzgebiete,* 1938, *109,* 201-230.

QUECKE, K. 'Gerontologie und Geriatrie im Schrifttum des Paracelsus'. *Med. Monatssp.,* 1959, *8,* 193-197.

Rapport Voorzieningen voor bejaarden in Amsterdam (Rapport van de Gemeente Amsterdam). Amsterdam: 1962.

Rapport Bejaard-zijn in Amsterdam. Verkenningen omtrent de bejaarde medemens in Amsterdam (Rapport van de Gemeente Amsterdam). Amsterdam: 1962.

'Rapport van het Intern. Geront. Congress' (Fifth Triennial Congress of the Intern. Assoc. of Gerontology, San Francisco 1960). *Geriatrics,* 1960, *15,* 726-729.

RASKIN, N. en EHRENBERG, R. 'Senescence, senility and Alzheimer's disease'. *Am. J. Psychiat.,* 1956, *113[1],* 133-137.

RECHTSCHAFFEN, A. 'Psychotherapy with geriatric patients: a review of the literature'. *J. Geront.,* 1959, *14,* 73-84.

REISER, M. F. en BRUST, A. A. e.a. 'Life situations, emotions, and the course of patients with arterial hypertension'. *Psychosom. Med.,* 1951, *13,* 133-139.

REISER, M. F. en ROSENBAUM, M. e.a. 'Psychologic Mechanism in malignant hypertension'. *Psychosom. Med.,* 1951, *13,* 147-159.

REPOND, A. 'Psychologie, psychopathologie et hygiène mentale de la sénescence et de la vieillesse'. *Schweiz. Arch. Neurol. Psychiat.,* 1954, *73,* 406-422.

'Report on the International Gerontological Congress.' (San Francisco, 1960). Zie 'Rapport'.

RIBOT, TH. *Das Gedächtnis und seine Störungen*. Hamburg: 1882.

RIEGEL, K. F. 'Personality theory and aging'. In J. E. Birren (ed.) *Handbook of aging and the individual: psychological and biological aspects*. Chicago: 1959.

RIEMER, M. D. 'A study of the mental status of schizophrenics hospitalized for over 25 years into their senium'. *Psychiat. Quart.*, 1950, *24*, 309-313

ROBINSON, G. WILSE. 'The toxic delirious reactions of old age'. In O. J. Kaplan (ed.) *Mental disorders in later life*. Stanford: 1956 (2nd ed.).

ROCKWELL, F. V. 'Psychotherapy in the older individual'. In O. J. Kaplan (ed.) *Mental disorders in later life*. Stanford: 1956 (2nd ed.).

ROENAU, E. 'Der Aufbau des Gedächtnisses und das Problem der Erinnerungslücken'. *Z. ges. Psychiat. Neurol.*, 1938, *160*, 511-527.

ROSEN, G. 'Cross-cultural and historical approaches'. In P. H. Hoch en J. Zubin (ed.) *Psychopathology of aging*. N. York/London: 1961.

ROSENTHAL, P. 'Second childhood. The second period of creativity'. *Geriatrics*, 1955, *10*, 382-390.

ROSS, M. 'Some psychiatric aspects of senescence'. *Psychiat. Quart.*, 1954, *28*, 93-112.

ROTH, M. 'The natural history of mental disorders in old age'. *J. ment. Sci.*, 1955, *101*, 281-301.

ROTH, M. 'Some diagnostical and aetiological aspects of confusional states in the elderly'. *Geront. clin.*, 1959, *1*, 83-95.

ROTH, M. en MORRISSEY, J. D. 'Problems in the diagnoses and classification of mental disorder in old age, with a study of case material'. *J. ment. Sci.*, 1952, *98*, 66-0.

ROTHACKER, E. *Die Schichten der Persönlichkeit*. Bonn: 1948.

ROTHSCHILD, D. 'Pathologic changes in senile psychoses and their psychobiologic significance'. *Amer. J. Psychiat.*, 1937, *93*, 757-762.

ROTHSCHILD, D. 'The clinical differentiation of senile and arteriosclerotic psychoses'. *Amer. J. Psychiat.*, 1941, *98*, 324-333.

ROTHSCHILD, D. 'The rôle of the premorbid personality in arteriosclerotic psychoses'. *Amer. J. Psychiat.*, 1944, *100*, 501-505.

ROTHSCHILD, D. 'Senile psychoses and psychoses with cerebral arteriosclerosis'. In O. J. Kaplan (ed.) *Mental disorders in later life*. Stanford: (2nd ed.).

ROTHSCHILD, D. en KASANIN, J. 'A clinico-pathologic study of Alzheimer's disease: relationship to senile conditions'. *Arch. Neurol. Psychiat.*, 1936, *36*, 293-321.

RUDD, T. N. 'Discussion on the ageing mind'. *Proc. roy. Soc. Med.*, 1960, *53*, 131-135.

RUFFIN, H. 'Das Altern und die Psychiatrie des Seniums'. In H. W. Gruhle (ed.) *Psychiatrie der Gegenwart*. Berlin: 1960.

RÜMKE, H. C. 'Psychotherapeutische ervaringen'. In *Studies en voordrachten over psychiatrie*. Amsterdam: 1948 (2e druk).

RÜMKE, H. C. 'Psychiatrische aspecten van de geriatrie'. In *Studies en voordrachten over psychiatrie,* 3e bundel. Amsterdam: 1958.

SABASZ, U. 'Präpsychotische Persönlichkeit und Krankheitsverlauf bei Dementia senilis'. *Allg. Z. Psychiat. Grenzgebiete,* 1939, *113,* 135-171.

SAINSBURY, P. 'Suicide in later life'. *Geront. clin.,* 1962, *4,* 161-170.

SANDS, S. L en ROTHSCHILD, D. 'Sociopsychiatric foundations for a theory of the reaction to aging'. *J. nerv. ment. Dis.,* 1952, *116,* 233-241.

SARGENT, D. S. 'Retirement, with special emphasis upon retirement plans'. In *Proceedings of the association for research in nervous and mental disease: The neurologic and psychiatric aspects of the disorders of aging.* Baltimore: 1956 (Ch. XV).

SCHEID, K. F. 'Über senilen Charakterentwicklung'. *Z. ges. Neurol. Psychiat.,* 1933, *148,* 437-467.

SCHELER, M. 'Tod und Fortleben'. In *Gesammelte Werke,* Band X. Bern: 1957.

SCHETTLER, G. *Arteriosklerose.* Stuttgart: 1961.

SCHILDER, P. *Introduction to a psychoanalytic psychiatry.* N. York: 1951 (2nd ed.).

SCHREUDER, J. T. R. 'The nursing of chronically ill old people'. *Tijdschr. soc. Geneesk.,* 1955, *33,* 119-131.

SCHULTE, W. 'Beweggründe für Sexualdelikte im Senium'. *Praxis Psychother.,* 1959, *4,* 37-41.

SCHULTE, W. en HARLFINGER, H. 'Seelisches Altern als Lebensproblem'. *Fortschr. Neur. Psychiat.,* 1956, *24,* 341-368.

SCHULTZ, J. H. 'Das Endgültigkeitsproblem'. *Z. ges. Neurol. Psychiat.,* 1939, *167,* 117-127.

SCHULZ, B. 'Über die hereditären Beziehungen paranoid gefärbter Alterspsychosen'. *Z. ges. Neurol. Psychiat.,* 1930, *129,* 147-190.

SHANAS, E. 'Facts versus stereotypes: The Cornell study of occupational retirement'. *J. social. Issues.,* 1958, *14,* 61-63.

SHAPIRO, A. P. en ROSENBAUM, M. e.a. 'Relationship therapy in essential hypertension. *Psychosom. Med.,* 1951, *13,* 140-146.

SHEPS, J. 'Management of fear of death'. *J. Amer. geriat. Soc.,* 1957, *5,* 793-797.

SHETTLES, L. B. 'Biological sex differences with special reference to disease, resistance and longevity'. *J. Obstet. Gynaec., Brit. Emp.,* 1958, *65,* 288-295.

SHOCK, N. W. *Trends in gerontology.* Stanford: 1957 (2nd ed.).

SHRUT, S. D. 'Attitudes toward old age and death'. *Mental Hygiene,* 1958, *42,* 259-266.

SILVER, A. 'Group psychotherapy with senile psychotic patients'. *Geriatrics,* 1950, *5,* 147-150.

SILVERMAN, A. J. 'Some recent contributions in the field of geriatric psychiatry'. *Am. J. med. Sci.,* 1953, *225,* 101-106.

SILVERMAN, A. J. en BUSSE, E. W. e.a. 'Studies on the processes of aging: physiologic influences on psychic functioning in elderly people'. *Geriatrics,* 1953, *8,* 370-376.

SIMMONS, L. W. *The role of the aged in primitive society.* Yale: 1945.

SIMMONS, L. W. 'Aging in preindustrial societes'. In Cl. Tibbits (ed.) *Handbook of social gerontology. Societal aspects of aging.* Chicago: 1960.

SJÖGREN, H. 'Neuro-psychiatric studies in presenile and senile diseases, based on a material of 1000 cases'. *Acta Psychiat. Neurol. Scand.*, 1956, *Suppl. 106*, 9-29.

SKLAR, J. en O'NEILL, F. 'Experiments with intensive treatment in a geriatric ward'. In P. H. Hoch en J. Zubin (ed.) *Psychopathology of aging.* N. York/London: 1961.

SMIT, N. W. DE. *From person into patient.* Dissertatie, A'dam. The Hague: 1963.

STERN, K. 'Observations in an old age counseling center'. *J. Geront.*, 1948, *3*, 48-60.

STERN, K. en MENZER, D. 'The mechanism of reactivation in depressions of the old age group'. *Psychiat. Quart.*, 1946, *20*, 56-72.

STERN, K., SMITH, J. M. e.a. 'Mechanisms of transference and countertransference in psychotherapeutic and social work with the aged'. *J. Geront.*, 1958, *8*, 328-332.

STERN, K., WILLIAMS, G. M. e.a. 'Grief reactions in later life'. *Amer. J. Psychiat.*, 1951, *108*, 289-294.

STRAUS, E. 'Das Zeiterlebnis in der endogenen Depression und in der psychopathischen Verstimmung'. *Mschr. Psychiat, Neurol.*, 1928, *68*, 640-645.

STREIB, G. F. en THOMPSON, W. E. 'The older person in a family context'. In Cl. Tibbitts (ed.) *Handbook of social gerontology. Social aspects of aging.* Chicago: 1960.

TEENSTRA, P. E. M. 'Pogingen tot behandeling van lijders aan ouderdomspsychosen'. *Psychiat. neurol. Bl.*, 1937, *41*, 928-935.

TUCKMAN, J. 'Retirement attitudes of compulsory and non-compulsory retired workers'. *Geriatrics*, 1956, *11*, 569-572.

TUCKMAN, J. en LAVELL, M. 'Selfclassification as old or not old'. *Geriatrics*, 1957, *12*, 661-671.

TUCKMAN, J. en LAVELL, M. 'Study of suicide in Philadelphia'. *Publ. Hlth Rep.* 1958, *73*, 547-553.

TUCKMAN, J. en LORGE, I. 'Classification of the self as young, middle-aged, or old'. *Geriatrics*, 1954, *9*, 534-536.

TUCKMAN, J. en LORGE, I. 'Older people's appraisal of adjustment over the life span'. *J. Personality*, 1954', *22*, 417-422.

TUCKMAN, J. en LORGE, I. 'Perceptual stereotypes about life adjustments'. *J. soc. Psychol.*, 1956, *43*, 239-245.

TUCKMAN, J. en LORGE, I. 'Attitude toward aging of individuals with experiences with the aged'. *J. genet. Psychol.*, 1958, *92*, 199-204.

TUCKMAN, J. en LORGE, I. 'The projection of personal symptom into stereotype about aging'. *J. Geront.*, 1958', 13, 70-73.

TYHURST, J. S. 'Retirement'. In *Proceedings of the association for research in nervous and mental disease. The neurologic and psychiatric aspects of the disorders of aging.* Baltimore: 1956 (Ch. XV).

ULE, G. 'Korsakow-Psychose nach doppelseitiger Ammonshornzerstörung mit transneuronaler Degeneration der Corpora mammillaria'. *Dtsch. Z. Nervenheilk.*, 1951, *165*, 446-456.

ULE, G. 'Zur Psychopathologie des amnestischen Symptomenkomplexes. Gestaltanalyse einer Korsakowschen Psychose'. *Dtsch. Z. Nervenheilk.*, 1953, *170*, 35-60.

VISCHER, A. L. *Old age*. London: 1947.

VISCHER, A. L. *Seelische Wandlungen beim alternden Menschen*. Basel: 1949.

VISCHER, A. L. Über Probleme des Alters und des Alterns'. *Schweiz. Arch. Neurol. Psychiat.*, 1954, *73*, 392-406.

VISCHER, A. L. 'Probleme der Gerontologie'. *Schweiz. med. Wschr.*, 1954, *84*, 1305-1310.

VISPO, R. H. 'Pre-morbid personality in the functional psychoses of the senium. A comparison of ex-patients with healthy controls'. *J. ment. Sci.*, 1962, *108*, 790-800.

VOLLMER, H. 'The grandmother: a problem in child rearing'. *Amer. J. Orthopsychiat.*, 1937, *7*, 378-382.

WAGNER, W. 'Zur Psychopathologie und Phänomenologie der Vergreisung'. *Studium Gen.*, 1952, *5*, 315-324.

WALTHER-BÜEL, P. D. 'Das Alter in Klinisch-psychiatrischem Licht'. *Schweiz. Arch. Neurol. Psychiat.*, 1954, *73*, 425-430.

WANKLIN, J., EGENER, K. e.a. 'A comparative study of elderly mental hospital patients and residents of homes for the aged'. *J. Geront.*, 1958, *13*, 60-69.

WARTMAN, W. B. 'Incidence and serverity of arteriosclerosis in organs from five hundred autopsies'. *Amer. J. Med. Sci.*, 1933, *186*, 27-32.

WATSON, R. I. 'The personality of the aged. A review'. *J. Geront.*, 1954, *9*, 309-315.

WATTERS, T. A. 'The neurotic struggle in senescence'. *Geriatrics*, 1948, *3*, 301-305.

WAYNE, G. J. 'Modified psychoanalytic therapy in senescence'. *Psychoanal. Rev.*, 1953, *40*, 99-116.

WAYNE, G. J. 'Work as therapy, with special reference to the elderly'. *Ment. Hyg.*, 1955, *29*, 79-88.

WAYNE, G. J. 'The psychiatric problems of the elderly patient'. *Ment. Hyg.*, 1960, *44*, 257-268.

WECHSLER, D. 'Intelligence, memory and the aging process'. In P. H. Hoch en J. Zubin (ed.) *Psychopathology of aging*. N. York/London: 1961.

WEIL, H. K. 'Psychiatric orientation in a home for the aged'. *Amer. J. Orthopsychiat.*, 1958, *28*, 334-342.

WEINSTEIN, E. A. en KAHN, R. L. *Denial of illness*. Springfield: 1955.

WEISS, A. D. 'Sensory functions'. In J. E. Birren (ed.) *Handbook of aging and the individual: psychological and biological aspects*. Chicago: 1959.

WEISS, J. M. A., GILDEA, E. F. e.a. 'Psychiatric problems of later life, I: Nature and scope'. *Amer. Practit.*, 1958, *9*, 1955-1959.

WEISSFELD, M. Über die Gesetzmässigkeit des Vergessens'. *J. Psychol. Neurol.*, 1932, *44*, 392-402.

WELFORD, A. T. 'Psychological and social gerontology in Europe'. *J. Geront.*, 1958, *Suppl. 1-13*, 51-67.

WILLIAMS, R. H.: 'Changing status, roles and relationships'. In Cl. Tibbitts (ed.) *Handbook of social gerontology. Societal aspects of aging.* Chicago: 1960.

WILLIAMS, W. S. en JACO, E. G. 'A reexamination of mental illnesses in old age'. *Dis. nerv. Syst.*, 1957, *18*, 375-379.

WILLIAMS, W. S. en JACO, E. G. 'An evaluation of functional psychoses in old age: *Amer. J. Psychiat.*, 1958, *114*, 910-916.

WILLIAMS, H. W., QUESNEL, E. e.a., 'Studies in senile and arteriosclerotic psychosis. Relative significance of extrinsic factors in their development'. *Amer. J. Psychiat.*, 1942, *98*, 712-715.

WOLFF, K. 'Definition of the geriatric patient'. *Geriatrics*, 1957, *12*, 102-106.

WOLFF, K. 'Grouppsychotherapy with geriatric patients in a mental hospital'. *J. Amer. geriat. Soc.*, 1957', *5*, 13-19.

WOLFF, K. *Geriatric psychiatry*. Springfield: 1963.

WYRSCH, J. 'Zur forensischen Psychiatrie der Alterspychosen'. *Schweiz Arch. Neurol. Psychiat.*, 1954, *73*, 30.

YOUNG, W., GOFMAN, J. W. e.a. 'The interrelationship between cerebral and coronary artherosclerosis'. *Geriatrics*, 1956, *11*, 413-418.

ZEMAN, F. D. 'Constructive programs for the mental health of the elderly'. *Ment. Hyg.*, 1951, *35*, 221-234.

ZILBOORG, G. 'Fear of death'. *Psychoanal. Quart.*, 1943, *12*, 465-475.

ZONNEVELD, R. J. VAN. 'Sociomedical investigations of housing for the aged'. *Geriatrics*, 1958', *13*, 668-782.

ZONNEVELD, R. J. VAN. 'An orientation study of the memory of old people'. *Geriatrics*, 1958'', *13*, 532-534.

ZONNEVELD, R. J. VAN. 'Public health and the aged in Europe: research and programs'. *J. Geront.*, 1958''', *Supp. 1-13*, 68-91.

ZONNEVELD, R. J. VAN (ed.) *Geriatrie*. Assen: 1961.

Bei Fragen zur Produktsicherheit wenden Sie sich bitte an:
If you have any questions regarding product safety,
please contact:

Walter de Gruyter GmbH
Genthiner Straße 13
10785 Berlin
productsafety@degruyterbrill.com